燃气具安装维修工

（初级）

主　编　要建国

中国劳动社会保障出版社

图书在版编目(CIP)数据

燃气具安装维修工：初级/人力资源和社会保障部教材办公室组织编写. —北京：中国劳动社会保障出版社，2016

国家职业技能鉴定考试指导

ISBN 978-7-5167-2697-6

Ⅰ.①燃… Ⅱ.①人… Ⅲ.①燃气炉灶-灶具-安装-职业技能-鉴定-自学参考资料②燃气炉灶-灶具-维修-职业技能-鉴定-自学参考资料③燃气热水器-安装-职业技能-鉴定-自学参考资料④燃气热水器-维修-职业技能-鉴定-自学参考资料 Ⅳ.①TS914.232②TS914.252

中国版本图书馆CIP数据核字(2016)第197047号

中国劳动社会保障出版社出版发行

（北京市惠新东街1号 邮政编码：100029）

*

北京市白帆印务有限公司印刷装订 新华书店经销

787毫米×1092毫米 16开本 18.5印张 360千字

2016年11月第1版 2020年5月第2次印刷

定价：39.00元

读者服务部电话：（010）64929211/84209101/64921644

营销中心电话：（010）64962347

出版社网址：http://www.class.com.cn

编写说明

《国家职业技能鉴定考试指导》(以下简称《考试指导》)是《国家职业资格培训教程》(以下简称《教程》)的配套辅助教材，每本《教程》对应配套编写一册《考试指导》。《考试指导》共包括三部分：

第一部分：理论知识鉴定指导。此部分按照《教程》章的顺序，对照《教程》各章内容编写。每章包括四项内容：考核要点、重点复习提示、辅导练习题、参考答案及说明。

——考核要点是依据国家职业标准、结合《教程》内容归纳出的考核要点，以表格形式叙述。

——重点复习提示为《教程》各章内容的重点提炼，使读者在全面了解《教程》内容基础上重点掌握核心内容，达到更好地把握考核要点的目的。

——辅导练习题题型采用三种客观性命题方式，即判断题、单项选择题和多项选择题，题目内容、题目数量严格依据理论知识考核要点，并结合《教程》内容设置。

——参考答案及说明中，除答案外对题目还配有简要说明，重点解读出题思路、答题要点等易出错的地方，目的是完成解题的同时使读者能够对学过的内容重新进行梳理。

第二部分：操作技能鉴定指导。此部分内容包括两项内容：考核要点、辅导练习题。

——考核要点是依据国家职业技能标准、结合《教程》内容归纳出的该职业在该级别总体操作技能考核要点，以表格形式叙述。

——辅导练习题题型按职业实际情况安排了实际操作题，并给出了答案。

第三部分：模拟试卷。包括该级别理论知识考试模拟试卷、操作技能考核模拟试卷若干套，并附有参考答案。理论知识考试模拟试卷体现了本职业该级别大部分理论知识考核要点的内容，操作技能考核模拟试卷完全涵盖了操作技能考核范围，体现了专业能力考核要点的内容。

本职业《鉴定指导》共包括5本，即基础知识、初级、中级、高级、技师。本书是其中的一本，适用于对初级燃气具安装维修工的职业技能培训和鉴定考核。

本书在编写过程中得到了山东城市建设职业学院党委书记、博士教授花景新，北京燃气集团燃气学院燃气专业技师、内训师王建辉，中国土木工程学会燃气分会应用及供暖专业委员会、全国燃气行业工会联委会、中国城市燃气协会、北京市燃气集团有限责任公司等单位的大力支持与协助，在此一并表示衷心的感谢。

编写《鉴定指导》有相当的难度，是一项探索性工作。由于时间仓促，缺乏经验，不足之处在所难免，恳切欢迎各使用单位和个人提出宝贵意见和建议。

目　录

第1部分　初级理论知识鉴定指导

第 2 部分　初级操作技能鉴定指导

第3部分 模拟试卷

第1部分　初级理论知识鉴定指导

第1章　管 道 安 装

考 核 要 点

理论知识考核范围	考核要点	重要程度
建筑及管道试图基本知识	1. 建筑施工图基本表示方法	★★
	2. 管道施工图基本表示方法	★★★
	3. 建筑施工图的识读	★★★
	4. 管道施工图的识读	★★★
支管安装	1. CJJ 94—2009　第4.3.4条、4.3.16条的规定	★★
	2. 常用管材切割工具	★★
	3. 常用夹具和量具	★★
	4. 常用管材的规格、性能、用途及技术标准	★★★
	5. 管工、钳工基本操作——切割	★★★
	6. CJJ 94—2009　4.3.19第1、2、3条的规定	★★★
	7. 55°非密封管螺纹及55°密封管螺纹标准	★★★
	8. 管螺纹加工机具	★★★
	9. 管工、钳工基本操作——套螺纹	★★★
	10. CJJ 94—2009　4.3.19、4.3.20的有关规定	★★
	11. 常用螺纹管件	★★★
	12. 管钳的使用和维护方法	★★★
	13. 管件和管道的螺纹连接	★★★
	14. CJJ 94—2009　4.3.27　4.3.5的规定	★★
	15. 常用管道固定件	★★

续表

理论知识考核范围	考核要点	重要程度
支管安装	16. 管道固定件的安装方法	★★★
	17. 管道的固定	★★★
	18. CJJ 94—2009　4. 3. 31 的规定	★★
	19. 金属管道表面去污、除锈方法	★★★
	20. 金属管道防腐材料的种类和用途	★★★
	21. 城镇燃气室内工程施工与质量验收规范——严密性试验	★★
	22. U 形管压力计的构造及使用方法	★★★
	23. 刷肥皂水或用燃气泄漏检测仪检漏的操作方法	★★★
丝扣阀门安装	1. CJJ 94—2009　第 4. 1. 1 的规定：取出防尘片操作方法	★★
	2. 丝扣阀门的分类、型号、规格及用途	★★★
	3. 丝扣阀门的质量标准	★★
	4. 室内燃气管道常用丝扣阀门	★★★
	5. 阀门的主要功能选择	★★★
	6. 室内燃气管道常用丝扣阀门的选择原则	★★★
	7. CJJ 94—2009　4. 1. 7、4. 3. 23 条的规定	★★
	8. 丝扣阀门的使用方法	★★★
	9. 丝扣阀门的安装方法	★★★

注：“重要程度”中，“★”为级别最低，“★★★”为级别最高。

重点复习提示

一、建筑施工图基本表示方法

房屋建筑施工图是表达房屋外表、结构、构造、装修及各种设备按缩小的比例，用正投影的方法绘制的图样，它体现了设计者的设计意图。

房屋建筑施工图的基本表示方法有平面图、立面图、剖面图及详图。

二、管道施工图基本表示方法

1. 管道线型和代号

管道施工图上的管子和管件常采用统一的线型表示，不同的线型所表示的含义各不相同。管道施工图中常用的线型有：粗实线、中实线、细实线、粗点划线、点划线、粗虚线、虚线、波浪线等，主要管线常用粗实线来表示。

在管道施工图中，常见管道代号为：一般给水管 S，一般排水管 X，热水管 R，蒸汽管 Z，凝结水管 N，循环水管 XH，冷水管 L，煤气管 M，氨气管 AQ，油管 Y 等。

2. 管道施工图的内容

（1）管道平面图。管道平面图表示管道的平面布置、管道的走向、排列编号以及管子的管径、标高、坡度、坡向等。

（2）管道的立面图、剖面图。管道立面图、剖面图表示管道在建筑物和设备立面上的分布、管道在垂直方向上的排列和走向以及管道的编号、管径和标高等。

（3）管道轴测图。管道轴测图是一种具有立体感的单面投影图，又称透视图。管道轴测图是反映长、宽、高三个方向上的位置和走向，具有立体感的管道施工图图样之一，在图中注有管道编号、管径和标高、坡度坡向等。

（4）管道详图。管道详图能清楚地表示某一部分管道的详细结构及尺寸，或一组设备的配管或一组管配件的组合安装。管道详图是对平面图、轴测图等图样的补充。

3. 管道、管件和阀门单、双线图表示方法

单线图：用单根粗实线画出的管子、管件和阀门的图样，称为单线图。

双线图：用两根平行的粗实线来表示的管子、管件和阀门的图样，称为双线图。

一般管道图用两个视图就能表达清楚，不必画三视图。

4. 管道施工图尺寸等表示方法

（1）标题栏。用以确定图样名称、图号、更改及有关人员签署等内容的栏目，称为标题栏。

（2）比例。图样上所画的物体的图形大小与实物大小之比称为比例。管道施工图常用的比例有 1:25，1:50，1:100，1:200，1:500，1:1 000 等。

（3）标高。管道高度采用标高符号标注。标高符号用细实线绘制，三角形的尖端画在标高引出线上，表示标高位置，尖端的指向可以向下，也可以向上。

（4）坡度。管道两端的高差与两端之间的长度之比值称为坡度。坡度用“*i*”表示，在其后加上等号并注写坡度值。坡度的坡向符号用箭头表示，宜用单面箭头，坡向箭头指的方向为由高向低的方向。

（5）方向标。确定管道安装方位基准的图标，称为方位标。

（6）管径标注。低压流体输送用镀锌钢管、不镀锌焊接钢管、铸铁管、硬聚氯乙烯管、聚丙烯管、工程塑料管等，其管径以公称直径 *DN* 表示，如 *DN*20、*DN*25 等；直缝焊接钢管、螺旋缝焊接钢管、无缝钢管、不锈钢管、有色金属管等，其管径应以外径 × 壁厚表示，

如 $D108 \times 4$、$D57 \times 3$ 等；耐酸陶瓷管、混凝土管、钢筋混凝土管、陶土管等，其管径以内径 d 表示，如 $d380$、$d230$ 等。

三、建筑施工图的识读

1. 建筑平面图识读步骤

（1）查明标题，分清平面图所表示的建筑物的层数及其位置。

（2）了解建筑物的形状、内部房间的布置、入口、走道、楼梯的位置以及相互之间的联系。其中要特别了解与管道工程有关的房间所在建筑内的方向和位置，如厨房、卫生间等。

（3）查清建筑的各部尺寸，如建筑的总长度和总宽度、房间的净长和净宽、地面标高、墙壁厚度、门窗洞、预留洞槽、地沟以及与管道工程有关的设备、管道安装孔、通风管穿墙、燃气管道穿墙、穿楼板孔洞在平面图上标注的尺寸。

（4）查清地面及楼层的标高。平面图上一般均注有相对标高，以底层地面定为 ±0.000，标高数字一律以米为单位，标至小数点后 3 位，低于室内地坪标高在数字前加"－"号。

（5）查明门窗的位置及编号。

除上述外，还要查清室外台阶、地沟、明沟、地下建筑物等的位置和尺寸。

2. 建筑立面图识图步骤

（1）查明表示房屋的各个立面的标题，分清立面图的方向。

（2）查看房屋的各个立面的外貌、门窗、台阶、阳台、屋面、室外楼梯等位置及它们的相互关系。

（3）查明房屋各部位的标高。建筑立面图上通常以室内地面为 ±0.000，标出各部位的相对标高尺寸。

3. 建筑剖面图识图步骤

（1）根据剖面图的图名，在平面图中找到相应的剖切位置，与平面图对照识读。

（2）查明与燃气管道安装的有关房屋构件的结构形式、位置及其相互关系，如厨房楼板、地面结构、墙体结构等。

（3）查明与燃气进户管和户内管安装有关的室外地坪标高、楼层标高等尺寸。

四、管道施工图的识读

1. 管道施工图识读的一般原则

识读管道施工图时，应掌握管道施工图的基本表示方法和各专业管道图的特点，从平面图入手，结合剖面图、轴测图对照识读。

（1）单张图样的识读。识读单张图样的顺序：标题栏→文字说明→图样→数据。通过标题栏，可知图样的名称、工程项目、比例等；通过文字说明可知施工要求和图例的意义；通过图样可知管线的布置、排列、走向、坡度、标高及连接方法等。

（2）整套图样的识读。识读整套图样的顺序：图样目录→施工图说明→设备材料表→流程图→平面图、立（剖）面图、轴测图→详图。

通过平面图、立（剖）面图和轴测图的识读应掌握：管道、设备、阀门、仪表等在空间的分布情况及有关施工图中所要求的内容，了解管道、设备、附件与建筑物的关系。

通过详图及大样图的识读应掌握各细部的设备、管道、附件的具体安装要求。

2. 室内燃气管道的识读

（1）首先识读平面图，了解管道和设备的平面布置。即引入管、干管、立管、阀门、燃气设备的平面布置。

（2）将系统图与平面图对照进行，沿着燃气流向，从引入管开始，依次读立、支管、燃气表、器具连接管、燃具等。

（3）通过识读详图，了解具体部位（细部）的详细做法。

五、CJJ 94—2009　第 4.3.4 条、4.3.16 条的规定

4.3.4　燃气管子的切割应符合下列规定：

1　碳素钢管宜采用机械方法或氧—可燃气体火焰切割。

2　薄不锈钢管应采用机械或等离子弧方法切割；当采用砂轮切割或修磨时，应使用专用砂轮片。

3　铜管应采用机械方法切割。

4　不锈钢波纹软管和燃气用铝塑复合管应使用专用管剪切割。

4.3.16　管子切口应符合下列规定：

1　切口表面应平整，无裂纹、重皮、毛刺、凹凸、缩口、熔渣等缺陷。

2　切口端口（切割面）倾斜偏差不应大于管子外径的 1%，且不得超过 3 mm。凹凸误差不得超过 1 mm。

3　应对不锈钢波纹软管、燃气用铝塑复合管的切口进行整圆。不锈钢波纹软管的外保护层，应按有关操作规程使用专用工具进行剥离后，方可连接。

检查数量：抽查 5%。

检查方法：目视检查，尺量检查。

六、常用管材切割工具

1. 砂轮切管机

便携式砂轮切割机是常用的机械切割机具，用来切割管材和型钢，它主要由砂轮锯片、电动机、传动带、护罩、带开关的操纵杆、弹簧、夹管器、底座等部件组成。

2. 割管器

割管器又称割刀、滚刀。割管器是用带有刃口的圆盘形刀片，在压力作用下，边进刀边沿管壁旋转，将管子切断。割管器与钢锯相比，切割速度快，切口平整，但切口受挤压产生缩口变形，因此，一般应在断口后增加扩孔工序。

3. 钢锯

钢锯又称手锯、锯弓子。钢锯切断是室内燃气管道施工应用最普遍的切断方法之一，主要用于管子的手工切断。钢锯架分调节式、固定式两种，常用的是可调式锯弓。

七、常用夹具和量具

1. 夹具

夹具主要有管子台虎钳、台虎钳、管钳子。

（1）管子台虎钳（又称管压力钳、龙门压力钳）。管子台虎钳是装在木制或钢制台架上夹持管子的工具，用来夹紧以便锯切管子或对管子套制螺纹等。管子台虎钳按夹持管子直径分为 $\phi \leq 50$ mm、$\phi \leq 80$ mm、$\phi \leq 100$ mm、$\phi \leq 125$ mm、$\phi \leq 150$ mm 五种规格。

（2）台虎钳。台虎钳是用来夹持工件的通用夹具，有固定式和回转式两种类型。

（3）管钳子。管钳子用于安装和拆卸螺纹连接的钢管及管件，管钳子有张开式和链条式两种。

张开式管钳子由钳柄、套夹和活动钳口组成。活动钳口与钳柄用套夹相连，钳口上有轮齿以便咬牢管子使之转动，钳口张开的大小用螺母进行调节。它主要用于安装和拆卸 $DN \leq 80$ mm 的管子。使用时，不允许用小规格的管钳子拧大直径的管子，以防损坏管钳，同时也不允许用大规格的管钳子拧小直径的管子，这样不仅易损坏零件，而且操作也不方便。

链条式管钳子是用于较大管径及狭窄的地方拧动管子。由钳柄、钳头和链条组成，是靠链条来咬住管子转动的。链条式管钳子用于安装和拆卸管径大于 DN80 mm 的管子。链条式管钳子的链节要经常清洗和加润滑油，以保证使用灵活、不生锈。

2. 量具

量具主要有钢卷尺、水平尺、角尺、钢板尺。

（1）钢卷尺。钢卷尺有小钢卷尺和大钢卷尺两种，分别用于较短和较长的管线测量。

（2）水平尺。水平尺（又称水平仪）是测量管道与安装设备倾斜度的量具。水平尺有木水平尺和铁水平尺之分。

（3）直角尺。直角尺的长短两边互相垂直，一般用来检验直角、划线及安装定位等。

（4）钢直尺。钢直尺也称钢板尺。一般用其测量较短的管件尺寸，也可以用来划线，其测量上限有 150 mm、300 mm、500 mm、1 000 mm 等几种规格。

（5）线锤。检查管线及设备安装垂直度用的量具。

（6）游标卡尺。用来测量长度、深度及管子内外径的量具，它是由主尺和附在主尺上能滑动的游标两部分构成。如果按游标的刻度值来分，游标卡尺有 0.02 mm、0.05 mm、0.1 mm 三种测量精度。游标卡尺测量精度高，使用方便。

八、常用管材的规格、性能、用途及技术标准

1. 管材的通用技术标准

管材标准化主要内容是国家对管材、管件的规格及型号实行统一技术标准，其中公称直径标准及公称压力标准是最基本的标准。

（1）管材的公称直径。管子和管路附件的公称直径是为了设计、制造、安装和修理的方便而规定的一种标准直径。一般情况下，公称直径的数值既不是管子内径，也不是管子外径，而是与管子内径相接近的整数。

公称直径用符号“*DN*”表示，其后附加公称直径的数值。例如，公称直径为 100 mm，用 *DN*100 表示。对于采用螺纹连接的管子，公称直径也可用相当的管螺纹尺寸（英寸，in）表示。例如，公称直径为 100 mm 时，用 *DN*4 in 表示。

（2）管材规格的表示方法。对于无缝钢管和电焊钢管用“外径 × 壁厚”表示。如外径为 108 mm，壁厚为 4 mm 的无缝钢管表示为 ϕ108 mm × 4 mm。

外径为 377 mm，壁厚为 9 mm 的钢板卷制直缝电焊钢管表示为 *D*377 × 9。

对于水煤气管（低压流体输送钢管）一般用它们的公称直径表示，如公称直径为 50 mm 的水煤气管表示为 *DN*50。

对于铸铁管一般也用它们的公称直径来表示，铸铁管公称直径与内径数值相等，如公称直径为 100 mm 的铸铁管表示为 *DN*100。

（3）管材的公称压力、试验压力及工作压力

1）公称压力。为使生产部门能生产出不同要求的管材，设计和使用部门能正确选用管材，所规定的一系列压力等级，这些压力等级称为公称压力。公称压力在数值上等于在 0 ~ 20℃（一级温度）的温度时，管内介质的最大工作压力，用 *PN* 表示，并在其后附

加压力数值。

2）试验压力。试验压力是为了对管子及管路附件进行强度试验和严密性试验而规定的一种压力标准，在数值上不大于100℃水温的水压试验压力数值，用 *PS* 表示，其后附加压力数值。

3）工作压力。工作压力是为了保证管路工作时的安全，而根据介质各级的最高工作温度所规定的一种最大压力，即在正常运转情况下，所输送的工作介质的压力，用符号 *P* 表示，将介质最高工作温度数值除以10所得的整数值，标注在 *P* 的右下角。例如，介质最高温度为250℃，工作压力为1.0 MPa，用 $P_{25}1.0$ 表示。

2. 常用管材（燃气管道）

燃气管道输送的是易燃易爆介质，主要采用钢管、铸铁管和塑料管。室内燃气低压管道宜采用镀锌钢管、带外套保护的不锈钢波纹软管和铜管。

（1）钢管。钢管具有强度高、韧性好、抗冲击性和严密性好，能承受很大的压力，抗压、抗震，便于焊接和热加工等特点。燃气管道使用的钢管一般应采用低碳钢或低合金钢。按制造方法不同，钢管可分为焊接钢管和无缝钢管。

1）焊接钢管。焊接钢管又称有缝钢管，它分为低压流体输送焊接钢管和电焊钢管两大类。

2）无缝钢管。无缝钢管通常用普通碳素结构钢、优质碳素结构钢及合金结构钢制成，分为冷拔（冷轧）和热轧两种。无缝钢管具有强度高、耐压高、韧性强、管段长、容易加工焊接的优点。其缺点是价格高、易锈蚀、使用寿命短。无缝钢管可用在重要的管路上，如燃气管路。

（2）塑料管。与钢管相比，塑料管具有材质轻、耐腐蚀、韧性好、良好的密闭性、管壁光滑流动阻力小、施工方便等优点。因此塑料管在燃气工程中得到了广泛的应用。

适用燃气工程的塑料管有两种：高中密度的聚乙烯（PE）管和聚酰胺管（PA），聚酰胺管俗称尼龙管，其中聚乙烯管应用最广泛。

（3）复合管道

1）铝塑复合管。铝塑复合管是一种新型管材，其内外层为特种高密度聚乙烯，中间层为铝合金层，经氩弧焊对接而成，各层再用特种胶粘合，成为复合管材。铝塑复合管主要用作城市燃气管道、建筑用冷热水管、采暖空调管等。

2）钢塑复合管。钢塑复合管采用热胀法工艺在热镀锌焊接管内衬硬聚氯乙烯、聚乙烯、交联聚乙烯、聚丙烯等塑料而成，并借胶圈或厌氧密封胶止水防腐，与衬塑可锻铸铁管件、涂（衬）塑钢管件配套使用。钢塑复合管适用于给水工程、燃气工程等。

（4）其他塑料管

1）无规共聚聚丙烯管（PP－R管）。PP－R管具有极佳的节能保温效果，输送水温一般为 95℃，最高可达 120℃，热导率仅为钢管的 1/200，耐腐蚀、寿命长，PP－R 管施工工艺简便，管材、管件均采用同一材料进行热熔焊接，施工速度快，永久密封不渗漏。PP－R 管主要用于冷热水管、采暖管道等。

2）交联聚乙烯管（PEX 管）。该管材为橘红色，长期使用温度不超过 70℃，故障温度可达 95℃，主要用于建筑热水、地板辐射采暖、太阳能供热等系统。

3）耐热聚乙烯管（PE－RT）。是一种新型的中等密度聚乙烯材料，材料的耐热、耐长期静压及抗应力开裂等性能都得到显著的强化。PE－RT 管道具有柔韧性、可焊接性好和高稳定性高等优点，主要用于低温热水地面辐射采暖系统。

九、管工、钳工基本操作——切割

管子切断方法有手工切断、机械切断和气割三种。室内燃气管道的安装多采用螺纹连接，切口要求平整，故常用前两种切割方法。

1. 手工切断法

（1）钢管锯割。钢管锯割是施工现场应用最普遍的切断方法。一般 *DN*40 以上的管子，宜采用两人操作，管径在 *DN*32 以内的可由一人操作。

（2）钢管刀割。钢管刀割也是施工现场应用常用的切断方法。

2. 机械切断法

砂轮切割机磨割。利用砂轮片在电动机驱动下做高速转动，将管子切断的方法称磨割，又称无齿锯切割。与手工切割相比，砂轮机切割效率高，是手工切割的 10 倍以上，且切口质量好。

十、CJJ 94—2009　4.3.19 第 3 条的规定

4.3.19　螺纹连接应符合下列规定：

1　钢管在切割或攻制螺纹时，焊缝处出现开裂，该钢管严禁使用。

2　现场攻制的管螺纹数宜符合表 4.3.19 的规定：

表 4.3.19　　现场攻制的管螺纹数

管子公称尺寸 d_n	$d_n \leqslant DN20$	$DN20 < d_n \leqslant DN50$	$DN50 < d_n \leqslant DN65$	$DN65 < d_n \leqslant DN100$
螺纹数	9～11	10～12	11～13	12～14

3　钢管的螺纹应光滑端正，无斜牙、乱牙、断牙或脱落，缺损长度不得超过螺纹数的 10%。

十一、55°非密封管螺纹及55°密封管螺纹标准

1. 55°非密封管螺纹

（1）定义。在圆柱表面所形成的牙型角为55°的螺纹称为55°非密封管螺纹。

（2）标记。圆柱管螺纹的标记由螺纹特征代号、尺寸代号和公差等级代号组成。

1）螺纹特征代号用字母“G”表示。

2）螺纹尺寸代号为公称通径栏（单位 in）所规定的分数和整数。

3）螺纹公差等级代号：对外螺纹，分 A、B 两级进行标记；对内螺纹，不标记公差等级代号。

2. 55°密封管螺纹

（1）定义。在圆锥表面所形成的牙型角为55°的螺纹称为55°密封圆锥管螺纹。

（2）标记。55°密封圆锥管螺纹的标记由螺纹特征代号和尺寸代号组成。

1）圆锥外螺纹特征代号。

与圆柱内螺纹配合（旋合）的圆锥外螺纹特征符号为 R_1，如 $R_1 3$；

与圆锥内螺纹配合（旋合）的圆锥外螺纹特征符号为 R_2，如 $R_2 3$。

2）圆锥内螺纹特征代号。与圆锥外螺纹配合（旋合）的圆锥内螺纹特征符号为 R_C，如 $R_C 3/4$。

3）圆柱内螺纹特征符号。与圆锥外螺纹配合（旋合）的圆柱内螺纹特征符号为 R_P，如 $R_P 3/4$。

（3）螺纹尺寸代号为圆柱形管螺纹基本尺寸及其公差表或圆锥形管螺纹基本尺寸及其公差表第 1 栏（单位 in）所规定的分数和整数。

十二、管螺纹加工机具

管螺纹的加工可用手动套螺纹工具或电动套螺纹工具。

1. 电动套螺纹切管机

电动套螺纹切管机适用于管子套螺纹、管口内倒角、管子切断等工序。

电动套螺纹切管机种类很多，它主要由主轴夹头、减速箱、板牙头、切管器、铣锥、电动机、油箱及机座等组成。

2. 手动套丝工具

管子铰板简称铰板，又称套丝板，俗称代丝。管子铰板是用手工铰制外径 6 ~ 100 mm 各种钢管外螺纹的主要工具，分为普通式和轻便式两种。

十三、管工、钳工基本操作——套螺纹

管螺纹加工也称套丝或套扣，分手工套螺纹和机械套螺纹两种方法。

1. 用手动套丝工具加工管螺纹

手工套螺纹是用管子铰板套制管子外螺纹。使用前首先检查铰板和板牙规格是否适合，然后按号装入板牙。套螺纹时，管子应水平固定在管子台虎钳上，管端伸出不宜过长，将管子铰板套在管端后，先调整后挡，使卡盘卡住钢管，以能转动管子铰板为宜，然后再调整活动标盘进刀，用力应均匀，手柄应在人体的旁侧，防止手柄伤人。在套螺纹过程中，应在螺纹上连续加机油润滑，已获得良好的管螺纹，防止板牙损坏。

2. 用电动套螺纹机加工管螺纹

机械套螺纹一般是采用套螺纹机加工管子外螺纹。套螺纹机使用前，先将支腿固定或将主机固定在工作台上，油箱中注满润滑油，连接电源作空载运转，调整好刹车带，使主轴正反转时卡爪卡紧与松开灵活，扳下出油管，润滑油流畅，确认各部位运转正常方可进行操作。套螺纹机应在低速下运行，螺纹加工分两次或三次完成，切不可一次套成，以免损坏板牙或产生烂牙。在套螺纹过程中，应经常加油润滑和冷却。为防止偏丝发生，应使管子中心线始终与机头中心一致。管子的外螺纹都加工成带有锥度的圆锥螺纹，套螺纹长度达到规定要求后，逐渐松开铰板或板牙，退出管子。

3. 管螺纹的质量检测

（1）钢管的螺纹应光滑端正，无斜牙、乱牙、断牙或破牙，缺口长度不得超过螺纹的10%。

（2）在螺纹纵方向上不得有断缺处相靠。

（3）螺纹要有一定的锥度，松紧程度要适当。

（4）螺纹长度以安装连接后外露 2～3 牙为宜。

十四、CJJ 94—2009　4.3.19、4.3.20 的有关规定

4.3.19　螺纹连接应符合下列规定：

1　钢管在切割或攻制螺纹时，焊缝处出现开裂，该钢管严禁使用。

2　现场攻制的管螺纹数宜符合表 4.3.19 的规定：

表 4.3.19　　现场攻制的管螺纹数

管子公称尺寸 d_n	$d_n \leqslant DN20$	$DN20 < d_n \leqslant DN50$	$DN50 < d_n \leqslant DN65$	$DN65 < d_n \leqslant DN100$
螺纹数	9～11	10～12	11～13	12～14

3　钢管的螺纹应光滑端正，无斜牙、乱牙、断牙或脱落，缺损长度不得超过螺纹数的10%。

4　管道螺纹接头宜采用聚四氟乙烯胶带做密封材料，当输送湿燃气时，可采用油麻丝密封材料或螺纹密封胶。

5　拧紧管件时，不应将密封材料挤入管道内，拧紧后应将外露的密封材料清除干净。

6　管件拧紧后，外露螺纹宜为1～3扣，钢制外露螺纹应进行防锈处理。

7　当铜管与球阀、燃气计量表及螺纹连接的管件连接时，应采用承插式螺纹管件连接；弯头、三通可采用承插式铜管件或承插式螺纹连接件。

检查数量：抽查比例不小于10%。

检查方法：目视检查。

4.3.20　室内明设或暗封形式敷设的燃气管道与装饰后墙面的净距，应满足维护、检查的需要并宜符合表4.3.20的要求；铜管、薄壁不锈钢管、不锈钢波纹软管和铝塑复合管与墙之间净距应满足安装的要求。

表4.3.20　室内燃气管道与装饰后墙面的净距

管子公称尺寸	<*DN*25	*DN*25～*DN*40	*DN*50	>*DN*50
与墙净距（mm）	≥30	≥50	≥70	≥90

十五、常用螺纹管件

输送流体的管路除直通部分外，还要有分支、转弯和变换管径，因此就要配合使用各种不同形式的管子配件。低压流体输送管道的管件，由可锻铸铁和低碳钢制造，多为圆柱内螺纹，用作管道接头连接。

1．可锻铸铁管件

可锻铸铁管件，适用于公称压力*PN*≤0.8 MPa，为增加其机械强度，管件两端部有环形凸沿。

2．钢连接件

钢连接件是碳素钢制成的，俗称熟铁件。适用的公称压力*PN*≤1.6 MPa。为了便于连接作业，设有两条纵向对称凸棱。

十六、管钳的使用和维护方法

1．使用与操作方法

（1）按管径范围选择相对应的管钳。

（2）根据管径的大小，调整钳口的开度。

（3）使用时，将钳口卡住管子，通过向钳把施以压力，钳口上的梯形齿将管子咬牢，迫使管子转动。

（4）操作中，为防止因钳口滑脱而伤及手指，一般用左手轻压活动钳口的上部，右手推钳柄，注意将右手掌张开，通过与钳柄的接触的掌部用力，而不要五指紧握住钳柄，这样操作即使钳口滑落下来，也不会伤及手指。

2. 管钳的维护

在使用管钳时，要使钳口咬紧不要打滑，要注意经常清洗钳口、钳牙，并定时注入机油，使调节螺母与活动钳口接合处得到润滑，经长期使用的管子，钳口会磨钝而咬不牢工件，这样既影响工作效率，也不安全，这类管钳不宜继续使用。

十七、管件和管道的螺纹连接

管的螺纹连接也叫丝扣连接，通过内外螺纹把管件（或阀门）、管段等连接在一起形成管路。螺纹连接有短螺纹连接（短丝）连接、长螺纹连接（长丝）连接及活接头连接等形式。管件与管段的螺纹连接主要采用短螺纹连接和活接头连接这两种形式。长螺纹连接用作管道的活连接部件代替活接头，易于拆卸，且管道严密性好。

1. 管螺纹的连接方式

管螺纹的连接有圆柱形内螺纹套入圆柱形外螺纹、圆柱形内螺纹套入圆锥形外螺纹、圆锥形内螺纹套入圆锥形外螺纹及圆锥形内螺纹套入圆柱形外螺纹四种连接方式。

2. 管螺纹连接

（1）短螺纹连接。短螺纹连接是管子外螺纹与管件（或阀件）内螺纹进行固定性连接的方式，要想拆开连接必须从头拆起。短螺纹连接适用于管箍、三通、弯头等连接，如某管段中间处需安装螺纹阀门。

（2）活接头连接。如果活接头安装在阀门附近，当阀门损坏需要更换时，从活接处拆开很方便。如果为固定连接，更换时，就必须从头拆起，费时费力。活接头由三个单件组成，即公口、母口和套母。

公口一头带插嘴与母口承嘴相配，一头挂内螺纹与管子外螺纹短螺纹连接。母口的一头带承嘴与公口插嘴相配，另一头挂内螺纹也与管子外螺纹短螺纹连接。套母的外表面呈六角形，内表面的内螺纹与母口上的外螺纹配合。

十八、CJJ 94—2009　4.3.27　4.3.5 的规定

4.3.27　管道支架、托架、吊架、管卡（以下简称“支架”）的安装应符合下列要求：

1　管道支架应安装稳定、牢固，支架位置不得影响管道的安装、检修与维护。

2　每个楼层的立管至少应设支架1处。

3　当水平管道上设有阀门时，应在阀门的来气侧1 m范围内设支架并尽量靠近阀门。

4　与不锈钢波纹软管、铝塑复合管直接相连的阀门应设有固定底座或管卡。

5　钢管支架的最大间距宜按表4.3.27—1选择；铜管支架的最大间距宜按表4.3.27—2选择；薄壁不锈钢管管道支架的最大间距宜按表4.3.27—3选择；不锈钢波纹软管的支架最大间距不宜大于1 m；燃气用铝塑复合管支架的最大间距宜按表4.3.27—4选择。

表4.3.27—1　钢管支架最大间距

公称直径	最大间距（m）	公称直径	最大间距（m）
*DN*15	2.5	*DN*100	7.0
*DN*20	3.0	*DN*125	8.0
*DN*25	3.5	*DN*150	10.0
*DN*32	4.0	*DN*200	12.0
*DN*40	4.5	*DN*250	14.5
*DN*50	5.0	*DN*300	16.5
*DN*70	6.0	*DN*350	18.5
*DN*80	6.0	*DN*400	20.5

表4.3.27—2　铜管支架最大间距

外径（mm）	15	18	22	28	35	42	54	67	85
垂直敷设（mm）	1.8	1.8	2.4	2.4	3.0	3.0	3.0	3.5	3.5
水平敷设（mm）	1.2	1.2	1.8	1.8	2.4	2.4	2.4	3.0	3.0

表4.3.27—3　薄壁不锈钢管支架最大间距

外径（mm）	15	20	25	32	40	50	65	80	100
垂直敷设（mm）	2.0	2.0	2.5	2.5	3.0	3.0	3.0	3.0	3.5
水平敷设（mm）	1.8	2.0	2.5	2.5	3.0	3.0	3.0	3.0	3.5

表4.3.27—4　燃气用铝塑复合管支架最大间距

外径（mm）	16	18	20	25
水平敷设（m）	1.2	1.2	1.2	1.8
垂直敷设（m）	1.5	1.5	1.5	2.5

6　水平管道转弯处应在以下范围内设置固定托架或管卡座：

1）钢质管道不应大于 1.0 m。

2）不锈钢波纹软管、铜管道、薄壁不锈钢管道每侧不应大于 0.5 m。

3）铝塑复合管每侧不应大于 0.3 m。

7　支架的结构形式应符合设计要求，排列整齐，支架与管道接触紧密，支架安装牢固，固定支架应使用金属材料。

8　当管道与支架为不同材料的材质时，二者之间应采用绝缘性能良好的材料进行隔离或采用与管道材料相同的材进行隔离；隔离薄壁不锈钢管所使用的非金属材料，其氯离子含量不应大于 50×10^{-6}。

9　支架的涂漆应符合设计要求。

检查数量：铝塑复合管和不锈钢波纹软管支架抽查不少于 10%，其他材质的管道支架抽查不小于 5%，且不少于 10 处。

检查方法：目视检查和尺量检查。

4.3.5　燃气管道采用的支撑形式宜按表 4.3.5 选择，高层建筑室内燃气管道的支撑形式应符合设计文件的规定。

表 4.3.5　燃气管道采用的支撑形式

公称尺寸	砖砌墙壁	混凝土制墙板	石膏空心墙板	木结构墙	楼板
*DN*15 ~ *DN*20	管卡	管卡	管卡、夹壁管卡	管卡	吊架
*DN*25 ~ *DN*40	管卡、托架	管卡、托架	夹壁管卡	管卡	吊架
*DN*50 ~ *DN*65	管卡、托架	管卡、托架	夹壁托架	管卡、托架	吊架
> *DN*65	托架	托架	不得依敷	托架	吊架

十九、常用管道固定件

1. 托钩。管道托钩适用于小管径水平管道的支撑定位。

2. 钩钉。钩钉适用于小管径竖直燃气管道的固定。

3. 夹子钩钉。夹子钩钉又称卡子，它由两块扁铁（其中一块带叉角）及一紧固螺栓组成，适用于离墙稍远的小口径竖直管道的固定，又可以用于小口径横管位置固定并承托横管。

4. 固定卡子。固定卡子又称角铁钉，它由角铁、骑马攀、紧固螺钉等组成。固定卡子的支承能力较大，可用于固定管径较大的水平竖直管道，当管道离墙较远或多根管道同架固定时也可选用这种固定件。

5. 吊架。管道吊架适用于在房梁、楼板及无法安装固定卡子的水平管道的固定。

二十、管道固定件的安装方法

1. 选定固定件形式

(1) 选择管道支架的形式应考虑管道的强度和刚度、输送介质的温度和工作压力、管材的膨胀系数、管道运行后的受力状态及管道安装的实际位置状况等，同时也考虑制作和安装成本。

(2) 管道支、吊架材料常采用Q235普通碳素钢制作，其加工尺寸、精度及焊接等均应符合设计要求。

(3) 在管道上不允许有任何位移的地方，应选择固定支架，固定支架要与承力结构牢固结合。

(4) 在管道上无垂直位移或垂直位移很小的地方，可选用活动支架。活动支架的形式应根据管道对摩擦作用的不同进行选择：对由于摩擦而产生的作用力无严格限制，可采用滑动支架；当要求减少管道轴向摩擦力时可采用滚珠支架。

(5) 在水平管道上只允许管道单向水平位移的地方，在铸铁阀件的两侧、补偿其两侧适当距离的位置，应装设导向支架。

(6) 在管道具有垂直位移的地方，应选用弹簧吊架，不便装设弹簧吊架时，也可采用弹簧支架；当同时具有水平位移时，应采用滚珠弹簧支架。

(7) 仅对管道起支承和限制位移，可选用托架、管卡和钩钉等承托支架。

2. 固定件的位置和数量的确定

(1) 管道固定件的定位方法。安装固定件时，可从墙面向外量出1 m，定出水平管道两端点的固定件位置，根据管道设计坡度和两端点的间距，计算出两点间的固定件间的高差，在墙上按标高及固定件高度差打入钎子定出两个点，然后在钎子上系一根线并且拉直，经目测无挠度后，按各管道的最大固定件间距，定出固定件的数量，再根据此线，定出各固定件的标高，画出每一个固定件的具体位置。

(2) 管道固定件的安装间距。固定件间距应按设计要求进行安装。当设计无规定时，应按施工及验收规范进行施工。一般的钢管和塑料管及复合管管道水平安装的固定件最大间距，参见《国家职业资格培训教程·燃气具安装维修工（初级）》（以下简称《教程》）中相关表格。

室内燃气管道固定卡子的安装位置：

1) 主立管，每层加一个，高度在离地面1.4～1.6 m处；有阀门时，带丝扣的阀门在阀门与活接头之间加一个，带法兰的阀门在阀门前10～15 cm处加一个。

2）一般情况下有阀门的地方都应有固定卡子，当阀门与主管距离小于 25 cm 时可以不加卡子。

3）民用灶具的接灶立管应有两个卡子，在距灶前阀门净距 5 cm 处加一个卡子，在接灶格林接头弯头上方净距 5 cm 处加一个卡子，接灶水平管大于 1.0 m 时加一个卡子。

（3）活动支架（吊架）的定位原则及做法。活动支架（吊架）数量与定位是施工中的重要环节。由于设置的方法不统一，诸多工程中常常出现以墙作架，因而造成管道系统局部不稳固，难以保证管道的坡度和平直度。支架（吊架）设置往往出现设置不均匀等施工缺陷，严重者甚至影响管道系统的正常运行。根据施工经验，可用“墙不作架，托稳转角，中间等分，不超最大”的原则确定活动支架（吊架）的安装位置。

3. 固定件的安装方法

不同的固定件有不同的安装方法，即使同一种固定件也有不同的安装方法。按固定件与支撑体（如墙、板、柱等）的连接形式有埋入支撑体法、焊接在支撑体内的预埋钢板上、螺栓连接在支撑体上和包柱式连接等方法。

二十一、管道的固定

为了使管道能够牢固地固定在墙上、柱上、楼板下，根据需要，应在以上支撑固定管道的适当位置安装支、吊架，以便管道通过支、吊架与建筑物结构紧密地连成一体，避免管道变形、错位和损坏。

1. 用吊架固定

普通吊架常用于口径较小且无伸缩性或伸缩性极小的吊装管道的固定；弹簧吊架常用于有伸缩性及振动较大的管道的固定，能够使管道发生径向位移。

2. 用托架固定

托架主要用于承托管道的重量，其次是使管道在托架上能固定。托架常用角钢制成，角钢承托管子，再用双头螺纹 U 形圆钢穿过角钢上的圆孔，使管在双头螺纹 U 形圆钢内，双头螺纹处拧上螺母，使管子固定在托架上。

二十二、CJJ 94—2009　4.3.31 的规定

4.3.31　室内燃气管道的除锈、防腐及涂漆应符合下列规定：

1　室内明设钢管、暗封形式敷设的钢管及其管道附件连接部位的涂漆，应在检查、试压合格后进行。

2　非镀锌钢管、管件表面除锈应符合现行国家标准《涂装前钢材表面锈蚀等级和除锈等级》GB 8923 中规定的不低于 St2 级的要求。

3　钢管及管道附件涂漆的要求

（1）非镀锌钢管：应刷两道防锈底漆、两道面漆。

（2）镀锌钢管：应刷两道面漆。

（3）面漆颜色应符合设计文件的规定；当设计文件未明确规定时，燃气管道宜为黄色。

（4）涂层厚度、颜色应均匀。

检查数量：抽查5%。

检查方法：目视检查、查阅设计文件。

二十三、金属管道表面去污、除锈方法

在金属管道及固定件的表面一般都有金属氧化物、油污、浮土、浮锈等杂质存在。因此涂料施工应首先对金属表面进行处理，当露出金属本色后再进行喷刷涂料防腐。

1. 去污方法

除锈前应用清洗的方法清除可见的油脂、可溶的焊接残留物和盐类。被油类污染的金属表面，可用溶剂、碱类溶液或乳剂等进行处理。溶剂脱脂（去污）常用的方法有槽浸法、涂擦法、灌浸法。

2. 除锈方法

除锈的方法有很多，常用的有人工除锈、机械除锈、喷砂除锈和酸洗除锈四种方法。

二十四、金属管道防腐材料的种类和用途

金属管道防腐材料按作用划分，可分为底漆和面漆。底漆直接涂在金属表面作打底用，要求具有附着力强、防水和防锈性能良好的特点。面漆是涂在底漆上的涂层，要求具有耐光性、耐候性和覆盖性等特点，从而延长管道的使用寿命。

1. 防锈漆

防锈漆是用油料与阻蚀颜料（红丹、黄丹等）调制而成。常用的有红丹防锈漆和铁红防锈漆两种。防锈漆的特点是干燥后坚韧致密，对钢管表面附着力特强，防腐效果好，但色泽较差，因此多作底漆。底漆在涂刷 8 h 后，手指触觉已干燥，但全干需 24 h。

2. 调和漆

调和漆有油性调和漆和磁性调和漆两种。油性调和漆附着力及耐气候性强，不易粉化、龟裂或脱落，但光泽较差。8 ~ 12 h 手指触觉已干燥，但全干需 24 h。磁性调和漆颜色鲜艳，光泽度好，但抗气候性较油性调和漆差，日久易失去光泽或呈现龟裂。触指干 7 h，全干要 24 h。调和漆一般用作面漆。

3. 银粉

银粉是含铝 85% ~90% 的铝粉，能溶于酸和碱，不溶于水，有毒，遇明火易燃烧爆炸。银粉通常用来代替调和漆做面漆，以配合建筑物内部装饰。使用时，用清油将银粉调开，然后用松香水稀释后涂刷。

二十五、防腐材料的涂刷方法

涂漆一般采用涂刷、喷涂、浸涂和浇涂等方法，施工现场大多采用涂刷和喷涂两种方法。

1. 手工涂刷

用刷子将涂料往返地涂刷在管子表面，涂层应均匀，不得漏涂。对于管道安装后不易涂漆的部位，应预先涂漆。

2. 喷涂

喷涂是靠压缩空气的气流使涂料雾化成雾状，在气流的带动下喷涂到金属表面的方法。常用的有压缩空气喷涂、静电喷涂、高压喷涂等。

3. 浸涂

把调好的漆倒入容器或槽里，然后将欲涂件浸入涂料液中，浸涂均匀后抬出涂件，搁置在干净的排架上，待第一遍干后，再浸涂第二遍。

二十六、城镇燃气室内工程施工与质量验收规范——严密性试验

CJJ 94—2009　8.3　严密性试验

8.3.1　严密性试验范围应为引入管阀门至燃具前阀门之间的管道。通气之前还应对燃具前阀门至燃具之间的管道进行检查。

8.3.2　室内燃气系统的严密性试验应在强度试验之后进行。

8.3.3　严密性试验应符合下列要求：

1　低压管道系统

试验压力应为设计压力且不得低于 5 kPa。在试验压力下，居民用户应稳压不少于 15 min，商业和工业企业用户应稳压不少于 30 min，并用发泡剂检查全部连接点，无渗漏、压力计无压力降为合格。

当试验系统中有不锈钢波纹软管、覆塑铜管、铝塑复合管、耐油胶管时，在试验压力下的稳压时间不宜小于 1 h，除对各密封点检查外，还应对外包覆层端面是否有渗漏现象进行检查。

2　中压及以上压力管道系统

试验压力应为设计压力且不得低于 0.1 MPa。在试验压力下稳压不得小于 2 h，用发泡

剂检查全部连接点，无渗漏、压力计量装置无压力降为合格。

8.3.4 低压燃气管道严密性试验的压力计量装置应采用U形管压力计。

二十七、U形管压力计的构造及使用方法

1. U形管压力计的构造及工作原理

U形管压力计由U形玻璃管、标尺和液柱（水或水银）三部分组成，它是根据液体静压力平衡的原理制作的，当被测介质压力引入U形管一端时，使U形管内两端液面形成高度差，这两个液面的高度差与被测介质的压力平衡，根据液面差值可读出被测介质的压力。

2. U形管压力计的安装和使用

（1）安装

1）U形管压力计的安装位置力求避免振动和高温影响，并应便于观察和维护。

2）安装时必须使压力计垂直，引压管的根部阀与U形管压力计之间的连接软管不宜过长，以减少压力指示的迟缓。

（2）使用

1）将压力计连接到被测管路中，取压点应设置在直线段上。

2）用针管向U形管中缓慢注水，直至“0”位，若超过“0”位时，可用绑在长棍头部的棉球蘸水，若管中有气泡可拔下引压管，对着一端吹气让液面上下窜动，排出气泡。

3）使用前，要了解被测压力的大小是否在测量范围内，防止超出U形管测量范围。

4）测量前，要了解是测动压还是测静压，然后决定是否开启设备，测量时打开阀门，观察两液面的高度差并读数。读数时，要以液面（凹面）最低处为准，对“0”时同样如此。

二十八、刷肥皂水或用燃气泄漏检测仪检漏的操作方法

1. 刷肥皂水检漏操作方法

用刷肥皂水（发泡剂）检漏，就是用毛刷蘸肥皂水在管道所有接头检漏的操作方法，一般用于管道连接后的漏气检查及强度试验、严密性试验等。

刷肥皂水（发泡剂）检漏的原理与吹肥皂泡的原理相同，一般自来水水分子之间的吸引力很强，吹气形成的水泡薄膜在这么强大的力量下很快破裂，在空气中无法形成气泡。加入肥皂或洗洁精后就不一样了，水分子分散开，吸引力减弱，吹入空气就形成了气泡。当燃气管道有泄漏点时，泄漏的燃气就像吹气一样，使肥皂水形成了气泡，这样泄漏点就很容易

被找到了。

2. 用泄漏检测仪检漏的操作方法

当用刷肥皂水（发泡剂）检漏无效时，就可以使用检漏仪，这是因为检漏仪的灵敏度更高，一般微漏都能测出。

二十九、CJJ 94—2009　第 4.1.1 的规定，取出防尘片操作方法

4.1.1　室内燃气管道系统安装前应对管道组成件进行内外部清扫。

防尘片或防尘盖都是为了防止灰尘或其他污物进入阀内所采取的临时措施。如果在安装时不及时取出将会给今后的安装调试带来不便，因此这项工作虽然简单但非常重要。

取出防尘片（或防护盖）的操作方法：

（1）对于套在阀门外螺纹上的塑料封盖，可用旋具或尖嘴钳撬、拽下。

（2）放在阀腔内的防尘片或通口封盖等可徒手或使用工具取出。

三十、丝扣阀门的分类、型号、规格及用途

阀门是控制管内介质流动的具有可动机构的总称。阀门是燃气管网上的重要设备，要求阀门必须坚固严密，动作灵活，开关迅速，且耐腐蚀。丝扣阀门是管道工程中应用广泛的阀门之一。

1. 阀门型号的表示方法

阀门种类繁多，其结构、材质、性能各不相同。为了便于选用，每种阀门都有一个特定型号，以说明阀门类型、驱动方式、连接形式、结构形式、密封面或衬里材料、公称压力及阀体材料。标准阀门产品型号由七个单元组成，其表示方法请参看《教程》中相关内容。

2. 常用丝扣阀门

（1）闸阀。闸阀又叫闸板阀。多用于对一般气、水管路作全启或全闭操作。按阀杆的形式可分为明杆式和暗杆式。

（2）截止阀。截止阀又称球形阀，主要用来切断介质通路，也可调节流量。这类阀门使用方便、安全可靠，但阻力较大。截止阀可分为直通式、直角式和直流式三种。

（3）旋塞阀。旋塞阀又叫转芯门，是一种快开式阀门，多用于温度较低、黏度较大的介质和要求开关迅速的部位，如燃气管道、燃料油管路等。旋塞阀可分为直通式、三通式、四通式。

（4）节流阀。节流阀主要用来节制介质流量，多用于温度较低、压力较高的介质和要求压力降较大的管路。节流阀可分为直角式和直通式。

（5）单向阀。单向阀又称止回阀、逆止阀，只允许介质单向流动，当介质流向相反时，

阀门自动关闭。

（6）溢流阀。溢流阀又称安全阀或保险阀，主要用于在压力超过规定标准时，从安全阀中自动排出多余介质。

（7）蝶阀。蝶阀主要用于低压介质管道或设备上全开、全闭用。

（8）球阀。球阀是一种广泛应用的新型阀门，球阀与旋塞属同类型阀门，球阀主要用于管道的切断、分配和改向。燃气专用球阀采用气压密封，具有操作轻便、密封性好、体积小等优点，能作为燃气高压阀门应用于大口径管道。

3. 丝扣阀门

与管路的连接形式为丝扣连接的阀门为丝扣阀门。

（1）丝扣阀门的识别。阀门型号第三单元为阿拉伯数字 1（内螺纹）或 2（外螺纹）的为丝扣阀门。通过阀门外形可以了解阀门的类型、驱动方式和连接形式，公称直径、公称压力和介质流动方向，可以从阀体正面标志上直接看出。

（2）丝扣阀门的螺纹类型。一般阀门的内螺纹为圆柱形管螺纹，阀门的外螺纹为圆锥形管螺纹。

三十一、丝扣阀门的质量标准

1. 丝扣阀门的螺纹应端正和完整无缺。
2. 阀门内外表面应无砂眼、粘砂、氧化皮、毛刺、缩孔、裂纹等缺陷。
3. 阀座与壳体接合是否牢固，有无松动、脱落现象。
4. 阀芯与阀座是否吻合，密封面有无损伤。
5. 阀门的启闭是否灵活，有无卡住现象。
6. 阀门的填料、垫片的材质是否符合使用要求。

三十二、阀门的主要功能选择

1. 接通和截断介质——可选用闸阀、蝶阀、球阀。
2. 防止介质倒流——可选用止回阀。
3. 调节介质压力、流量——可选用截止阀、调节阀。
4. 分离、混合或分配介质——可选用旋塞阀、闸阀、调节阀。
5. 防止介质压力超过规定数值，以保证管道或设备安全运行——可选用安全阀。

注：调节阀是指能够控制或调节介质流量的阀类，主要包括旋塞阀、节流阀、减压阀、蝶阀等。

三十三、室内燃气管道常用丝扣阀门的选择原则

1. 阀门选用的第一原则是阀门的密封性能要符合介质的要求。即内漏要符合相关标准的要求，外漏则是根本不被允许的。

2. 正确选择阀门的类型。阀门应满足操作介质、压力温度及用途的需要，这是阀门选用最基本的要求。在选择阀门类型的同时，选用者应首先了解每种阀门的结构特点和性能。室内燃气阀宜采用球阀。

3. 确定阀门的端部连接。在螺纹连接、法兰连接、焊接端部连接中，前两种最常用，其中螺纹连接形式的价格比法兰连接形式低得多，一般为较小口径阀门，应首先选用。

4. 阀门主要零件材质的选择。选择阀门主要零件的材质，首先应考虑到工作介质的物理性能（温度、压力）和化学性能（腐蚀性）等。同时还应了解介质的清洁程度（有无固体颗粒）。除此之外，还要参照国家和使用部门的有关规定的要求。正确合理地选择阀门的材料可以获得阀门最经济的使用寿命和最佳的性能。阀体材料选用顺序：铸铁→碳钢→不锈钢。密封圈材料选用顺序：橡胶→铜→合金钢→F4。

5. 确定流经阀门的流量。

6. 压力等级选用按照由低到高顺序。

根据以上原则，选用者应参照阀门样本或阀门参数表，根据阀门产品的类型、性能、规格，按照燃气的性质和工作参数，以及安装使用条件正确进行选择。

三十四、CJJ 94—2009　4.1.7、4.3.23 条规定

4.1.7　阀门的安装应符合下列规定：

1　阀门的规格、种类应符合设计文件的要求。

2　在安装前应对阀门逐个进行外观检查，并宜对引入管阀门进行严密性试验。

3　阀门的安装位置应符合设计的规定，且便于操作和维修，并宜对室外阀门采取安全保护措施。

4　寒冷地区输送湿燃气时，应按设计文件要求对室外引入管阀门采取保温措施。

5　阀门宜有开关指示标识，对有方向性要求的阀门，必须按规定方向安装。

6　阀门应在关闭状态下安装。

4.3.23　铝塑复合管的安装应符合下列规定：

5　阀门应固定，不应将阀门自重和操作力矩传递至铝塑复合管。

三十五、丝扣阀门的使用方法

1. 闸阀的使用方法

（1）闸阀只供全开、全关各种管道和设备的介质之用，不允许做节流使用。

（2）带手轮、手柄的闸阀，操作时不得再增加辅助杠杆。手轮、手柄顺时针旋转为关闭，反之为开启。带传动机构的闸阀按产品使用说明书的规定使用。

（3）带有旁通阀的闸阀，是为了平衡进出口的压差，减小开启力。因而，开启前应先打开旁通阀。

2. 球阀的使用方法

（1）球阀作开启和关闭设备和管道的介质之用，不允许做节流用。

（2）带手柄的球阀，其阀杆露出的方头顶端上刻有沟槽，此沟槽系指示开启和关闭位置的。当顺时针方向扳动扳手使沟槽与管道平行式为开启，逆时针方向旋转90°，使沟槽与管道垂直时即为关闭。扳手与阀杆为活动连接，可随时安装上或取下。

（3）带传动机构的球阀（如电动、气动、液动等），其使用应按产品使用说明书的规定使用。

3. 截止阀的使用方法

（1）截止阀只供全开、全关各种管道和设备的介质使用，不允许做节流使用。

（2）带手轮、手柄的截止阀，操作时不得再增加辅助杠杆。手轮、手柄顺时针旋转为关闭，反之为开启。带传动机构的截止阀按产品使用说明书的规定使用。

4. 旋塞阀的使用方法

（1）旋塞阀做开启和关闭设备和管道的介质之用，也可做一定程度的节流用。旋塞阀除直通外，还有三通、四通等形式，后两类产品可做分配、换向用。

（2）旋塞阀的塞子顶端露出的方头上均刻有沟槽，此沟槽是指示开启和关闭位置的，用扳手旋转塞子，使沟槽与管子平行即为开启；使沟槽与管道垂直时即为关闭。三通、四通的开启、关闭、换向应按指示标记进行操作。

三十六、丝扣阀门的安装方法

1. 闸阀的安装方法

（1）带手轮、手柄操作的闸阀。双闸板闸阀宜直立安装，即阀杆处于铅垂的位置，手轮、手柄在顶部；单闸板闸阀可任意位置安装。

（2）带传动机构的闸阀，按产品使用说明书的规定安装。

（3）手轮、手柄或传动机构，不允许做起吊用。

2. 球阀的安装方法

球阀可安装在管道或设备的任何位置上，但带传动机构的球阀，应直立安装，即传动机构处于铅垂的位置。

3. 截止阀的安装方法

(1) 带手轮、手柄操作的截止阀，可安装在管道或设备的任何位置上，带传动机构的截止阀，应按产品使用说明书的规定安装。

(2) 手轮、手柄或传动机构，不允许做起吊用。

(3) 安装时，应使介质的流向与阀体上所示箭头的方向一致。

4. 旋塞阀的安装方法

(1) 旋塞阀可在任意位置安装，但需要安装在容易观察塞子方头顶端沟槽的场合，以利操作。

(2) 三通、四通等类旋塞阀宜直立或小于 90°装在管道上，并要留有充分的操作空间。

辅导练习题

一、判断题（下列判断正确的请在括号中打"√"，错误的请在括号中打"×"）

1. 房屋建筑施工图是表达房屋外表、结构、构造、装修及各种设备按缩小的比例，用正投影的方法绘制的图样。（　　）

2. 房屋建筑施工图体现了施工者的设计意图。（　　）

3. 一般管道图用两个视图就能表达清楚，不必画三视图。（　　）

4. 管道图只能用单线图来表示，而不能用双线图来表示。（　　）

5. 识读建筑平面图时，要了解建筑物的形状、内部房间的布置、入口、走道、楼梯的位置以及相互之间的联系。（　　）

6. 建筑平面图上一般均注有相对标高，低于室内地坪的标高在数字前加"+"号。（　　）

7. 识读管道施工图时，应掌握管道施工图的基本表示方法和各专业管道图的特点。（　　）

8. 识读室内燃气管道时，首先应识读系统图。（　　）

9. 碳素钢管不宜采用机械方法或氧—可燃气体火焰切割。（　　）

10. 不锈钢波纹软管和燃气用铝塑复合管应使用专用管剪切割。（　　）

11. 便携式砂轮切割机是常用的机械切割机具，用来切割管材和型钢。（　　）

12. 锯割时，锯条应锯到管子底部，可以将剩余部分折断。（　　）

13. 管子台虎钳是装在木制或钢制台架上夹持管子的工具。 （ ）

14. 管钳子主要用于安装和拆卸 $DN \geqslant 80$ mm 的管子。 （ ）

15. 水平尺（又称水平仪）是测量管道与安装设备垂直度的量具。 （ ）

16. 游标卡尺是用来测量长度、深度及管子内外径的量具。 （ ）

17. 一般情况下，公称直径的数值既不是管子内径，也不是管子外径，而是与管子内径相接近的整数。 （ ）

18. 室内燃气低压管道不宜采用镀锌钢管、带外套保护的不锈钢波纹软管和铜管。 （ ）

19. 管子切断方法有手工切断、机械切断和气割三种。 （ ）

20. 与砂轮机切割相比，手工切割效率高，是砂轮机切割的 10 倍以上，且切口质量好。 （ ）

21. 钢管在切割或攻制螺纹时，焊缝处出现开裂，该钢管可酌情使用。 （ ）

22. 现场攻制的管螺纹，当 $DN20 < d_n \leqslant DN50$ 时，螺纹数为 11 ~ 13。 （ ）

23. 在圆柱表面所形成的牙型角为 55°的螺纹称为 55°非密封管螺纹。 （ ）

24. 在圆锥表面所形成的牙型角为 55°的螺纹称为 55°密封圆锥管螺纹。 （ ）

25. 普通式管子铰板属于手动套螺纹工具。 （ ）

26. 管子螺纹只能用手动套螺纹工具加工。 （ ）

27. 为了操作省力及防止板牙过度磨损，公称直径 15 ~ 40 mm 的管螺纹应套一遍。 （ ）

28. 螺纹长度以安装连接后外露 2 ~ 3 牙为宜。 （ ）

29. 管道螺纹接头宜采用聚四氟乙烯胶带做密封材料，当输送湿燃气时，可采用油麻丝密封材料或螺纹密封胶。 （ ）

30. 铜管、薄壁不锈钢管、不锈钢波纹软管和铝塑复合管，当管子公称直径为 $DN25$ ~ $DN40$ 时，与墙净距应大于 90 mm。 （ ）

31. 低压流体输送管道的管件，由可锻铸铁和低碳钢制造，多为圆柱内螺纹，用作管道接头连接。 （ ）

32. 钢连接件是碳素钢制成的，俗称熟铁件，适用于公称压力 $PN \geqslant 1.6$ MPa。 （ ）

33. 操作中，一般情况下不宜在管钳钳把上套加力杆。 （ ）

34. 经长期使用的管钳，钳口会磨钝而咬不牢工件，这类管钳经擦拭可以继续使用。 （ ）

35. 长螺纹连接中，长螺纹用作管道的活连接部件，代替活接头，易于拆卸，且管道严

密性好。　（　）

36. 接灶管为硬管连接时，球阀前应加活接头；接灶管为软连接时，可不设活接头。　（　）

37. 当水平管道上设有阀门时，应在阀门的来气侧 1 m 范围内设支架并尽量靠近阀门。　（　）

38. 与不锈钢波纹软管、铝塑复合管直接相连的阀门应设有固定底座或管卡。　（　）

39. 钩钉适用于小管径水平管道的支撑定位。　（　）

40. 管道吊架适用于在房梁、楼板处及无法安装固定卡子的竖直管道的固定。　（　）

41. 在管道上无垂直位移或垂直位移很小的地方，可选用活动支架。　（　）

42. 一般情况下有阀门的地方都应有固定卡子，当阀门与主管距离大于 25 cm 时可以不加卡子。　（　）

43. 普通吊架常用于口径较小且无伸缩性或伸缩性极小的吊装管道的固定。　（　）

44. 托架主要用于承托管道的重量，其次是使管道在托架上能发生径向位移。　（　）

45. 室内明设钢管、暗封形式敷设的钢管及其管道附件连接部位的涂漆，应在检查、试压前进行。　（　）

46. 非镀锌钢管应刷两道面漆。　（　）

47. 被油类污染的金属表面，可用溶剂、酸类溶液或乳剂等进行处理。　（　）

48. 人工除锈法适用于零星、分散的作业及野外施工。　（　）

49. 防锈漆是用油料与阻蚀颜料（红丹、黄丹等）调制而成的。　（　）

50. 银粉是含铝 85%～90% 的铝粉，能溶于酸和碱，溶于水，无毒，遇明火易燃烧爆炸。　（　）

51. 对于管道安装后不易涂漆的部位应预先涂漆。　（　）

52. 喷涂是靠压缩空气的气流使涂料雾化成雾状，在气流的带动下喷涂到金属表面的方法。　（　）

53. 室内燃气系统的严密性试验应在强度试验之前进行。　（　）

54. 低压管道系统试验压力应为设计压力且不得低于 5 kPa。　（　）

55. U 形管压力计的安装位置力求避免振动和高温影响，并应便于观察和维护。　（　）

56. 用 U 形管压力计测压力，读数时，要以液面（凹面）最高处为准。　（　）

57. 用刷肥皂水（发泡剂）检漏，就是用毛刷蘸肥皂水在管道所有接头检漏的操作方法。 （ ）

58. 用检漏仪检漏不如用刷肥皂水检漏的灵敏度高。 （ ）

59. 室内燃气管道系统安装后应对管道组成件进行内外部清扫。 （ ）

60. 防尘片是为了防止灰尘或其他污物进入阀内所采取的临时措施。 （ ）

61. 闸阀又叫闸板阀，多用于对一般气、水管路做全启或全闭操作。 （ ）

62. 溢流阀又称安全阀或保险阀，主要用于在压力超过规定标准时，从安全阀中自动排出多余介质。 （ ）

63. 丝扣阀门的螺纹应端正和完整无缺。 （ ）

64. 阀门的填料、垫片的材质应符合使用要求。 （ ）

65. 接通和截断介质可选用闸阀、蝶阀和球阀。 （ ）

66. 防止介质倒流可选用安全阀。 （ ）

67. 阀门选用的第一原则是阀门的密封性能要符合压力温度的要求。 （ ）

68. 阀门压力等级选用按照由高到低的顺序。 （ ）

69. 阀门应在开启状态下安装。 （ ）

70. 阀门应固定，不应将阀门自重和操作力矩传递至铝塑复合管。 （ ）

71. 球阀作开启和关闭设备和管道的介质使用，也可以作为节流用。 （ ）

72. 旋塞阀作开启和关闭设备和管道的介质使用，也可做一定程度的节流用。 （ ）

73. 闸阀的手轮、手柄或传动机构，可以作起吊用。 （ ）

74. 球阀可安装在管道或设备的任何位置上，但带传动机构的球阀，应直立安装。 （ ）

二、单项选择题（下列每题有4个选项，其中只有1个是正确的，请将其代号填写在横线空白处）

1. 建筑施工图不包括________。

A. 平面图　　B. 立面图

C. 剖面图　　D. 轴测图

2. 描述建筑剖面图是房屋的________。

A. 水平投影　　B. 水平剖面图

C. 垂直剖面图　　D. 垂直投影图

3. 在管道施工图中，主要管线常用________来表示。

A. 粗实线　　B. 细实线

C. 细点划线　　D. 波浪线

4. 管道高度采用标高符号标注，标高值应以________为单位。

A. mm　　B. m

C. dm　　D. cm

5. 看建筑施工图的步骤是________。

A. 剖面图→立面图→平面图

B. 立面图→平面图→剖面图

C. 平面图→立面图→剖面图

D. 平面图→立面图→轴侧图

6. 看建筑平面图不需要查明的是________。

A. 标题

B. 建筑的各部分尺寸

C. 地面及楼层的标高

D. 房屋各部分的标高

7. 管道施工图单张图样的识读顺序是________。

A. 图样→文字说明→标题栏→数据

B. 标题栏→文字说明→图样→数据

C. 数据→文字说明→图样→标题栏

D. 文字说明→标题栏→图样→数据

8. 管道平面图识读所需了解的内容是________。

A. 建筑物内管道、设备、阀门、仪表等的平面布置情况

B. 建筑物的竖向构造、层次分布及尺寸

C. 各管线在立面上的布置情况

D. 管道与设备的连接方式、连接方向及要求

9. 管子切口端口（切割面）倾斜偏差不应大于管子外径的________。

A. 2%　　B. 1.5%

C. 1%　　D. 0.5%

10. 不锈钢波纹软管和燃气用铝塑复合管应使用________切割。

A. 电动机械切管机　　B. 专用管剪

C. 砂轮切割机　　D. 割管器

11. ________可以用砂轮切割机进行切割。

A. 小直径管材　　B. >15 mm 的厚钢板

C. 木材　　　　D. 橡胶

12. 管径大于 50 mm 时，应选用________齿锯条。

A. 细　　　　B. 中

C. 粗　　　　D. 特粗

13. 100 mm 规格的管子台虎钳的适用管径是________mm。

A. 15 ~ 50　　　　B. 25 ~ 75

C. 75 ~ 125　　　　D. 50 ~ 100

14. 管钳子主要用于安装和拆卸________的管子。

A. $DN \leqslant 60$ mm　　　　B. $DN \leqslant 80$ mm

C. $DN \leqslant 100$ mm　　　　D. $DN \geqslant 80$ mm

15. ________不属于常用量具。

A. 千分尺　　　　B. 水平尺

C. 钢直尺　　　　D. 90°角尺

16. 游标卡尺不能用来测量________。

A. 长度　　　　B. 深度

C. 倾斜度　　　　D. 管子内外径

17. 公称直径的数值是________。

A. 管子的长度　　　　B. 与管子内径相接近的整数

C. 管子的内径　　　　D. 管子的外径

18. 若某钢管的管径为 $DN32$，换算成英寸就是________″。

A. $\frac{1}{2}$　　　　B. 1

C. $1\frac{1}{4}$　　　　D. $1\frac{1}{2}$

19. 管子的切断方法不包括________。

A. 手工切断法　　　　B. 机械切断法

C. 气割　　　　D. 线切割

20. 用割管器切割时必须始终保持滚刀与管子轴线________。

A. 垂直　　　　B. 平行

C. 倾斜 5°　　　　D. 倾斜 7°

21. 钢管在切割或攻制螺纹时，焊缝处出现开裂，该钢管________使用。

A. 不可　　　　B. 酌情

C. 严禁　　D. 仍可

22. 钢管的螺纹应光滑端正，无斜牙、乱牙、断牙或脱落，缺损长度不得超过螺纹数的________。

A. 5%　　B. 10%

C. 15%　　D. 20%

23. 尺寸代号为 1/2 的 B 级右旋圆柱外螺纹的标记为________。

A. G1/2　　B. G1/2″

C. G1/2″B　　D. G1/2B

24. 与圆锥外螺纹配合（旋合）的圆锥内螺纹特征符号为________。

A. R_1　　B. R_2

C. R_p　　D. R_C

25. 电动套螺纹切管机不适用于________等工序。

A. 管子套螺纹　　B. 管口内倒角

C. 管子煨弯　　D. 管子切断

26. 管子铰板 114 型不能加工________管螺纹。

A. $2\frac{1}{2}''$　　B. 2″

C. 3/4″　　D. 1/2″

27. 公称直径 15 ~ 40 mm 的管螺纹应套________。

A. 一遍　　B. 两遍

C. 三遍　　D. 四遍

28. 公称直径为 *DN*15 的管螺纹（短），其螺纹牙数应为________。

A. 12　　B. 10

C. 8　　D. 9

29. 管件拧紧后，外露螺纹宜为________扣。

A. 0 ~ 1　　B. 0 ~ 2

C. 0 ~ 3　　D. 1 ~ 3

30. 室内明设或暗封形式敷设公称直径为 *DN*25 的燃气管道与装饰后墙面的净距宜为________mm。

A. ≥20　　B. ≥30

C. ≥40　　D. ≥50

31. ________是改变方向的连接配件。

A. 等径弯头　　B. 等径三通

C. 异径三通　　D. 异径管接头

32. ________属于管道变径的钢连接件。

A. 管箍　　B. 三通

C. 异径管箍　　D. 四通

33. 使用管钳，下列选项中说法错误的是________。

A. 按管径范围选择相对应的管钳

B. 根据管径的大小，调整钳口的开度

C. 钳头要卡紧工件后再用力扳，防止打滑伤人

D. 允许将管钳当锤头或撬杠使用

34. 管钳的使用与维护，下列选项中说法错误的是________。

A. 不允许用小规格的管钳拧大口径的管接头

B. 允许用大规格的管钳拧小口径的管接头

C. 管钳要经常清洗和涂油，避免锈蚀

D. 严禁用管钳拧紧六角螺栓等带棱工件

35. ________形成不了密封线，其密封性差，故一般不采用。

A. 柱接柱　　B. 柱接锥

C. 锥接锥　　D. 锥接柱

36. 家用燃气表两个接头为活动锁母连接时，表前球阀在________以内时，球阀与表之间可不接活接头。

A. 5 m　　B. 50 cm

C. 50 mm　　D. 50 dm

37. 当水平管道上设有阀门时，应在阀门的来气侧________ m 范围内设支架并尽量靠近阀门。

A. 2　　B. 1.5

C. 1　　D. 0.5

38. 铝塑复合管水平转弯处应在每侧不大于________ m 范围内设置固定托架或管卡座。

A. 1.0　　B. 0.8

C. 0.5　　D. 0.3

39. ________适用于小管径水平管道的支撑定位。

A. 钩钉　　B. 夹子钩钉

C. 固定卡子　　D. 管道托钩

40. ________适用于在房梁、楼板及无法安装固定卡子的水平管道的固定。

A. 钩钉　　B. 固定卡子

C. 吊架　　D. 管道托钩

41. 在管道上________的地方，可选用活动支架。

A. 有垂直位移　　B. 无垂直位移

C. 有水平位移　　D. 无水平位移

42. 一般情况下有阀门的地方都应有固定卡子，当阀门与主管距离________ cm 时可以不加卡子。

A. 小于 25　　B. 小于 40

C. 大于 25　　D. 大于 30

43. ________常用于有伸缩性及振动较大的管道的固定，能够使管道发生径向位移。

A. 固定支架　　B. 弹簧吊架

C. 活动支架　　D. 普通吊架

44. ________主要用于承托管道的重量，其次是使管道在其上面能固定。

A. 普通吊架　　B. 弹簧吊架

C. 托架　　D. 活动支架

45. 室内明设钢管、暗封形式敷设的钢管及其管道附件连接部位的涂漆，应在检查、________进行。

A. 试压中　　B. 试压后

C. 试压前　　D. 试压合格后

46. 钢管及管道附件涂漆的要求，非镀锌钢管________。

A. 应刷两道防锈底漆、两道面漆

B. 应刷一道防锈底漆、两道面漆

C. 应刷两道防锈底漆、一道面漆

D. 应刷一道防锈底漆、一道面漆

47. ________不是溶剂脱脂（去污）常用的方法。

A. 冲刷法　　B. 槽浸法

C. 涂擦法　　D. 灌浸法

48. ________不是除锈常用的方法。

A. 喷砂除锈　　B. 喷涂除锈

C. 人工除锈　　D. 机械除锈

49. 金属管道防腐材料不包括________。

A. 防锈漆　　B. 调和漆

C. 墙面乳胶漆　　D. 银粉

50. 调和漆涂刷后，全干需________h。

A. 14　　B. 18

C. 20　　D. 24

51. 防腐涂漆一般不采用________的方法。

A. 喷涂　　B. 刷涂

C. 浸涂　　D. 滴涂

52. 喷涂常采用的方法不包括________。

A. 压缩空气喷涂　　B. 静电喷涂

C. 高压喷涂　　D. 高压水喷涂

53. 严密性试验范围，错误的是________。

A. 燃具前阀门至燃具之间的管道

B. 引入管阀门至表前阀之间的管道

C. 引入管阀门前的燃气管道

D. 引入管阀门至燃具前阀门之间的管道

54. 低压管道系统试验压力应为设计压力且不得低于________kPa。

A. 1.5　　B. 5

C. 2.5　　D. 5.5

55. 安装 U 形管压力计时，必须使压力计________。

A. 平行　　B. 向后倾斜不大于 5°

C. 垂直　　D. 向两侧倾斜不大于 5°

56. 用 U 形管压力计测压，读数时，要以________为准。

A. 液面最高处　　B. 凹面中部

C. 液面最低处　　D. 整个凹面

57. 刷肥皂水检漏方法不用于________。

A. 管道连接后的管道清洗

B. 管道连接后的漏气检查

C. 管道连接后的强度试验

D. 管道连接后的严密性试验

58. 加入肥皂或洗洁精后，能使水分子之间的________易形成气泡。

A. 吸引力减弱　　B. 吸引力增强

C. 吸引力不变　　D. 吸引力消失

59. 室内燃气管道系统安装前应对管道组成件进行________，保持其内外清洁，以便保证后续工作的正常进行。

A. 外观检查　　B. 内外部清扫

C. 外部清扫　　D. 内部清扫

60. 阀门在安装前，不应清除的是________。

A. 密封脂　　B. 防尘片

C. 防尘盖　　D. 外包装

61. ________是闸阀的阀门类型代号。

A. Z　　B. J

C. Q　　D. D

62. 球阀不适用于________。

A. 切断　　B. 分配

C. 改向　　D. 调节流量

63. 阀芯与阀座应吻合，密封面无损伤，接触面应在全宽的________以上。

A. 1/2　　B. 1/3

C. 1/4　　D. 2/3

64. 阀门的填料、垫片的材质应根据________来选用。

A. 阀门材料　　B. 环境

C. 温度　　D. 使用频率

65. 调节阀是指能够控制或调节介质流量的阀类，它不包括________。

A. 蝶阀　　B. 止回阀

C. 旋塞阀　　D. 减压阀

66. 为保证管道和设备安全运行，应选择________。

A. 球阀　　B. 止回阀

C. 安全阀　　D. 节流阀

67. 阀门选用的第一原则是阀门的________能要符合介质的要求。

A. 密封性　　B. 灵活性

C. 牢固性　　D. 安全性

68. 室内燃气阀宜采用________。

A. 截止阀　　B. 球阀

C. 安全阀　　D. 节流阀

69．在安装前应对阀门逐个进行外观检查，并宜对________进行严密性试验。

A．立管阀门　　B．表前阀门

C．灶前阀门　　D．引入管阀门

70．阀门应固定，不应将阀门自重和操作力矩传递至________。

A．镀锌钢管　　B．铝塑复合管

C．焊接钢管　　D．无缝钢管

71．闸阀只供各种管道和设备接通和截断介质之用，不允许做________使用。

A．全开　　B．全闭

C．接通　　D．节流

72．闸阀的________允许作起吊用。

A．法兰　　B．手轮

C．手柄　　D．传动机构

三、多项选择题（下列每题中的多个选项中，至少有2个是正确的，请将正确答案的代号填在横线空白处）

1．建筑施工图包括________。

A．平面图　　B．立面图

C．剖面图　　D．轴测图

E．详图

2．描述建筑剖面图，下列选项中说法正确的是________。

A．剖面图是房屋的水平投影

B．剖面图是房屋的水平剖面图

C．剖面图是房屋的垂直剖面图

D．剖面图是房屋的垂直投影图

E．剖面图用于表示建筑物内部在高度方面的情况

3．在管道施工图中，粗实线主要用来表示________。

A．主要管线　　B．辅助管线

C．分支管线　　D．地下管线

E．图框线

4．管道施工图常用的比例有________。

A．1∶25　　B．1∶35

C．1∶50　　D．1∶60

E．1∶100

5. ________属于建筑平面图的识读内容。

A. 查明房屋各部位的标高

B. 查清建筑的各部尺寸

C. 查明表示房屋的各个立面的标题

D. 了解建筑物的形状、内部房间的布置

E. 查清地面及楼层的标高

6. 看建筑立面图不需要查明的是________。

A. 查明标题

B. 查清建筑的各部分尺寸

C. 查看房屋的各个立面的外貌

D. 查明房屋各部分的标高

E. 查清地面及楼层的标高

7. 通过图样的识读可了解________。

A. 管线的布置　　B. 管线的数量

C. 管线的排列　　D. 管线的坡度

E. 管线的施工要求

8. 管道平面图识读所需了解的内容是________。

A. 建筑物内管道、设备、阀门、仪表等的平面布置情况

B. 建筑物的竖向构造、层次分布及尺寸

C. 干管、立管、支管的平面位置、走向、管径尺寸等

D. 管道与设备的连接方式、连接方向及要求

E. 各管线在立面上的布置情况

9. 碳素钢管宜采用________切割。

A. 等离子弧方法　　B. 机械方法

C. 氧—可燃气体火焰　　D. 专用管剪

E. 线切割机

10. 需对切断后的管口进行整圆的是________。

A. 碳素钢管　　B. 铜管

C. 铸铁管　　D. 不锈钢波纹软管

E. 燃气用铝塑复合管

11. ________可以用砂轮切割机进行切割。

A. 小直径管材　　B. >15 mm 的厚钢板

C. 木材　　D. 橡胶

E. 型钢

12. 管径在 40 mm 以下时，应选用________齿锯条。

A. 细　　B. 中

C. 粗　　D. 特粗

E. 特细

13. 管子台虎钳主要用于________。

A. 管子调直　　B. 管子套螺纹

C. 管子切断　　D. 管子弯曲

E. 管子夹紧

14. 管钳子主要用于安装和拆卸________的管子。

A. $DN \leqslant 60$ mm　　B. $DN \leqslant 80$ mm

C. $DN \leqslant 100$ mm　　D. $DN \geqslant 80$ mm

E. $DN \leqslant 3$ in

15. ________属于常用量具。

A. 千分尺　　B. 水平尺

C. 钢直尺　　D. 90°角尺

E. 钢卷尺

16. 游标卡尺不能用来测量________。

A. 长度　　B. 角度

C. 倾斜度　　D. 管子内外径

E. 垂直度

17. 下列选项中对公称压力的描述正确的是________。

A. 公称压力在数值上等于在 0～20℃（一级温度）的温度时，管内介质的最大工作压力

B. 公称压力在数值上等于在 0～20℃（一级温度）的温度时，管内介质的最小工作压力

C. 为使生产部门能生产出不同要求的管材，设计和使用部门能正确选用管材，所规定的一系列压力等级称为公称压力

D. 公称压力在数值上等于在 0～20℃（一级温度）的温度时，管内介质的最大试验压力

E. 公称压力在数值上等于在 0～20℃（一级温度）的温度时，管内介质的最小试

验压力

18. 工程中最常用的公称压力有________ MPa。

A. 0.25　　B. 0.3

C. 0.4　　D. 0.5

E. 0.6

19. 管子的切断方法不包括________。

A. 手工切断法　　B. 机械切断法

C. 气割　　D. 线切割

E. 等离子切割

20. 使用粗齿锯条费力但速度快，适用于________。

A. 有色金属　　B. 壁薄钢管

C. 塑料管　　D. 材质硬的金属管

E. 直径大的碳钢管

21. 当管子公称尺寸≤*DN*20 时，现场攻制允许的管螺纹数是________。

A. 12　　B. 9

C. 10　　D. 13

E. 11

22. ________属于钢管螺纹的质量缺陷。

A. 光滑端正　　B. 乱牙

C. 无斜牙　　D. 断牙

E. 脱落

23. ________是 55°非密封管螺纹（外）的螺纹等级。

A. A 级　　B. Ⅰ级

C. B 级　　D. Ⅱ级

E. 无等级

24. 下面对 55°密封管螺纹特征代号描述错误的是________。

A. 与圆柱内螺纹配合（旋合）的圆锥外螺纹特征符号为：R_1

B. 与圆锥内螺纹配合（旋合）的圆锥外螺纹特征符号为：R_a

C. 与圆锥外螺纹配合（旋合）的圆锥内螺纹特征符号为：R_b

D. 与圆锥外螺纹配合（旋合）的圆柱内螺纹特征符号为：R_P

E. 与圆锥内螺纹配合（旋合）的圆锥外螺纹特征符号为：R_2

25. 电动套螺纹切管机适用于________等工序。

A. 管子套螺纹　　B. 管口内倒角

C. 管子煨弯　　D. 管子切断

E. 管子调直

26. 管子铰板 114 型能够加工________管螺纹。

A. $2\frac{1}{2}''$　　B. 2″

C. 3/4″　　D. 1/2″

E. 3″

27. 手工套螺纹，操作错误的是________。

A. 一般加工 *DN*25 mm 以上的管子，宜一次套成

B. *DN*50 mm 以上的管子，要分成三次套成

C. 分几次套成时，第一次或第二次套时，铰板的活动标盘对准固定标盘刻度时要略小于相应的刻度

D. 套完螺纹后退出铰板时，铰板不得倒转回来

E. 在套螺纹过程中，在管头上应加一次润滑油

28. ________管螺纹宜两次套成。

A. 1″　　B. 2″

C. $1\frac{1}{2}''$　　D. $1\frac{1}{4}''$

E. $2\frac{1}{2}''$

29. 当输送湿燃气时，宜采用________作为密封材料。

A. 聚四氟乙烯胶带　　B. 橡胶密封垫

C. 万能胶　　D. 油麻丝密封材料

E. 螺纹密封胶

30. 室内明设或暗封形式敷设的燃气管道与装饰后墙面的净距，应满足________的需要。

A. 固定　　C. 维护

B. 防腐　　D. 检查

E. 防火

31. ________是改变方向的连接配件。

A. 等径弯头　　B. 等径三通

C. 异径三通　　D. 异径管接头

E. 异径弯头

32. ________属于管道变径的钢连接件。

A. 管箍　　B. 三通

C. 异径管箍　　D. 四通

E. 异径三通

33. 使用管钳说法错误的是________。

A. 根据管子的硬度调整钳口的开度

B. 根据管径的大小调整钳口的开度

C. 钳头要卡紧工件后再用力扳，防止打滑伤人

D. 允许将管钳当锤头或撬杠使用

E. 按管径范围选择相对应的管钳

34. 管钳的使用与维护，下列选项中说法错误的是________。

A. 不允许用小规格的管钳拧大口径的管接头

B. 允许用大规格的管钳拧小口径的管接头

C. 管钳要经常清洗和涂油，避免锈蚀

D. 严禁用管钳拧紧六角螺栓等带棱工件

E. 钳口磨钝的管钳，经清理可以继续使用

35. ________能形成密封线，其密封性能好，故一般采用这种连接方式。

A. 圆柱形内螺纹套入圆柱形外螺纹

B. 圆柱形内螺纹套入圆锥形外螺纹

C. 圆锥形内螺纹套入圆锥形外螺纹

D. 圆锥形内螺纹套入圆柱形外螺纹

E. 管子内径套入圆锥形外螺纹

36. 活接头的垫片应为不小于 1.5 mm 厚的________材料。

A. 天然橡胶　　B. 丁腈橡胶

C. 石棉类　　D. 聚四氟乙烯

E. 玻璃纤维

37. 下列选项中室内燃气管道采用镀锌钢管时活接头的安装位置错误的是________。

A. 丝扣球阀后应加活接头，球阀和活接头之间的间距不应大于 30 mm

B. 主立管每隔一层加一个活接头，离地面高度 0.5 m 左右

C. 如遇主管有球阀时活接头应在球阀后 20 cm 处为宜

D. 接灶管为硬管连接时，球阀后可不加活接头

E. 管道在走廊、门厅内严禁加活接头

38. 管道支架应安装稳定、牢固，支架位置不得影响管道的________。

A. 安装　　B. 使用

C. 检修　　D. 移位

E. 维护

39. ________不适用于小管径水平管道的支撑定位。

A. 钩钉　　B. 夹子钩钉

C. 固定卡子　　D. 管道托钩

E. 吊架

40. ________不适用于在房梁、楼板及无法安装固定卡子的水平管道的固定。

A. 钩钉　　B. 固定卡子

C. 吊架　　D. 管道托钩

E. 夹子钩钉

41. 在管道上________的地方，选用固定支架是错误的。

A. 有垂直位移　　B. 无任何位移

C. 有水平位移　　D. 有水平和垂直位移

E. 有很小垂直位移

42. 室内燃气管道固定卡子的安装位置错误的是________。

A. 在主立管上每层加一个固定卡子，高度在离地面 1.4 ~ 1.6 m 处

B. 带丝扣的阀门在阀门与活接头之间不用加固定卡子

C. 带法兰的阀门在阀门前 10 ~ 15 cm 处加一个固定卡子

D. 当阀门与主管距离大于 25 cm 时可以不加固定卡子

E. 民用灶具的接灶立管应有两个卡子，在距灶前阀门净距 5 cm 处加一个卡子，在接灶格林接头弯头上方净距 5 cm 处加一个卡子，接灶水平管大于 1.0 m 时加一个卡子

43. “以墙作架”的定位方法，会造成管道系统局部不稳固，难以保证管道的________。

A. 垂直度　　B. 水平度

C. 同轴度　　D. 坡度

E. 直线度

44. ________不能用于承托管道的重量和使管道在其上面能固定。

A. 普通吊架　　B. 弹簧吊架

C. 托架　　D. 活动支架

E. 钉钩

45. 室内燃气管道的涂漆操作错误的是________。

A. 室内燃气钢管及其管道附件连接部位可边连接边涂漆

B. 室内燃气钢管及其管道附件连接部位的涂漆可在试压后进行

C. 室内燃气钢管及其管道附件连接部位的涂漆可在试压前进行

D. 室内燃气钢管及其管道附件连接部位的涂漆可在检查、试压前进行

E. 室内燃气钢管及其管道附件连接部位的涂漆应在检查、试压合格后进行

46. 非镀锌钢管及管道附件涂漆不符合要求的是________。

A. 刷三道防锈底漆、一道面漆

B. 刷一道防锈底漆、两道面漆

C. 刷两道防锈底漆、两道面漆

D. 刷一道防锈底漆、一道面漆

E. 刷两道防锈底漆、一道面漆

47. ________是溶剂脱脂（去污）常用的方法。

A. 冲刷法　　B. 槽浸法

C. 涂擦法　　D. 灌浸法

E. 喷淋法

48. ________是除锈常用的方法。

A. 喷砂除锈　　B. 喷涂除锈

C. 人工除锈　　D. 机械除锈

E. 酸洗除锈

49. ________属于金属管道防腐面漆。

A. 防锈漆　　B. 调和漆

C. 乳胶漆　　D. 银粉

E. 地板漆

50. 金属管道防腐使用的调和漆有________。

A. 油性调和漆　　B. 水性调和漆

C. 物理性防锈漆　　D. 化学性防锈漆

E. 磁性调和漆

51. 防腐涂漆一般采用________的方法。

A. 喷涂　　B. 涂刷

C. 浸涂　　D. 滴涂

E. 浇涂

52. 喷涂常采用的方法包括________。

A. 压缩空气喷涂　　B. 静电喷涂

C. 高压喷涂　　D. 高压水喷涂

E. 超音速喷涂

53. 严密性试验范围，正确的是________。

A. 燃具前阀门至燃具之间的管道

B. 引入管阀门至表前阀之间的管道

C. 引入管阀门前的燃气管道

D. 引入管阀门至燃具前阀门之间的管道

E. 庭院地下燃气管道

54. 当试验系统中有________时，在试验压力下的稳压时间不宜小于1 h。

A. 不锈钢波纹软管　　B. 覆塑铜管

C. 镀锌钢管　　D. 无缝钢管

E. 铝塑复合管

55. U形管压力计主要由________组成。

A. 标尺　　B. U形玻璃管

C. 乳胶管　　D. 螺钉

E. 液柱

56. 测量范围在0～1 500 Pa的U形管压力计可以测量________灶具的灶前额定压力。

A. 人工煤气　　B. 12 T天然气

C. 4 T天然气　　D. 6 T天然气

E. 液化石油气

57. 刷肥皂水检漏方法可用于________。

A. 管道连接后的管道清洗

B. 管道连接后的漏气检查

C. 管道连接后的强度试验

D. 管道连接后的严密性试验

E. 管道连接后的去污除尘

58. 利用刷肥皂水检漏方法可以检查________等处是否漏气。

A. 阀门内部　　B. 燃气表

C. 管道接口　　D. 连接软管

E. 燃具输气管连接部位

59. 室内燃气管道系统安装前应对________等内外部进行清扫，保证其内外清洁。

A. 管道　　B. 燃具

C. 管件　　D. 管道附件

E. 阀门

60. 阀门在安装前，应________。

A. 清除阀芯上的密封脂　　B. 取出防尘片

C. 取下防尘盖　　D. 清扫灰尘、杂物

E. 拆除外包装

61. 平板闸阀 Z543H—16C 第四单元为 3，该阀的结构形式应为________。

A. 明杆　　B. 楔式

C. 双闸板　　D. 平行式

E. 单闸板

62. 球阀适用于________。

A. 切断　　B. 调节流量

C. 改向　　D. 分配

E. 安全保险

63. 阀芯与阀座应吻合，接触面在全宽________的为合格。

A. 1/2　　B. 1/3

C. 1/4　　D. 2/3

E. 3/4

64. 阀门的填料、垫片的材质应根据________来选用。

A. 阀门材料　　B. 腐蚀性

C. 温度　　D. 使用频率

E. 压力

65. 调节阀是指能够控制或调节介质流量的阀类，主要包括________。

A. 蝶阀　　B. 止回阀

C. 旋塞阀　　D. 减压阀

E. 节流阀

66. 选择________不能保证管道和设备的安全运行。

A. 球阀　　B. 止回阀

C. 安全阀　　D. 节流阀

E. 闸阀

67. 阀门主要零件的选择，首先应考虑到工作介质的________等。

A. 黏稠性　　B. 流动性

C. 温度　　D. 压力

E. 腐蚀性

68. 室内燃气阀经常采用的有________。

A. 截止阀　　B. 球阀

C. 闸阀　　D. 节流阀

E. 旋塞阀

69. 在安装前应对________等逐个进行外观检查，并宜对引入管阀门进行严密性试验。

A. 立管阀门　　B. 表前阀门

C. 灶前阀门　　D. 热水器前阀门

E. 燃具阀门

70. 铝塑复合管的刚度比金属管小，故不应承受________，防止接口松动漏气。

A. 垂直安装力　　B. 阀门自重

C. 管道附件自重　　D. 操作力矩

E. 铝塑复合管自重

71. 闸阀只供各种管道和设备接通和截断介质之用，不允许做________使用。

A. 全开　　B. 全闭

C. 接通　　D. 节流

E. 安全保护

72. 下列选项中阀门安装方法错误的是________。

A. 阀门的手柄、手轮可以做起吊用

B. 阀门的安装应在关闭状态下进行

C. 截止阀允许介质从任意一端流入或流出，因此安装没有方向性

D. 双闸板闸阀宜直立安装

E. 带传动机构的球阀，可安装在管道或设备的任意位置之上

参考答案及说明

一、判断题

1. √。房屋建筑施工图是表达房屋外表、结构、构造、装修及各种设备按缩小的比例，

用正投影的方法绘制的图样。

2. ×。房屋建筑施工图体现了设计者的设计意图。

3. √。一般管道图用两个视图就能表达清楚，不必画三视图。

4. ×。管道图既可以用单线图来表示，又可以用双线图来表示。

5. √。识读建筑平面图时，要了解建筑物的形状、内部房间的布置、入口、走道、楼梯的位置以及相互之间的联系。其中要特别了解与管道工程有关的房间所在建筑内的方向和位置，如厨房、卫生间等。

6. ×。建筑平面图上一般均注有相对标高，以底层地面定为 ±0.000，标高数字一律以米为单位，标至小数点后 3 位，低于室内地坪标高在数字前加“-”号。

7. √。识读管道施工图时，应掌握管道施工图的基本表示方法和各专业管道图的特点，从平面图入手，结合剖面图、轴测图对照识读。

8. ×。识读室内燃气管道施工图时，首先看图样目录，检查图样是否齐全，了解建筑工程性质、设计单位等内容。

9. ×。碳素钢管宜采用机械方法或氧—可燃气体火焰切割。

10. √。不锈钢波纹软管和燃气用铝塑复合管应使用专用管剪切割。

11. √。便携式砂轮切割机是常用的机械切割机具，用来切割管材和型钢，它主要由砂轮锯片、电动机、传动带、护罩、带开关的操纵杆、弹簧、夹管器、底座等部件组成。

12. ×。锯割时，锯条应锯到管子底部，不可将剩余部分折断。

13. √。管子台虎钳是装在木制或钢制台架上夹持管子的工具，用来夹紧以便锯切管子或对管子套制螺纹等。

14. ×。管钳子主要用于安装和拆卸 $DN \leqslant 80$ mm 的管子。

15. ×。水平尺（又称水平仪）是测量管道与安装设备倾斜度的量具。

16. √。游标卡尺是用来测量长度、深度及管子内外径的量具。游标卡尺测量精度高，使用方便。

17. √。管子和管路附件的公称直径是为了设计、制造、安装和修理的方便而规定的一种标准直径。一般情况下，公称直径的数值既不是管子内径，也不是管子外径，而是与管子内径相接近的整数。阀门和铸铁管的内径通常与公称直径相等，钢管如低压流体输送用焊接管和无缝钢管，其外径为固定系列数值，其内径随着壁厚的增加而减小。但是，无论其外径和内径是多大的管子，都能够与公称直径相同的阀门及管路附件相连接。

18. ×。室内燃气低压管道宜采用镀锌钢管、带外套保护的不锈钢波纹软管和铜管。

19. √。管子切断方法有手工切断、机械切断和气割三种。室内燃气管道的安装多采用丝扣连接，切口要求平整，故常用前两种切割方法。

20. ×。与手工切割相比，砂轮机切割效率高，是手工切割的10倍以上，且切口质量好。

21. ×。钢管在切割或攻制螺纹时，焊缝处出现开裂，该钢管严禁使用。

22. ×。现场攻制的管螺纹，当 $DN20 < d_{n} \leq DN50$ 时，螺纹数为10~12。

23. √。在圆柱表面所形成的牙型角为55°的螺纹称为55°非密封管螺纹。

24. √。在圆锥表面所形成的牙型角为55°的螺纹称为55°密封圆锥管螺纹。

25. √。普通式管子铰板主要由板体、扳手、板牙三部分组成，属于手动套螺纹工具。

26. ×。管螺纹加工也称套丝或套扣，分手工套螺纹和机械套螺纹两种方法。

27. ×。为了操作省力及防止板牙过度磨损，公称直径15~40 mm的管螺纹应套两遍，每次进刀量应为螺纹深度的1/2；公称直径50 mm及其以上管螺纹应套三遍，每次进刀量应为螺纹深度的1/3。

28. √。管件拧紧后，外露螺纹宜为2~3扣，钢制外露螺纹应进行防锈处理。

29. √。管道螺纹接头宜采用聚四氟乙烯胶带做密封材料，当输送湿燃气时，可采用油麻丝密封材料或螺纹密封胶。

30. ×。铜管、薄壁不锈钢管、不锈钢波纹软管和铝塑复合管，当管子公称直径为 $DN25 \sim DN40$ 时，与墙净距应不小于50 mm。

31. √。低压流体输送管道的管件，由可锻铸铁和低碳钢制造，多为圆柱内螺纹，用作管道接头连接。

32. ×。钢连接件是碳素钢制成的，俗称熟铁件。适用于公称压力 $PN \leqslant 1.6$ MPa。

33. √。一般使用活扳手、梅花扳手和管钳等工具时，不准加套管和锤击，以防止打滑伤人。

34. ×。经长期使用的管钳，钳口会磨钝而咬不牢工件，既影响工作效率，也不安全，这类管钳子不宜继续使用。

35. √。长螺纹连接中，长螺纹用作管道的活连接部件，代替活接头，易于拆卸，且管道严密性好。

36. ×。接灶管为硬管连接时，球阀后应加活接头；接灶管为软连接时，可不设活接头。

37. √。当水平管道上设有阀门时，应在阀门的来气侧1 m范围内设支架并尽量靠近阀门。

38. √。与不锈钢波纹软管、铝塑复合管直接相连的阀门应设有固定底座或管卡。

39. ×。钩钉适用于小管径竖直燃气管道的固定。

40. ×。管道吊架适用于在房梁、楼板处及无法安装固定卡子的水平管道的固定。

41. √。在管道上无垂直位移或垂直位移很小的地方，可选用活动支架。

42. ×。一般情况下有阀门的地方都应有固定卡子，当阀门与主管距离小于 25 cm 时可以不加卡子。

43. √。普通吊架常用于口径较小且无伸缩性或伸缩性极小的吊装管道的固定；弹簧吊架常用于有伸缩性及振动较大的管道的固定，能够使管道发生径向位移。

44. ×。托架主要用于承托管道的重量，其次是使管道在托架上能固定。

45. ×。室内明设钢管、暗封形式敷设的钢管及其管道附件连接部位的涂漆，应在检查、试压合格后进行。

46. ×。非镀锌钢管应刷两道防锈底漆、两道面漆。

47. ×。被油类污染的金属表面，可用溶剂、碱类溶液或乳剂等进行处理。

48. √。　49. √。

50. ×。银粉是含铝 85% ~90% 的铝粉，能溶于酸和碱，不溶于水，有毒，遇明火易燃烧爆炸。

51. √。对于管道安装后不易涂漆的部位，应预先涂漆，否则会增加涂漆的难度。

52. √。喷涂是靠压缩空气的气流使涂料雾化成雾状，在气流的带动下喷涂到金属表面的方法。常用的有压缩空气喷涂、静电喷涂、高压喷涂等。

53. ×。室内燃气系统的严密性试验应在强度试验之后进行。

54. √。低压管道系统试验压力应为设计压力且不得低于 5 kPa。在试验压力下，居民用户应稳压不少于 15 min，商业和工业企业用户应稳压不少于 30 min，并用发泡剂检查全部连接点，无渗漏、压力计无压力降为合格。

55. √。U 形管压力计的安装位置力求避免振动和高温影响，并应便于观察和维护；安装时必须使压力计垂直，引压管的根部阀与 U 形管压力计之间的连接软管不宜过长，以减少压力指示的迟缓。

56. ×。用 U 形管压力计测压力，读数时，要以液面（凹面）最低处为准。

57. √。用刷肥皂水（发泡剂）检漏，就是用毛刷蘸肥皂水在管道所有接头检漏的操作方法，一般用于管道连接后的漏气检查及强度试验、严密性试验等。

58. ×。用刷肥皂水检漏不如用检漏仪检漏的灵敏度高。

59. ×。室内燃气管道系统安装前应对管道组成件进行内外部清扫。

60. √。防尘片是为了防止灰尘或其他污物进入阀内所采取的临时措施。

61. √。闸阀又叫闸板阀。多用于对一般气、水管路做全启或全闭操作，按阀杆的形式可分为明杆式和暗杆式。

62. √。溢流阀又称安全阀或保险阀，主要用于在压力超过规定标准时，从安全阀中自动排出多余介质。常用的安全阀多为弹簧式安全阀。

63. √。丝扣阀门的螺纹应端正和完整无缺。

64. √。阀门的填料、垫片的材质应符合使用要求。

65. √。接通和截断介质可选用闸阀、蝶阀和球阀。

66. ×。防止介质倒流可选用止回阀。防止介质压力超过规定数值，以保证管道或设备安全运行才选用安全阀。

67. ×。阀门选用的第一原则是阀门的密封性能要符合介质的要求。

68. ×。阀门压力等级选用按照由高到低的顺序。

69. ×。阀门应在关闭状态下安装。

70. √。阀门应固定，不应将阀门自重和操作力矩传递至铝塑复合管。

71. ×。球阀作开启和关闭设备和管道的介质使用，不允许做节流用。

72. √。旋塞阀作开启和关闭设备和管道的介质使用，也可做一定程度的节流用。

73. ×。闸阀的手轮、手柄或传动机构，不允许做起吊用。

74. √。球阀可安装在管道或设备的任何位置上，但带传动机构的球阀，应直立安装，即传动机构处于铅直的位置。

二、单项选择题

1. D 2. C 3. A 4. B 5. C 6. D 7. B 8. A 9. C
10. B 11. A 12. C 13. D 14. B 15. A 16. C 17. B 18. C
19. D 20. A 21. C 22. B 23. D 24. D 25. C 26. A 27. B
28. C 29. D 30. B 31. A 32. C 33. D 34. B 35. A 36. B
37. C 38. D 39. D 40. C 41. B. 42. A 43. B 44. C 45. D
46. A 47. A 48. B 49. C 50. D 51. D 52. D 53. C 54. B
55. C 56. C 57. A 58. A 59. B 60. A. 61. A 62. D 63. D
64. C 65. B 66. C 67. A 68. B 69. D 70. B 71. D 72. A

三、多项选择题

1. ABCE 2. CE 3. AE 4. ACE 5. BDE 6. ABE
7. ACD 8. AC 9. BC 10. DE 11. AE 12. AB
13. BCE 14. BE 15. BCDE 16. BCE 17. AC 18. ACE
19. DE 20. ACE 21. BCE 22. BDE 23. AC 24. BC
25. ABD 26. BCD 27. ACE 28. ACD 29. DE 30. CD
31. AE 32. CE 33. AD 34. BE 35. BCD 36. BD

37. BD	38. ACE	39. ABCE	40. ABDE	41. ACDE	42. BD
43. BD	44. ABDE	45. ABCD	46. ABDE	47. BCD	48. ACDE
49. ABD	50. AE	51. ABCE	52. ABC	53. ABD	54. ABE
55. ABE	56. ACD	57. BCD	58. BCDE	59. ACDE	60. BCDE
61. ADE	62. ACD	63. DE	64. BCE	65. ACDE	66. ABDE
67. CDE	68. BE	69. ABCD	70. BCD	71. DE	72. ACE

第2章　安装前检查

考 核 要 点

理论知识考核范围	考核要点	重要程度
适用性检查	1. CJJ 94—2009　3.2　材料设备管理	★★
	2. 常用燃气具型号组成	★★★
	3. 常用燃气具的规格	★★★
	4. 燃气具适应性基本知识	★★★
	5. 燃气压力的一般知识	★★★
	6. 常用电源的种类	★★
	7. 万用表测电压的方法	★★★
	8. 单相三孔插座安全检测器的使用方法	★★★
完整性检查	1. 常用燃气具附件的名称、用途	★★
	2. 相关规定	★★★
	3. 产品外壳上的标牌、出厂日期及标识	★★
	4. 搬运过程中的质量要求	★★★
	5. 技术资料的种类和用途	★★★

注："重要程度"中，"★"为级别最低，"★★★"为级别最高。

重点复习提示

一、CJJ 94—2009　3.2　材料设备管理

3.2　材料设备管理

3.2.1　国家规定实行生产许可证的、计量器具许可证或特殊认证的产品，产品生产单位必须提供相关证明文件，施工单位必须在安装前查验相关的文件，不符合要求的产品不得安装使用。

3.2.2　燃气室内工程所用的管道组成件、设备及有关材料的规格、性能等应符合国家现行有关标准及设计文件的规定，并应有出厂合格文件；燃具、用气设备和计量装置等必须选用经国家主管部门认可的检测机构检测合格的产品，不合格者不得选用。

二、常用燃气具型号组成

1. 家用燃气灶具的型号组成

燃气灶具类型代号按功能不同用大写汉语拼音字母代号表示为：

JZ——表示燃气灶；

JKZ——表示烤箱灶；

JHZ——表示烘烤灶；

JH——表示烘烤器；

JK——表示烤箱；

JF——表示饭锅。

气电两用灶类型代号由燃气灶具类型代号和带电能加热的灶具代号共同组成，用大写汉语拼音字母表示为：

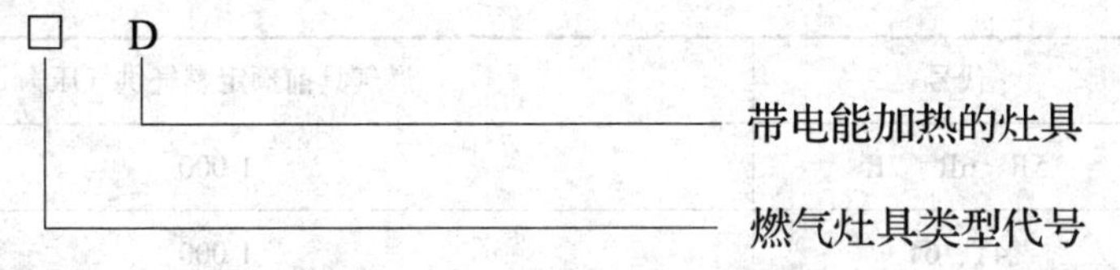

家用燃气灶具的型号由灶具的类型代号、燃气类别代号和企业自编号组成。

2. 家用燃气热水器的型号组成

家用燃气热水器的类型符号用大写汉语拼音字母代号表示为：

JS——表示用于供热水的热水器；

JN——表示用于供暖的热水器；

JL——表示用于供热水和供暖的热水器。

家用燃气热水器的型号由家用燃气热水器的代号、安装位置及给排气方式、主参数（额定热负荷）和特征序号组成。

三、常用燃气具的规格

常用燃气具的规格指的是燃气具的热负荷大小。家用燃气灶具标准规定两眼和两眼以上的燃气灶和气电两用灶应有一个主火，其实测折算热负荷：普通型灶≥3.5 kW，红外线灶≥3.0 kW。家用燃气热水器的热负荷一般不应大于 70 kW。

四、燃气具适应性基本知识

产品气质、燃气压力若与现场不符，轻者会造成产品不能正常工作，重者会发生重大事故，造成人员和财产损失。

任何燃具都是按一定的燃气成分在额定燃气压力下设计的。因此某种燃气的燃具只能适用于该种燃气，而不能适用于其他气种。由于不同气质的燃气具其喷嘴和燃烧器的结构有所不同，燃气具与燃气要匹配才能使用。不同气质的燃气具相互不能代替使用，否则，会造成燃烧恶劣、费气和不安全。

五、燃气压力的一般知识

燃气压力一般指燃气具前的压力，燃气具前的压力分静压和动压两种。静压是燃具未运行时（燃气表不走字）测得的压力，动压是燃具运行时（燃气表走字）测得的压力。测燃气具的额定供气压力一定要测动压，而非静压。常用燃气具前额定燃气供气压力见表 1—1。

表 1—1　　燃气具前额定燃气供气压力　　单位：Pa

燃气类别	代号	燃气具前额定燃气供气压力
人工燃气	5R、6R、7R	1 000
天然气	4T、6T	1 000
	10T、12T、13T	2 000
液化石油气	19Y、20Y、22Y	2 800

注：对特殊气源，如果当地宣称的额定燃气供气压力与本表不符时，应使用当地宣称的额定燃气供气压力。

六、常用电源的种类

1. 直流电源

电路中的电流方向不随时间的变化而变化，这样的电流叫直流电。直流电路中的电源称为直流电源。家用燃气具常用电池作为电源，家用燃气灶使用的电源多为直流电源。

2. 交流电源

电路中的电流和电压的大小和方向时刻都在变化，这样的电流叫交流电，交流电路中电源称为交流电源。家用燃气具常用市电作为电源。家用燃气具所用交流电源的电压为220 V，50 Hz。家用燃气热水器使用的电源绝大部分为交流电源。

七、万用表测电压的方法

1. 测量电压时，表笔应与被测电路并联连接。

2. 在测量直流电压时，应分清被测电压的极性，即红色表笔接正极，黑色表笔接负极。

3. 应根据被测电压值选择合适的电压量程挡位，当被测电压未知时，应选用最大电压量程挡粗测，然后变换量程测量。

4. 测量中应与带电体保持安全距离，手不得接触表笔金属部分，要防止短路和表笔脱落。

5. 测量电压时，指针应指在标度尺满度的 2/3 处左右。

6. 测量交流电压时的方法与测量直流电时相似，但测量交流电压时表笔不分极性。

八、单相三孔插座安全检测器的使用方法

单相三孔插座安全检测器是家电、燃气热水器（使用交流电）安装工程电源检测必备工具之一。它形同一个电源三插插头，体积小，使用简单。使用时，只要将检测器插入通电的单相三孔插座中，根据指示灯显示排列，即可知道接线是否正确，地线是否接好。指示灯显示排列所对应的接线状态，可根据检测器上的标示来确定。例如，当只有中间一个红灯亮，说明未接地线（缺地线）。标示中的黑圈表示灯不亮，红圈表示红灯亮。

该检测器能检查单相三孔插座相、零、地接线正确与否；还能检查漏电保护器在电流大于 30 mA 时，是否能起漏电保护器的保护作用，注意不得随意按动漏电保护测试按钮。

九、常用燃气具附件的名称、用途

1. 燃气灶具附件的名称、用途

（1）旋钮。用来开关灶具，调整火力等。

（2）电源线。用来连接交流电源。

（3）电池。用来作为直流电源。

（4）专用格林接头（或金属螺纹接头）、卡箍、塑胶软管等。用来连接燃气管道和灶具。

2. 燃气热水器附件的名称、用途

（1）热水喷头（花洒）及金属连接软管、密封垫。用于热水管路的连接及洗浴。

（2）塑料胀塞、木螺钉、膨胀螺栓。用来固定燃气热水器。

（3）挂板。用来挂热水器，固定燃气热水器。

（4）连接板、密封垫。用来连接水路、燃气管路等。

（5）套装排气管或给排气管（小包装）。用来向室外排烟和向室内引进新鲜空气。

（6）水泵。用于没有内置水泵的采暖热水器的采暖水循环系统。

（7）电源线、电池。用来接通电源。

十、相关规定

1. CJJ 94—2009　6.1　一般规定

6.1　一般规定

6.1.1　燃具和用气设备安装前应按本规范第3.2.1、3.2.2条的规定进行下列检验：

1　应检查燃具和用气设备的产品合格证、产品安装使用说明书和质量保证书。

2　产品外观的显见位置应有产品的参数铭牌，并有出厂日期。

3　应核对性能、规格、型号、数量是否符合设计文件的要求。

2. 外观质量标准

（1）GB 6932—2001　5.1.1.6条文

5.1.1.6　热水器外壳平整匀称，经表面处理后不应有喷涂不均、皱纹、裂痕、脱漆、掉瓷及其他明显的外观缺陷。

（2）GB 16410—2007　5.5.1条文

5.5.1　外形应美观大方，色调匀称，不应有损害外观的缺陷。

十一、产品外壳上的标牌、出厂日期及标识

1. 产品参数标牌

2. 产品使用注意事项标牌

3. 出厂日期。本台设备的制造日期（年月日），一般贴在后壳上。

4. 生产许可、能效标识

十二、搬运过程中的质量要求

家用燃气具在搬运过程中要轻拿轻放，不得有磕碰损伤和严重变形等现象。

十三、技术资料的种类和用途

产品技术资料一般包括：产品合格证、产品安装使用说明书、质量保证书（或保修单）

和装箱单等。

1．产品合格证

产品合格证是产品检验合格的证明，说明该产品符合国家相关标准的要求。

2．产品安装使用说明书

产品安装使用说明书是指导产品安装使用的技术指导资料，要仔细阅读，按要求进行安装使用。产品安装完后，说明书应交用户妥善保管以备将来查阅、参考。

3．质量保证书（或保修单）

质量保证书（或保修单）是厂家保证产品质量及维修质量的承诺和重要凭证。

4．装箱单

装箱单列出了设备及附件的数量和用途等。产品标识是载附于产品或产品包装上用于表示、揭示产品及其特征、特性的各种文字、符号、标志、标记、数字、图形等的统称，如产品检验合格证、产品名称、生产厂家名称、产地、认证标志等。

为了保证消费者及其他有关各方的利益，《产品质量法》规定，产品标识应当符合下列要求：

（1）有产品质量检验合格证明。

（2）有中文标明的产品名称、生产厂家和厂址。

（3）根据产品的特点和使用要求，需要标明产品的规格、等级，所含主要成分的名称和含量的，应予以标明。

（4）限期使用的产品，应标明生产日期和安全使用期或者失效日期。

（5）使用不当，容易造成产品本身损坏或者可能危及人身、财产安全的产品，有警示标志或者中文警示说明。

（6）裸装的食品和其他根据产品的特点难以附加标识的裸装产品，可以不附加产品标识。

辅导练习题

一、判断题（下列判断正确的请在括号中打“√”，错误的请在括号中打“×”）

1．施工单位必须在安装前查验相关的文件，不符合要求的产品不得安装使用。（　　）

2．燃具、用气设备和计量装置等必须选用生产企业检测机构检测合格的产品，不合格者不得选用。（　　）

3．燃气灶具类型代号按功能不同用大写英语字母来表示。（　　）

4．JL 表示用于供热水和供暖的热水器。（　　）

5．家用燃气灶具标准规定两眼和两眼以上的燃气灶和气电两用灶应有一个主火，其实

测折算热负荷：普通型灶≥3.5 kW，红外线灶≥3.0 kW。（ ）

6. 家用燃气热水器的热负荷一般不应小于 70 kW。（ ）

7. 产品气质、燃气压力若与现场不符，轻者会造成产品不能正常工作，重者会发生重大事故，造成人员和财产损失。（ ）

8. 某种燃气的燃具可适用于该种燃气，也可适用于其他气种。（ ）

9. 燃气压力一般指燃气具阀门后的压力，分为静压和动压两种。（ ）

10. 测燃气具的额定供气压力一定要测动压，而非静压。（ ）

11. 家用燃气灶使用的电源绝大部分为交流电源。（ ）

12. 家用燃气热水器使用的电源绝大部分为直流电源。（ ）

13. 测量电压时，表笔应与被测电路并联连接。（ ）

14. 在测量直流电压时，应分清被测电压的极性，即红色表笔接负极，黑色表笔接正极。（ ）

15. 使用时，只要将电源安全检测器插入通电的单相三孔插座中，根据指示灯显示排列，即可知道接线是否正确，地线是否接好。（ ）

16. 检查漏电保护器是否能起漏电保护的作用，可以随意按动漏电保护器测试钮。（ ）

17. 燃气灶具旋钮主要用来开关灶具和调整火力等。（ ）

18. 燃气热水器的给排气管只能向室外排烟，而不能引进新鲜空气。（ ）

19. 燃具和用气设备安装前应核对性能、规格、型号、数量是否符合设计文件的要求。（ ）

20. 热水器外壳平整匀称，经表面处理后允许有喷涂不均、皱纹、裂痕、脱漆、掉瓷及其他轻微的外观缺陷。（ ）

21. 产品外观的显见位置应有产品的参数铭牌，并有出厂日期。（ ）

22. 家用燃气快速热水器和燃气采暖热水炉不实施能效标识制度。（ ）

23. 家用燃气具在搬运过程中要轻拿轻放，不得有磕碰损伤和严重变形等现象。（ ）

24. 家用燃气具在运输过程中应防止剧烈振动、挤压、雨淋及化学物品侵蚀。（ ）

25. 产品检验合格证、产品名称、生产厂家名称、产地、认证标志等，都属于产品标识。（ ）

26. 质量保证书（或保修单）是厂家保证产品质量及维修质量的承诺和重要凭证。（ ）

二、单项选择题（下列每题有4个选项，其中只有1个是正确的，请将其代号填写在横线空白处）

1. 不属于国家规定实行许可证制度的是________。

A. 生产许可证　　B. 计量器具许可证

C. 经销许可证　　D. 特殊认证

2. 出厂合格文件不包括________。

A. 合格证　　B. 返修记录

C. 质量证明书　　D. 型式检验报告

3. 燃气灶具类型代号表示错误的是________。

A. JZ 表示燃气灶　　B. JH 表示烘烤器

C. JF 表示饭锅　　D. JHZ 表示烤箱灶

4. ________不是家用燃气热水器型号的组成部分。

A. 燃气类别代号　　B. 安装位置

C. 给排气方式　　D. 主参数

5. ________不在家用燃气灶具标准规定的应有一个主火之列。

A. 双眼灶　　B. 多眼灶

C. 单眼灶　　D. 气电两用灶

6. 普通型燃气灶主火实测折算热负荷应________kW。

A. ≥4.2　　B. ≥3.5

C. ≤4.2　　D. ≤3.5

7. 某种燃气的燃具用于其他种类的燃气会造成________。

A. 燃烧完全　　B. 省气

C. 安全　　D. 燃烧恶劣

8. 关于燃气具适应性说法错误的是________。

A. 任何燃具都是按一定的燃气成分在额定燃气压力下设计的

B. 某种燃气的燃具只能适用于该种燃气，而不能适用于其他气种

C. 不同气质的燃气具其喷嘴和燃烧器的结构是一样的

D. 不同气质的燃气具相互不能代替使用

9. 燃气压力一般指燃气具________的压力。

A. 前　　B. 后

C. 喷嘴前　　D. 喷嘴后

10. 人工燃气，4T、6T 天然气燃具前额定燃气供气压力是________Pa。

A. 3 000　　B. 2 800

C. 2 000　　D. 1 000

11. ________不属于直流电源。

A. 蓄电池　　B. 交流发电机

C. 电池　　D. 锂电池

12. 我国家用燃气具所用交流电源的电压为________V。

A. 110　　B. 150

C. 220　　D. 380

13. 关于用万用表测电压方法错误的是________。

A. 测量电压时，指针应指在标度尺满度的1/3处左右

B. 测量电压时，表笔应与被测电路并联连接

C. 在测量直流电压时，应分清被测电压的极性，即红色表笔接正极，黑色表笔接负极

D. 应根据被测电压值选择合适的电压量程挡位，当被测电压未知时，应选用最大电压量程挡粗测，然后变换量程测量

14. 关于使用万用表测电压方法正确的是________。

A. 测试笔连接要正确，红表笔与万用表的负（－）极相连，黑表笔与万用表的正（＋）极相连

B. 测量电压时，表笔应与被测电路串联或并联连接

C. 测试笔连接要正确，手不得接触表笔金属部位

D. 万用表测量挡位选择时要格外小心，测量电压时，可选择电压挡或电阻挡

15. 单相三孔插座安全检测器的主要功能是________。

A. 测量电压　　B. 测量电流

C. 测量电阻　　D. 判断三孔插座的接线正确与否

16. 当单相三孔插座安全检测器在显示________状态下，用手指去按一下漏电保护测试按钮，这时如果该线路接地电阻符合规范设计要求，在漏电保护开关无问题的情况下，漏电保护开关就应立即跳闸断电，否则很大程度上是接地线（上一级）未接好或接地电阻阻值超出了规范设计要求。其次才是漏电开关的问题。

A. 缺地线　　B. 正确

C. 缺相线　　D. 缺零线

17. 用来开关灶具、调整火力的是________。

A. 灶具旋钮　　B. 电源线

C. 电池　　　　D. 格林接头

18. 下列选项中不属于燃气热水器附件的是________。

A. 热水喷头　　　　B. 排烟管

C. 水泵　　　　D. 混水阀

19. 燃具和用气设备安装前不用检查的书、证是________。

A. 产品合格证　　　　B. 产品安装使用说明书

C. 品牌产品推荐书　　　　D. 质量保证书

20. ________不是燃气热水器外壳经表面处理后不应出现的外观缺陷。

A. 皱折　　　　B. 脱漆

C. 凹坑　　　　D. 喷涂不均

21. 产品外壳上不能加贴的标识是________。

A. 出厂日期　　　　B. 旧能效标识

C. 安全警示标牌　　　　D. 生产许可标识

22. ________不属于燃气采暖热水炉参数铭牌的内容。

A. 参考采暖面积　　　　B. 产品型号

C. 额定热负荷　　　　D. 防护等级

23. 搬运燃具操作错误的是________。

A. 轻拿轻放　　　　B. 抛掷

C. 码放整齐　　　　D. 严禁脚踏

24. 运输过程中应防止________。

A. 车速过慢　　　　B. 日晒

C. 风吹　　　　D. 挤压

25. ________不属于产品标识。

A. 产品广告　　　　B. 产品名称

C. 产品合格证　　　　D. 生产厂家名称

26. 产品技术资料不包括________。

A. 产品合格证　　　　B. 产品型式检验报告

C. 质量保证书　　　　D. 装箱单

三、多项选择题（下列每题中的多个选项中，至少有 2 个是正确的，请将正确答案的代号填在横线空白处）

1. 国家规定实行________的产品，产品生产单位必须提供相关证明文件，施工单位必须在安装前查验相关的文件，不符合要求的产品不得安装使用。

A. 生产许可证　　B. 计量器具许可证
C. 经销许可证　　D. 特殊认证
E. 代理许可证

2. 由________认可的检验机构检验合格的燃具、用气设备和计量装置等，不能选用。

A. 行业协会　　B. 行业学会
C. 国家主管部门　　D. 企业主管部门
E. 行业主管部门

3. 燃气灶具类型代号表示错误的是________。

A. JZ 表示燃气灶　　B. JH 表示烘烤器
C. JF 表示饭锅　　D. JHZ 表示烤箱灶
E. JKZ 表示烤箱

4. 家用燃气热水器的型号由________组成。

A. 燃气类别代号　　B. 安装位置
C. 给排气方式　　D. 主参数
E. 特征序号

5. 家用燃气灶具标准未规定________应有一个主火。

A. 双眼灶　　B. 多眼灶
C. 单眼灶　　D. 气电两用灶
E. 烤箱

6. 普通型燃气灶主火实测折算热负荷应________。

A. ≥4.2 kW　　B. ≥3.5 kW
C. ≤4.2 kW　　D. ≤3.5 kW
E. ≥12.6 MJ/h

7. 某种燃气的燃具用于其他种类的燃气会造成________。

A. 燃烧完全　　B. 省气
C. 安全　　D. 燃烧恶劣
E. 费气

8. 下列选项中关于燃气具适应性说法正确的是________。

A. 任何燃具都是按一定的燃气成分在额定燃气压力下设计的
B. 某种燃气的燃具只能适用于该种燃气，而不能适用于其他气种
C. 不同气质的燃气具其喷嘴和燃烧器的结构是一样的
D. 不同气质的燃气具相互不能代替使用

E. 适应性是对燃具性能的要求，即一个合格的燃具应能适应燃气性质的某些变化

9. ________的压力不是平常所指的燃气（额定）压力。

A. 燃具前　　B. 燃具后

C. 燃具喷嘴前　　D. 燃具喷嘴后

E. 燃具燃气阀后

10. ________天然气燃具前额定燃气供气压力是 2 000 Pa。

A. 4T　　B. 6T

C. 10T　　D. 12T

E. 13T

11. ________属于直流电源。

A. 蓄电池　　B. 交流发电机

C. 电池　　D. 锂电池

E. 市电

12. 燃气采暖热水炉一般不用________作为电源。

A. 市电　　B. 干电池

C. 蓄电池　　D. 交流发电机

E. 叠层电池

13. 关于使用万用表测电压方法错误的是________。

A. 测量电压时，指针应指在标度尺满度的 1/3 处左右

B. 测量电压时，表笔应与被测电路并联连接

C. 在测量直流电压时，应分清被测电压的极性，即红色表笔接正极，黑色表笔接负极

D. 应根据被测电压值选择合适的电压量程挡位，当被测电压未知时，应选用最大电压量程挡粗测，然后变换量程测量

E. 测量交流电压时的方法与测量直流电时完全一样，无任何区别

14. 关于使用万用表测电压方法正确的是________。

A. 测试笔连接要正确，红表笔与万用表的负（－）极相连，黑表笔与万用表的正（＋）极相连

B. 测量电压时，表笔应与被测电路串联或并联连接

C. 测试笔连接要正确，手不得接触表笔金属部位

D. 万用表测量挡位选择时要格外小心，测量电压时，可选择电压挡或电阻挡。

E. 测量电压时，指针应指在标度尺满度的 2/3 处左右

15. 单相三孔插座安全检测器的主要功能是________。

A. 漏电保护测试　　B. 测量电流

C. 测量电阻　　D. 判断三孔插座的接线正确与否

E. 测量电压

16. 当单相三孔插座安全检测器在显示________状态下，不可随意用手指去按漏电保护测试按钮。

A. 缺地线　　B. 正确

C. 缺相线　　D. 缺零线

E. 相零错

17. 用来开关灶具、调整火力的是________。

A. 灶具旋钮　　B. 电源线

C. 电池　　D. 格林接头

E. 灶具开关

18. 属于燃气热水器附件的是________。

A. 热水喷头　　B. 排烟管

C. 水泵　　D. 混水阀

E. 室内温控器

19. 下列选项中不属于燃具和用气设备安装前须检查的书、证是________。

A. 产品合格证　　B. 产品安装使用说明书

C. 品牌产品推荐书　　D. 质量保证书

E. 名优产品证书

20. ________是燃气热水器外壳经表面处理后不应出现的外观缺陷。

A. 皱折　　B. 脱漆

C. 凹坑　　D. 喷涂不均

E. 变形

21. 产品外壳上须加贴的标识是________。

A. 出厂日期　　B. 旧能效标识

C. 安全警示标牌　　D. 生产许可标识

E. 参数铭牌

22. 燃气采暖热水炉参数铭牌应有________等内容。

A. 参考采暖面积　　B. 产品型号

C. 额定热负荷　　D. 防护等级

E. 适用燃气种类

23. 搬运燃气具操作错误的是________。

A. 轻拿轻放　　B. 抛掷

C. 码放整齐　　D. 严禁脚踏

E. 滚动

24. 运输过程中应防止________。

A. 剧烈振动　　B. 日晒

C. 风吹　　D. 挤压

E. 雨淋

25. ________属于产品标识。

A. 产品广告　　B. 产品名称

C. 产品合格证　　D. 生产厂家名称

E. 认证标志

26. 产品技术资料包括________。

A. 产品合格证　　B. 产品型式检验报告

C. 质量保证书　　D. 装箱单

E. 产品安装使用说明书

参考答案及说明

一、判断题

1. √。国家规定实行生产许可证的、计量器具许可证或特殊认证的产品，产品生产单位必须提供相关证明文件，施工单位必须在安装前查验相关的文件，不符合要求的产品不得安装使用。

2. ×。燃气室内工程所用的管道组成件、设备及有关材料的规格、性能等应符合国家现行有关标准及设计文件的规定，并应有出厂合格文件。燃具、用气设备和计量装置等必须选用经国家主管部门认可的检测机构检测合格的产品，不合格者不得选用。

3. ×。燃气灶具类型代号按功能不同用大写汉语拼音字母来表示。

4. √。JL 表示用于供热水和供暖的热水器。

5. √。常用燃气具的规格指的是燃气具的热负荷大小。家用燃气灶具标准规定两眼和两眼以上的燃气灶和气电两用灶应有一个主火，其实测折算热负荷：普通型灶≥3.5 kW，红外线灶≥3.0 kW。

6. ×。家用燃气热水器的热负荷一般不应大于70 kW。

7. √。产品气质、燃气压力若与现场不符，轻者会造成产品不能正常工作，重者会发生重大事故，造成人员和财产损失。

8. ×。任何燃具都是按一定的燃气成分在额定燃气压力下设计的，因此某种燃气的燃具只能适用于该种燃气，而不能适用于其他气种。

9. ×。燃气压力一般指燃气具阀门前的压力，分为静压和动压两种。

10. √。

11. ×。家用燃气灶使用的电源绝大部分为直流电源。

12. ×。家用燃气热水器使用的电源绝大部分为交流电源。

13. √。测量电压时，表笔应与被测电路并联连接。

14. ×。在测量直流电压时，应分清被测电压的极性，即红色表笔接正极，黑色表笔接负极。

15. √。单相三孔插座安全检测器是家电、燃气热水器（使用交流电）安装工程电源检测必备工具之一。使用时，只要将电源安全检测器插入通电的单相三孔插座中，根据指示灯显示排列，即可知道接线是否正确，地线是否接好。

16. ×。当单相三孔插座安全检测器在显示“正确”状态下，可以用手指按动漏电保护测试按钮，在漏电保护开关无问题的情况下，漏电保护开关就应立即跳闸断电，考虑断电的影响，此按钮不得随意按动。

17. √。燃气灶具旋钮主要用来开关灶具和调整火力等。

18. ×。燃气热水器的给排气管用来向室外排烟和向室内引进新鲜空气。

19. √。燃具和用气设备安装前应核对性能、规格、型号、数量是否符合设计文件的要求。

20. ×。热水器外壳平整匀称，经表面处理后不应有喷涂不均、皱纹、裂痕、脱漆、掉瓷及其他明显的外观缺陷。

21. √。产品外观的显见位置应有产品的参数铭牌，并有出厂日期。

22. ×。家用燃气快速热水器和燃气采暖热水炉实施能效标识制度。

23. √。家用燃气具在搬运过程中要轻拿轻放，不得有磕碰损伤和严重变形等现象。

24. √。家用燃气具在运输过程中应防止剧烈振动、挤压、雨淋及化学物品侵蚀。

25. √。产品标识是载附于产品或产品包装上用于表示、揭示产品及其特征、特性的各种文字、符号、标志、标记、数字、图形等的统称，如产品检验合格证、产品名称、生产厂家名称、产地、认证标志等。

26. √。质量保证书（或保修单）是厂家保证产品质量及维修质量的承诺和重要凭证。

二、单项选择题

1. C　2. B　3. D　4. A　5. C　6. B　7. D　8. C　9. A
10. D　11. B　12. C　13. A　14. C　15. D　16. B　17. A　18. D
19. C　20. C　21. B　22. A　23. B　24. D　25. A　26. B

三、多项选择题

1. ABD　2. ABDE　3. DE　4. BCDE　5. CE　6. BE
7. DE　8. ABDE　9. BCDE　10. CDE　11. ACD　12. BCE
13. AE　14. CE　15. AD　16. ACDE　17. AE　18. ABC
19. CE　20. ABD　21. ACDE　22. BCDE　23. BE　24. ADE
25. BCDE　26. ACDE

第3章　燃气灶具安装

考 核 要 点

理论知识考核范围	考核要点	重要程度
灶具组装及设备管线连接	1．家用燃气灶具的分类、型号和规格	★★
	2．灶具装配工艺	★★
	3．家用燃气具的安装规范	★★★
	4．燃气灶具的软、硬管连接	★★★
	5．气瓶供应系统设置的环境要求	★★★
	6．液化石油气钢瓶与灶具的连接方法	★★★
调试	1．燃气燃烧时的理想火焰和不稳定火焰	★★★
	2．调风板的调试方法	★★★
	3．灶具旋钮或按键的主要功能	★★
	4．灶具火力大小的调节	★★★
	5．灶具各旋钮（按键）开、关操作方法	★★★
	6．家用燃气灶的使用方法	★★★

注：“重要程度”中，“★”为级别最低，“★★★”为级别最高。

重点复习提示

一、家用燃气灶具的分类、型号和规格

1．分类

（1）按燃气类别可分为：人工燃气灶具、天然气灶具、液化石油气灶具。

（2）按灶眼数可分为：单眼灶、双眼灶、多眼灶。

（3）按功能可分为：灶、烤箱灶、烘烤灶、烤箱、烘烤器、饭锅、气电两用灶。

（4）按结构形式可分为：台式、嵌入式、落地式、组合式、其他形式。

（5）按加热方式可分为：直接式、半直接式、间接式。

2. 型号

（1）燃气灶具类型代号及表示方法

燃气灶具类型代号及表示方法详见《教程》第 2 章相关内容。

（2）家用燃气灶具的型号由灶具的类型代号、燃气类别代号和企业自编号组成，表示为：

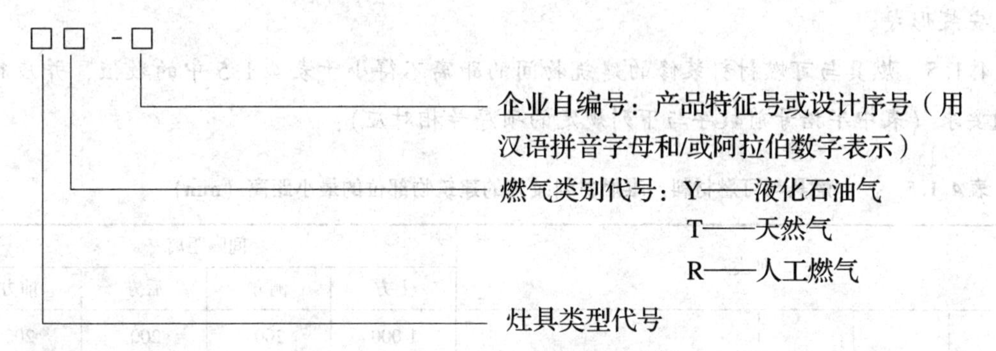

3. 规格

灶具的热负荷应满足以下条件。

（1）每个燃烧器的实测折算热负荷与额定热负荷的偏差应在 ±10% 以内。

（2）总实测折算热负荷与单个燃烧器实测折算热负荷总和之比≥85。

（3）家用燃气灶具标准规定两眼和两眼以上的燃气灶和气电两用灶应有一个主火，其实测折算热负荷：普通型灶≥3.5 kW，红外线灶≥3.0 kW。

二、灶具装配工艺

灶具装配工艺是指导灶具装配工作的技术文件，主要包括装配、调整、检查和整机性能检测（试火）等项工作，装配工艺是严格按国家和行业标准的有关规定进行编制的，因此装配工作对于保证燃气灶具的质量和安全可靠有着直接的影响。在现场组装灶具要注意以下几点。

1. 组装前应检查各部件是否有磕碰变形、表面划伤等缺陷。

2. 一定要保证灶具喷嘴中心线与引射器中心线同轴。

3. 组装好的灶具放在灶台上应平稳，否则，应加以调整。

三、家用燃气具的安装规范

1. 燃具的安装间距及防火

CJJ 12—99　4　燃具的安装间距及防火相关规定。

4.1　燃具设置

4.1.1　燃具和排气筒与周围建筑和设备之间应有相应的防火安全间距。

4.1.2　安装燃具的部位应是由不可燃材料建造。

4.1.3　当安装燃具的部位是可燃材料或难燃材料时，应采用金属防热板隔热，防热板与墙面距离应大于10 mm。

4.1.4　除特殊设计的组合式燃具外，对以可燃材料、难燃材料装修的部位不应采用镶入式安装形式。

4.1.5　燃具与可燃材料装修的建筑物间的距离不得小于表4.1.5中的数值，并应符合下列要求（表中半括号前数字与下列规定的项序号相对应）：

表4.1.5　燃具与可燃材料、难燃材料装修的建筑物部位的最小距离（mm）

种类				间隔距离			
				上方	侧方	后方	前方
直排式	烹调用燃具	外露燃烧器	双眼灶、单眼灶	1 000	200	200	200
				800	0	0	[11]
			带烘烤器的灶	1 000	150[2]	150[2]	150
				800	0	0	[11]
			落地式烤箱灶	1 000	150[2]	150[2]	150
				800	0	0	[11]
		内藏燃烧器	台式烤箱	1 000	150	150	150
				800	0	0	[11]
			间接式烤箱　无烟罩	500	45	45	45
				300	45	45	[11]
			间接式烤箱　有烟罩	150[10]	45	45	45
				100[10]	45	45	[11]
			燃气饭锅（<4 L）	300	100	100	100
				150	45	45	[11]
	热水器		无烟罩	400	45	45	45
				300	45	45	[11]
			有烟罩	150[10]	45	45	45
				100[10]	45	45	[11]

续表

种类					间隔距离			
					上方	侧方	后方	前方
直排式	采暖器	外露燃烧器	单向辐射式		1 000	300	45	1 000
					800	150	45	800
			多向辐射式		1 000	1 000	1 000	1 000
					800	800	800	800
			壁挂式、吊挂式		300	600	45	1 000
					150	150	45	800
		内藏燃烧器	自然对流式		1 000	45	45	45[3)]
					800	45	45	45[3)]
			强制对流式		45	45	45	600[4)]
					45	45	45	[4)]
	衣服干燥机				150	45	45	45
					150	45	45	[11)]
半密闭式	热水器	热流量 11.6 kW 以下			[6)]	45	45	45
					[6)]	45	45	[11)]
		热流量 11.6～69.8 kW			[6)]	150	150	150
					[6)]	45	45	[11)]
	浴槽水加热器	浴室外设置	燃烧器不能取出	外加热器（浴盆外加热）	[6)]	150	150	150
					[6)]	45	45	[11)]
			燃烧器可以取出	内加热器（浴盆内加热）	[6)]	150	150	600
					[6)]	45	45	[11)]
			燃烧器可以取出	热水管穿过可燃性墙体	[6)]	150	[9)]	600
					[6)]	[9)]	[9)]	[11)]
	采暖器	内藏燃烧器	自然对流式		600	45[5)]	45[5)]	45[3)]
					600	45[5)]	45[5)]	45[3)]
			强制对流式		45	45[5)]	45[5)]	600[4)]
					45	45[5)]	45[5)]	600[4)]
密闭式	热水器	快速式	台式		[9)]	0	0	[9)]
					[9)]	0	0	[9)]
			固定悬挂式		45	45	45	45
					45	45	45	[11)]
		容积式			45	45	45	45
					45	45	45	[11)]
	浴槽水加热器				[9)]	20[7)]	20	45
					[9)]	[7)]	20	[11)]

续表

种类				间隔距离			
				上方	侧方	后方	前方
密闭式	采暖器	内藏燃烧器	自然对流式	600	45	45	45[3]
				600	45	45	45[3]
			强制对流式	45	45	45	600[4]
				45	45	45	600[4]
室外用	自然排气	热水器	无烟罩	600	150	150	150
				300	45	45	[11]
			有烟罩	150[10]	150	150	150
				100[10]	45	45	[11]
		浴槽水加热器		600	150	150	150
				300	45	45	[11]
	强制排气[8]		热水器、浴槽水加热器	150	150	150	150
				45	45	45	45

注：间隔距离栏中，上格中的数值为未带防热板时燃具与建筑物间的距离，下格中的数值为带防热板时燃具与防热板的距离。

1．烹调燃具

1）多用灶具（如带烘烤器的燃具）应按最大距离安装。

2）侧方、后方距离，当燃具经温升试验证明是安全时，可以靠接。

……

4.1.6　燃具与可燃材料、难燃材料建造，但以不可燃材料装修的建筑物间的距离，不应小于本规程表4.1.5中间隔距离一栏下格的规定。

以不可燃材料装修的建筑物与燃具的距离，当采用表4.1.5下格的规定有困难时，也可按下面规定采用：

1．内藏燃烧器的燃具，除排气口外，其他侧方、后方距离应大于20 mm，上方应大于100 mm。

2．密闭式燃具在检查方便时，燃具侧方、后方可接触建筑物安装。

4.1.7　家用燃气灶具与抽油烟机除油装置的距离可按表4.1.7的规定采用。

表4.1.7　　家用燃气灶具与抽油烟机除油装置的距离（mm）

除油装置 / 家用燃气灶具	抽油烟机风扇②油过滤器	其他部位
家用燃气烹调灶具	800以上	1 000以上
带有过热保护的灶具①	600以上③	800以上

①带有过热保护，并经防火性能认证的灶具；

②风量小于15 m^3/min（900 m^3/h）；

③限每户单独使用的排油烟管。

2. 燃气具安装环境要求

（1）家用燃气灶具只能使用于家庭厨房，不可将燃气灶具安放在地下室、卧室、浴室等处。

（2）不可在燃气灶的上方或四周放置易燃、易爆和腐蚀性材料等。

（3）安装燃气灶处，必须通风良好，使用燃气灶时，要打开换气扇或吸油烟机。

（4）燃气灶安装于橱柜中时，要有符合通风要求的通风孔，通风孔面积应不小于30 cm^2。

3. 燃气灶具安装时的管道连接要求

GB 16410—20075.3.1.10d），e），f）相关规定

5.3.1.10　燃气导管应符合：

d）灶具的硬管连接接头应使用管螺纹，管螺纹应符合GB/T 7306.1、GB/T 7306.2、GB/T 7307的规定。灶具的软管连接接头应使用两种结构形式（ϕ9.5 mm或ϕ13 mm）。

e）管道燃气宜使用硬管（或金属软管）连接。当使用非金属软管连接时，燃气导管不得因装拆软管而松动和漏气。软管和软管接头应设在易于观察和检修的位置。

f）软管和软管接头的连接应使用安全紧固措施。

CJJ 12—99　5.0.11相关规定

5.0.11　与燃气具连接的供气、供水支管上应设置阀门。

CJJ 94—2009　6.2.7～6.2.10相关规定

6.2.7　燃气灶具的灶台高度不宜大于80 cm；燃气灶具与墙净距不得小于10 cm，与侧面墙的净距不得小于15 cm，与木质门、窗及木质家具的净距不得小于20 cm。

检查数量：抽查20%，且不少于1台。

检查方法：目视检查和尺量检查。

6.2.8　嵌入式燃气灶具与灶台连接处应做好防水密封，灶台下面的橱柜应根据气源性质在适当的位置开总面积不小于80 cm^2的与大气相通的通气孔。

检查数量：抽查20%，且不少于1台。

检查方法：目视检查和尺量检查。

6.2.9　燃具与可燃的墙壁、地板和家具之间应设耐火隔热层，隔热层与可燃的墙壁、地板和家具之间间距宜大于10 mm。

检查数量：100%检查。

检查方法：目视检查和尺量检查。

6.2.10　使用市网供电的燃具应将电源线接在具有漏电保护功能的电气系统上；应使用单相三极电源插座，电源插座接地极应有可靠接地，电源插座应安装在冷热水不易飞溅到的位置。

检查数量：100%检查。

检查方法：目视检查。

四、燃气灶具的软、硬管连接

燃气表后的燃气室内管与灶具下部的进气接头之间可以用金属波纹管或燃气专用的橡胶软管连接，长度不宜超过1.5 m。

1. 使用燃气软管连接

（1）燃气软管的两端分别与灶具和室内燃气阀门相连接。

（2）连接燃气软管时，进气管一定要用管箍固定牢固，长度要适宜，过长会增加进气管管道阻力，影响燃气流量；过短会造成拉拽现象，胶管容易脱落。

（3）要保证燃气软管不被挤压、扭曲或弯折，不能让软管处于高温区或接触灶具的高温部分。

2. 灶具接管的螺纹连接

一般采用金属波纹管作为连接管，连接时，要在连接处装入丁腈橡胶密封垫。

镀锌钢管连接须使用活接头。在未通气情况下，应加压试漏，进行气密性试验。

五、气瓶供应系统设置的环境要求

1. 燃气灶一般置于厨房内，钢瓶可放在厨房内，也可置于紧邻厨房的阳台或室外，但气瓶供应系统不允许设置在地下室、卧室以及没有通风设备的走廊等处。

2. 燃气耐油胶管长度不宜大于2 m。钢瓶应与灶具等保持1 m以上的距离。室外钢瓶最好置于不可燃材料制作的柜（箱）内。

六、液化石油气钢瓶与灶具的连接方法

单瓶液化石油气供应系统一般采用软管连接方式，而双瓶供应则采用金属管道连接。

七、燃气燃烧时的理想火焰和不稳定火焰

1. 理想火焰。部分预混火焰由内焰和外焰两部分组成。理想的部分预混火焰的内焰焰面应该是轮廓鲜明，呈浅蓝色，具有稳定的、燃烧完全的火焰结构。

2. 不稳定火焰。当空气过大时，火焰变短，火焰颤动厉害，这种火焰称为“硬火焰”；当空气不足时，火焰拉长，内焰焰面厚度变薄，亮度减弱，火焰摇晃，内焰顶部变得模糊，这种火焰称为“软火焰”。不正常的部分预混火焰会产生离焰、回火、黄焰和不完全燃烧等现象。

八、调风板的调试方法

1. 若打开燃气灶最大流量时，火焰内、外焰锥轮廓不清晰，甚至火焰锥顶呈杏黄色，说明空气不足，应调大调风板的开度，增加空气吸入量，直至火焰内外锥轮廓清晰，变为浅蓝色为止。

2. 若发现有离焰、脱火现象时，应调小风门，减小空气吸入量，使火焰趋于正常。

九、灶具旋钮或按键的主要功能

1. 点火通气。燃气灶的旋钮或按键在旋转或按下时，首先是先点火，而后通气（俗称“火等气”）。

2. 调节火力。转动旋钮至不同位置，可获得大、中、小不同的火力。分别按下大、中、小火按键，也可调节火力。

十、灶具火力大小的调节方法

灶具火力大小的调节是为了保证烹饪时所需的火力。

灶具点燃后，旋钮逆时针旋转 90°可获得最大火力；需要往小火调时，反方向慢慢转动旋钮，边观察、边调节，直到满意为止；旋钮逆时针旋转超过 90°，只有内圈小火。

十一、灶具各旋钮（按键）开、关操作方法

开启燃气灶时，将燃气阀杆向里推，逆时针旋转，点火成功后，松手即可。对于不带自动点火装置的，要先用点燃的火柴或电子打火器对准火孔处，然后再推进和扭动旋钮即可点着。

关火时，不要再向里推旋钮，顺时针旋转直至转不动时为止。

十二、家用燃气灶的使用方法

1. 点燃燃气灶

压电陶瓷自动点火燃气灶，点火时将阀杆向里推，逆时针方向旋转，阀杆上的凸轮便带动点火机构，当听到“叭”的一声，引火燃烧器被点燃，1～2 s 主火就点着了。具有熄火保护装置的燃气灶，向里推时，要稍加用力且手按在旋钮上的时间要长一些，一般最长不会超过 15 s。首次使用燃气灶或开启长时间未使用过的燃气灶，若打不着火，应按下旋钮放一放管内的空气，有可能重复几次才能奏效。

2. 调节火焰

使用燃气灶，一是保证燃气完全燃烧，二是保证提供烹饪时所需用的火力。要达到这一目的，就要进行火焰的调节和火力的调节。

3. 停用燃气灶

灶具临时熄火或停用时，应将旋钮转到关闭位置。晚上休息或较长时间不用时，要将灶前阀关闭，以保证安全。

辅导练习题

一、判断题（下列判断正确的请在括号中打“√”，错误的请在括号中打“×”）

1．家用燃气灶具按燃气类别可分为：人工燃气灶具、天然气灶具、液化石油气灶具。（　）

2．家用燃气灶具按灶眼数可分为：双眼灶和多眼灶。（　）

3．家用燃气灶型号中“R”表示液化石油气。（　）

4．JZQ 表示嵌入式燃气灶。（　）

5．灶具装配工艺是指导灶具装配工作的技术文件，它是严格按生产企业有关规定进行编制的。（　）

6．燃气灶具在组装前应检查各部件是否有磕碰变形，表面划伤等缺陷。（　）

7．燃具和排气筒与周围建筑和设备之间应有相应的防火安全间距。（　）

8．为节省安装费用，与燃气具连接的供气、供水支管上可不设置阀门。（　）

9．燃气软管的两端分别与灶具和室内燃气阀门相连接。（　）

10．镀锌钢管连接须使用活接头，在未通气情况下，可不进行加压试漏和气密性试验。（　）

11．燃气灶一般置于厨房内，钢瓶必须置于室外。（　）

12. 室外钢瓶最好置于不可燃材料制作的柜（箱）内。（　）

13. 单瓶液化石油气供应系统一般采用软管连接方式。（　）

14. 双瓶供应可以采用软管连接方式，也可以采用金属管道连接方式。（　）

15. 部分预混火焰由内焰和外焰两部分组成。（　）

16. 当空气过大时，火焰变长，称为“软火焰”，当空气不足时，火焰变短，称为“硬火焰”，软火焰和硬火焰都是不稳定火焰。（　）

17. 若打开燃气灶最大流量时，火焰内、外焰锥轮廓不清晰，甚至火焰锥顶呈杏黄色，说明空气不足，应调大调风板的开度。（　）

18. 若发现离焰时，应调小风门，而发现脱火时，应调大风门。（　）

19. 燃气灶的旋钮或按键在旋转或按下时，首先是先点火，而后通气（俗称“火等气”）。（　）

20. 转动旋钮或按下按键只能点火通气，不能调节火力。（　）

21. 灶具点燃后，旋钮逆时针旋转 60°可获得最大火力。（　）

22. 旋钮逆时针旋转超过 90°，只有内圈小火。（　）

23. 正确开启燃气灶的方法，应是先将燃气阀杆向里推，然后逆时针旋转。（　）

24. 关火时，先用力向里推旋钮，然后顺时针旋转直至转不动时为止。（　）

25. 具有熄火保护装置的燃气灶，向里推时要适当用力且手按在旋钮上的时间要长一些。（　）

26. 燃气灶具晚上休息或较长时间不用时，灶前阀关与不关，都是安全的。（　）

二、单项选择题（下列每题有 4 个选项，其中只有 1 个是正确的，请将其代号填写在横线空白处）

1. 家用燃气灶具按燃气类别可分为：________、天然气灶具、液化石油气灶具。

A. 人工燃气灶具　　B. 沼气灶具

C. 气电两用灶　　D. 混合燃气灶具

2. 家用燃气灶具按结构形式可分为：台式、落地式、组合式、________和其他形式。

A. 直接式　　B. 嵌入式

C. 间接式　　D. 壁挂式

3. 家用燃气灶具的型号由灶具的类型代号、________和企业自编号组成。

A. 主参数　　B. 生产许可证号

C. 燃气类别代号　　D. 特征序号

4. 燃气类别代号 Y 表示________。

A. 秸秆气　　B. 天然气

C．人工燃气　　D．液化石油气

5．家用燃气灶具标准规定两眼和两眼以上的燃气灶和________应有一个主火。

A．烘烤器　　B．烤箱灶

C．单眼灶　　D．气电两用灶

6．红外线燃气灶主火实测折算热负荷应________kW。

A．≥4.2　　B．≥3.0

C．≥4.5　　D．≥3.5

7．灶具组装流程完整正确的是________。

A．剪铁丝、安装燃烧器体、装盛液盘、装锅支架、装旋钮

B．剪铁丝，安装燃烧器体，装大、小火盖，装锅支架，装旋钮

C．剪铁丝，装大、小火盖，装盛液盘，装锅支架，装旋钮

D．剪铁丝，安装燃烧器体，装大、小火盖，装盛液盘，装锅支架，装旋钮

8．组装灶具一定要保证灶具喷嘴中心线与________同轴。

A．燃烧器头部　　B．火孔中心线

C．引射器中心线　　D．火盖中心线

9．当安装燃具的部位是可燃材料或难燃材料时，应采用金属防热板隔热，防热板与墙面距离应大于________mm。

A．10　　B．15

C．20　　D．25

10．只能将燃气灶安放在________。

A．地下室　　B．厨房

C．卧室　　D．浴室

11．燃气灶具的灶台高度不宜大于________cm。

A．80　　B．90

C．95　　D．100

12．燃气灶具与墙净距不得小于________cm。

A．10　　B．15

C．20　　D．25

13．嵌入式燃气灶具与灶台连接处应做好防水密封，灶台下面的橱柜应根据气源性质在适当的位置开总面积不小于________cm^2的与大气相通的通气孔。

A．70　　B．80

C．90　　D．100

14. 燃气表后的燃气室内管与灶具下部的进气接头之间可以用金属波纹管或燃气专用的橡胶软管连接，长度不宜超过________ m。

A. 0.5　　B. 1.0

C. 1.5　　D. 2.0

15. 燃气耐油胶管长度不宜大于________ m。

A. 3.5　　B. 3

C. 2.5　　D. 2

16. 钢瓶应与灶具等保持________ m 以上的距离。

A. 1　　B. 1.5

C. 2　　D. 2.5

17. 单瓶液化石油气供应系统一般采用________连接方式。

A. 镀锌钢管　　B. 软管

C. 铸铁管　　D. 不锈钢管

18. 单瓶液化石油气供应系统不包括________。

A. 钢瓶　　B. 调压器

C. 抽油烟机　　D. 连接管

19. 当空气过大时，火焰变短，火焰颤动厉害，这种火焰称为“________”。

A. 正常火焰　　B. 稳定火焰

C. 软火焰　　D. 硬火焰

20. 理想的部分预混火焰的内焰焰面应该是轮廓鲜明，呈浅蓝色，具有________的火焰结构。

A. 稳定的、燃烧完全　　B. 剧烈颤动

C. 模糊摇摆　　D. 光焰明亮

21. 天然气燃烧，若发现有________现象时，应调小风门。

A. 回火　　B. 脱火

C. 黄焰　　D. 火焰拉长、摇晃

22. 对燃烧速度快的燃气，如人工煤气，吸入的空气多（$\alpha' = 1$ 时）易产生________现象，要调小风门。

A. 离焰　　B. 脱火

C. 回火　　D. 黄焰

23. 灶具旋钮或按键的主要功能是________。

A. 调节火焰　　B. 点燃燃气灶

C. 点火通气、提供所需火力　　D. 点火通气、调节火力

24. 最正确的点火方式是________。

A. 先点火，后通气　　B. 先通气，后点火

C. 同时点火、通气　　D. 点火后猛给气

25. ________能调节灶具火力的大小。

A. 调风板　　B. 旋钮

C. 热电偶　　D. 电磁阀

26. 灶具点燃后，旋钮逆时针旋转________可获得最大火力。

A. 45°　　B. 60°

C. 90°　　D. 105°

27. 开启燃气灶方法正确的是________。

A. 逆时针旋转　　B. 顺时针旋转

C. 向里推阀杆，顺时针旋转　　D. 向里推阀杆，逆时针旋转

28. 关闭燃气灶方法正确的是________。

A. 顺时针旋转　　B. 逆时针旋转

C. 向里推阀杆，顺时针旋转　　D. 向里推阀杆，逆时针旋转

29. 具有熄火保护装置的燃气灶，向里推时，要稍加用力且手按在旋钮上的时间要长一些，一般最长不会超过________s。

A. 45　　B. 15

C. 30　　D. 25

30. 燃气灶具熄火保护装置闭阀时间________s。

A. ≤45　　B. ≤50

C. ≤55　　D. ≤60

三、多项选择题（下列每题中的多个选项中，至少有2个是正确的，请将正确答案的代号填在横线空白处）

1. 家用燃气灶具按燃气类别可分为：________。

A. 人工燃气灶具　　B. 沼气灶具

C. 天然气灶具　　D. 混合燃气灶具

E. 液化石油气灶具

2. 家用燃气灶具按结构形式可分为：________和其他形式。

A. 台式　　B. 组合式

C. 落地式　　D. 壁挂式

E. 嵌入式

3. 家用燃气灶具的型号由灶具的________组成。

A. 主参数　　B. 类型代号
C. 燃气类别代号　　D. 特征序号
E. 企业自编号

4. 燃气类别代号 Y 不表示________。

A. 秸秆气　　B. 天然气
C. 人工燃气　　D. 液化石油气
E. 沼气

5. 家用燃气灶具标准未规定________应有一个主火。

A. 烘烤器　　B. 烤箱灶
C. 单眼灶　　D. 气电两用灶
E. 双眼灶

6. 红外线燃气灶主火实测折算热负荷应________。

A. ≥4.2 kW　　B. ≥3.0 kW
C. ≥4.5 kW　　D. ≥3.5 kW
E. ≥10.8 MJ/h

7. 灶具组装包括________安装等。

A. 燃烧器　　B. 电池
C. 盛液盘　　D. 燃气管道
E. 锅支架

8. 组装灶具要保证________对准火孔，且位置准确。

A. 喷嘴　　B. 打火电极
C. 调风板　　D. 检火针
E. 热电偶

9. 关于安装燃具说法错误的是________。

A. 燃具和排气筒与周围建筑和设备之间应有相应的防火安全间距
B. 安装燃具的部位应是由难燃材料建造
C. 当安装燃具的部位是可燃材料或难燃材料时，应采用金属防热板隔热，防热板与墙面距离应小于 10 mm
D. 除特殊设计的组合式燃具外，对以可燃材料、难燃材料装修的部位应采用镶入式安装形式

E. 密闭式燃具在检查方便时，燃具侧方、后方可接触建筑物安装

10. 不能将燃气灶安放在________。

A. 地下室　　B. 厨房

C. 卧室　　D. 浴室

E. 密闭的房间

11. 燃气灶具与________的净距不得小于 20 cm。

A. 钢制防盗门　　B. 木质门

C. 木质窗户　　D. 木质家具

E. 铝合金窗户

12. 燃具与可燃的墙壁、地板和家具之间应设耐火隔热层，隔热层与________之间间距宜大于 10 mm。

A. 可燃墙壁　　B. 钢筋混凝土墙壁

C. 木地板　　D. 水泥地

E. 木质家具

13. 使用市网供电的燃具应________。

A. 使用单相二极电源插座

B. 使用有可靠接地的电源插座

C. 将电源线接在具有漏电保护功能的电气系统上

D. 使用单相三极电源插座

E. 电源插座应安装在冷热水不易飞溅到的位置

14. 燃气表后的燃气室内管与灶具下部的进气接头之间可以用________连接，长度不宜超过 1.5 m。

A. 燃气专用橡胶软管　　B. 普通塑料管

C. 乳胶管　　D. 不锈钢管

E. 金属波纹管

15. 钢瓶可放在________。

A. 厨房内　　B. 卧室内

C. 与厨房毗邻的阳台　　D. 地下室

E. 室外

16. 冬季使用钢瓶方法错误的是________。

A. 裸放在室外　　B. 放在厨房内

C. 放在暖气片旁　　D. 用火烤

E．用水烫

17．单瓶液化石油气供应系统一般不采用________连接方式。

A．镀锌钢管　　B．脱氧铜管

C．铸铁管　　D．不锈钢管

E．软管

18．单瓶液化石油气供应系统包括________。

A．钢瓶　　B．调压器

C．抽油烟机　　D．连接管

E．燃具

19．当空气过大时，火焰变短，火焰颤动厉害，这种火焰称为________。

A．正常火焰　　B．稳定火焰

C．软火焰　　D．硬火焰

E．不稳定火焰

20．不正常的部分预混火焰会产生________等现象。

A．离焰　　B．回火

C．黄焰　　D．完全燃烧

E．脱火

21．天然气燃烧，若发现有________现象时，应调大风门。

A．离焰　　B．脱火

C．黄焰　　D．火焰拉长、摇晃

E．冒黑烟

22．对燃烧速度快的燃气，如人工煤气，吸入的空气多（$\alpha'=1$ 时）不易产生________现象，要调小风门。

A．烟炱　　B．火焰拉长、摇晃

C．回火　　D．黄焰

E．火焰顶部模糊

23．关于灶具旋钮或按键的主要功能描述不确切的是________。

A．调节火焰　　B．点燃燃气灶

C．点火通气、提供所需火力　　D．点火通气、调节火力

E．关闭燃气灶

24．较正确的点火方式是________。

A．先点火，后通气　　B．先通气，后点火

C. 同时点火、通气　　　　D. 点火后猛给气

E. 点火后缓给气

25. ________能调节灶具火力的大小。

A. 调风板　　　　B. 旋钮

C. 热电偶　　　　D. 电磁阀

E. 按键

26. 灶具点燃后，旋钮逆时针旋转________不能获得最大火力。

A. 45°　　　　B. 60°

C. 90°　　　　D. 105°

E. 150°

27. 开启燃气灶方法错误的是________。

A. 逆时针旋转　　　　B. 顺时针旋转

C. 向里推阀杆，顺时针旋转　　　　D. 向里推阀杆，逆时针旋转

E. 向外拉阀杆，逆时针旋转

28. 关闭燃气灶错误的方法是________。

A. 顺时针旋转　　　　B. 逆时针旋转

C. 向里推阀杆，顺时针旋转　　　　D. 向里推阀杆，逆时针旋转

E. 向下按着阀杆不动

29. 具有熄火保护装置的燃气灶，向里推时，要稍加用力且手按在旋钮上的时间要长一些，符合规定的时间是________s。

A. <45　　　　B. <15

C. <30　　　　D. <25

E. =15

30. 燃气灶具熄火保护装置闭阀时间符合规定的是________s。

A. <65　　　　B. >60

C. >65　　　　D. <60

E. =60

参考答案及说明

一、判断题

1. √。家用燃气灶具按燃气类别可分为：人工燃气灶具、天然气灶具、液化石油气灶具。

2. ×。家用燃气灶具按灶眼数可分为：单眼灶、双眼灶和多眼灶。

3. ×。家用燃气灶型号中“R”表示人工燃气。

4. ×。嵌入式燃气灶属于家用燃气灶的一种，其型号表示方法与燃气灶的表示方法一致。

5. ×。灶具装配工艺是指导灶具装配工作的技术文件，它是严格按国家和行业标准有关规定的要求进行编制的。

6. √。燃气灶具在组装前应检查各部件是否有磕碰变形，表面划伤等缺陷。

7. √。燃具和排气筒与周围建筑和设备之间应有相应的防火安全间距。

8. ×。与燃气具连接的供气、供水支管上应设置阀门。

9. √。燃气软管的两端分别与灶具和室内燃气阀门相连接。连接燃气软管时，进气管一定要用管箍固定牢固，长度要适宜，过长会增加进气管管道阻力，影响燃气流量；过短会造成拉拽现象，胶管容易脱落。

10. ×。镀锌钢管连接应使用活接头。在未通气情况下，应加压试漏，进行气密性试验。

11. ×。燃气灶一般置于厨房内，钢瓶可放在厨房内，也可置于紧邻厨房的阳台或室外，但气瓶供应系统不允许设置在地下室、卧室以及没有通风设备的走廊等处。

12. √。室外钢瓶最好置于不可燃材料制作的柜（箱）内。

13. √。单瓶液化石油气供应系统一般采用软管连接方式。

14. ×。双瓶液化石油气供应系统不采用软管连接方式，而采用金属管道连接。

15. √。部分预混火焰由内焰和外焰两部分组成。理想的部分预混火焰的内焰焰面应该轮廓鲜明，呈浅蓝色，具有稳定的、燃烧完全的火焰结构。

16. ×。当空气过大时，火焰变短，火焰颤动厉害，这种火焰称为“硬火焰”；当空气不足时，火焰拉长，内焰焰面厚度变薄，亮度减弱，火焰摇晃，内焰顶部变得模糊，这种火焰称为“软火焰”。软火焰和硬火焰都是不稳定火焰。

17. √。若打开燃气灶最大流量时，火焰内、外焰锥轮廓不清晰，甚至火焰锥顶呈杏黄色，说明空气不足，应调大调风板的开度，增加空气吸入量，直至火焰内外锥轮廓清晰，变为浅蓝色为止。

18. ×。若发现有离焰、脱火现象时，应调小风门，减小空气吸入量，使火焰趋于正常。

19. √。燃气灶的旋钮或按键在旋转或按下时，首先是先点火，而后通气（火等气）。

20. ×。转动旋钮或按下按键能点火通气，也能调节火力。

21. ×。灶具点燃后，旋钮逆时针旋转 90°可获得最大火力。

22. ×。旋钮逆时针旋转超过 90°，直至转不动时，只有内圈小火。

23. √。正确开启燃气灶的方法，应是先将燃气阀杆向里推，然后逆时针旋转。

24. ×。关火时，不要再向里推旋钮，顺时针旋转直至转不动时为止。

25. √。具有熄火保护装置的燃气灶，向里推时，要稍加用力且手按在旋钮上的时间要长一些，一般最长不会超过 15 s。首次使用燃气灶或开启长时间未使用过的燃气灶，若打不着火，应按下旋钮放一放管内的空气，有可能重复几次才能奏效。

26. ×。晚上休息或较长时间不用时，要将灶前阀关闭，以保证安全。

二、单项选择题

1. A　2. B　3. C　4. D　5. D　6. B　7. D　8. C　9. A
10. B　11. A　12. A　13. B　14. C　15. D　16. A　17. B　18. C
19. D　20. A　21. B　22. C　23. D　24. A　25. B　26. C　27. D
28. A　29. B　30. D

三、多项选择题

1. ACE　2. ABCE　3. BCE　4. ABCE　5. ABC　6. BE
7. ACE　8. BDE　9. BCD　10. ACDE　11. BCD　12. ACE
13. BCDE　14. AE　15. ACE　16. ACDE　17. ABCD　18. ABDE
19. DE　20. ABCE　21. CDE　22. ABDE　23. ABCE　24. AE
25. BE　26. ABDE　27. ABCE　28. BCDE　29. BE　30. DE

第4章　燃气热水器安装

考核要点

理论知识考核范围	考核要点	重要程度
挂机	1. 家用燃气热水器的分类、型号和规格	★★
	2. 室内燃气管道、设备安装图简介	★★★
	3. 安装孔的画线定位	★★★
	4. 常见安装用紧固件的规格及用途	★★
	5. 常用电动打孔工具的使用方法	★★
	6. 打安装孔、装膨胀螺栓及挂架的操作方法	★★★
	7. CJJ 94—2009　6.2.3 的相关规定	★★★
	8. 燃气热水器安装的位置要求	★★★
	9. 挂机和固定的操作方法	★★★
燃气管道连接	1. 燃气软管连接的相关标准和规范	★★
	2. 燃气软管连接的操作方法	★★★
	3. 燃气硬管连接的相关标准和规范	★★
	4. 燃气硬管连接的操作方法	★★★
	5. 液化石油气钢瓶设置环境及管道连接的相关规定	★★★
	6. 设备燃气接口与钢瓶连接的操作方法	★★★
水管连接与试漏	1. 燃气热水器水路连接的标准和规范	★★
	2. 设备与冷、热水（或供、回水）管道的软管连接方法	★★★
	3. 给水镀锌钢管的规格及质量标准	★★
	4. 设备与冷、热水（或供、回水）管道的硬管连接方法	★★★
	5. 水路系统泄漏检测的相关规定	★★
	6. 压力表的型号、规格和使用方法	★★★
	7. 用压力表等检测水路系统泄露的操作方法	★★★
电源连接	1. CECS215：2006　6.5.2　6.5.3 的规定	★★
	2. GB 6932—2001　9.1.2c）条规定和 GB 25034—2010　9.2.1c）条规定	★★

续表

理论知识考核范围	考核要点	重要程度
电源连接	3. CJJ 12—1999　3.1.13 的规定	★★
	4. 电源插座可靠接地的检测方法	★★★
	5. CECS215：2006　6.5.4 及 6.5.5 条文规定	★★★
	6. 正确连接电源的方法	★★★
	7. 电池的种类、规格及电压	★★
	8. 电池的安装方法	★★★
给排气管的安装	1. CJJ 12—1999　3.1 一般规定	★★
	2. GB 6932—2001 A5.1c，A5.2c，A5.3a，A5.4a 的规定	★★
	3. CECS215：2006　6.7.3 的规定	★★
	4. 给排气管定位打孔的操作方法	★★★
	5. CJJ 12—1999　3.3 部分相关条文	★★
	6. CECS215：2006　6.7 给排气管连接的规定	★★★
	7. 给排气管连接、固定、密封的操作方法	★★★
调试	1. CECS215：2006　7.1.2　7.1.6 条文规定	★★
	2. 燃气热水器水路系统试通水和调节水阀改变水流量的操作方法	★★★
	3. 燃气热水器前后制的概念	★★★
	4. 用热水器前后截门控制热水器（后制式）的开和关	★★★
	5. GB 6932—2001　表 7 热水性能相关规定	★★
	6. 燃气热水器调温装置的种类及功能	★★★
	7. 燃气热水器调温装置的使用方法	★★★
	8. GB 6932—2001　5.1.1.1 的规定	★★
	9. 燃气热水器各功能旋钮或按键的名称及功能	★★★
	10. 各功能旋钮或按键的检查方法	★★★
	11. 家用燃气热水器的使用方法	★★★
	12. 燃气热水器的主要安全保护装置和控制装置	★★★
	13. 燃气热水器的主要安全保护装置和控制装置的使用方法	★★★

注："重要程度"中，"★"为级别最低，"★★★"为级别最高。

重点复习提示

一、家用燃气热水器的分类、型号和规格

燃气热水器是提供洗用水的燃气用具。燃气热水器按产生热水的速度可分为快速式热水器和容积式热水器两种。下面主要介绍燃气快速热水器的分类、型号和规格。

1. 燃气快速热水器的分类

（1）按使用燃气分类。按使用燃气的种类可分为人工煤气热水器、天然气热水器和液化石油气热水器。

（2）按安装位置分类。按安装位置可分为室内型和室外型。

（3）按给排气方式分类。按给排气方式可分为自然排气式（烟道式）热水器、强制排气式（强排式）热水器、自然给排气式（平衡式）热水器和强制给排气式（强制平衡式）热水器。

（4）按用途分类。按用途可分为供热水型热水器、供暖型热水器、两用型热水器。

（5）按供暖热水系统结构形式方式分类可分为开放式热水器、密闭式热水器。

2. 热水器的型号

热水器的型号由代号、安装位置或排气方式、主参数、特征序号四部分组成。

（1）代号（略）。

（2）安装位置或给排气方式。

D——自然排气式；

Q——强制排气式；

P——自然给排气式；

G——强制给排气式；

W——室外型。

（3）主参数。采用额定热负荷（kW）取整数后的阿拉伯数字表示。

（4）特征序号。特征序号由制造厂自行编制，位数不限。

例：

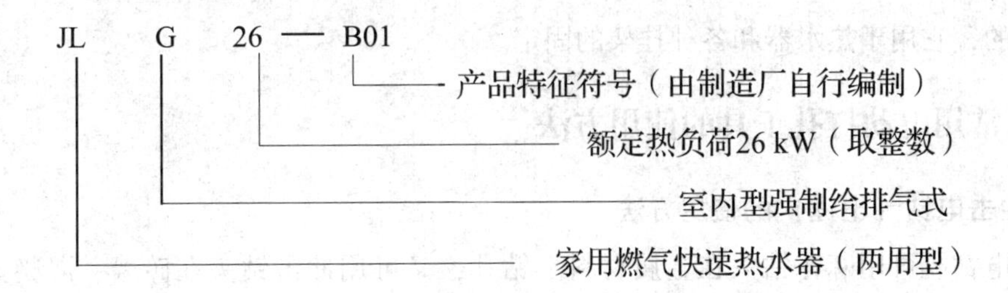

3. 热水器规格

热水器的规格是用热水器的热负荷的大小来衡量的，家用燃气快速热水器的规格不大于70 kW，常见的有：14 kW、16 kW、18 kW、20 kW、22 kW、24 kW、26 kW、28 kW、30 kW、32 kW、35 kW、40 kW 等规格。

二、室内燃气管道、设备安装图简介

室内燃气管道施工图一般包括平面布置图、管道系统图及节点安装大样图等。为了准确无误地完成室内燃气管道、设备的安装，需绘制更详尽的安装图，把管道的走向、管段号、管径及设备位置、构造长度等标注在图上。它是管道制作、设备安装定位的重要依据。安装图是在现场测绘草图的基础上按一定比例，以系统图的形式绘制而成的。

施工图中对管道、设备、器具或部件只示意出位置，而具体图形和详细尺寸只能在安装图中才能找到。在施工过程中，还有一种图与安装图起同样的作用，那就是标准图，标准图能使施工人员获得制作与安装的方法和技术，避免在安装过程中出现不必要的差错。

三、安装孔的画线定位

安装孔是用来放置膨胀螺栓或塑料胀塞的，最终是为了把热水器固定在墙面上。安装孔的位置是根据安装图和产品安装说明书及有关规范的要求确定的，安装孔确定后就要根据要求的坡度确定烟管的引出孔位置。孔的位置确定后，用直尺、水平尺、画笔在孔中心处画十字线，两个固定热水器的安装孔要在同一水平线上，这样安装才能垂直，不倾斜。

四、常见安装用紧固件的规格及用途

1. 膨胀螺栓

膨胀螺栓规格有 M8、M10、M12 三种，它用于热水器和支架在支撑体上的固定，膨胀螺栓有不带钻和带钻两种。不带钻膨胀螺栓由尾部带锥度的螺栓、尾部开口的套管和螺母组成。

2. 塑料胀塞

塑料胀塞的规格有 6 mm、8 mm、10 mm、12 mm 等几种，塑料胀塞是由 ABS 或尼龙等材料制成的，它用于热水器和各种挂架的固定。

五、常用电动打孔工具的使用方法

1. 冲击电钻（电锤）的使用方法

冲击电钻既可用麻花钻头在金属材料上钻孔，又可用冲击钻头在砖墙、混凝土等处钻孔。冲击电钻主要用于为塑料胀塞和膨胀螺栓打孔用。

使用前，应首先检查开关、插头、插座及接地情况，在确认安全、良好时方可接入电源。使用时，将钻头顶在工作面上（样冲眼处），然后掀动开关。使用冲击钻时注意右手应紧握手柄，用力要均匀，操作平稳。在使用过程中要注意以下两点：一是当钻头在墙中时，冲击钻的电源开关不能松开，即钻头转着进、转着出，以免钻头被卡死在墙洞内；二是钻穿墙孔时，先用粗短的钻头，再用细长的钻头把墙打穿，不要单用细长的钻头直接把墙打穿，这样很容易把细长的钻头打断。除了上述两点外，还应注意，当钻头碰到钢筋时应立即退出，重新选位打孔；当发现电钻过热时，应暂停使用，待冷却后再使用。

2. 水钻的使用方法

水钻体积小、重量轻、操作方便，不用支撑固定，高空作业、地面作业、垂直孔、水平孔、斜孔都能方便完成。

（1）使用前，必须穿好绝缘胶鞋，要接好漏点开关、水管和钻头。

（2）定好孔位，先开水，后打开电源，使钻头倾斜一定角度对准孔位。开钻后待钻头在被钻物表面划出一道痕（深 2 ~ 3 mm），然后再慢慢扶正钻头。

（3）在整个钻进过程中，既不要加压太重，也不要加压太轻，太重则阻力太大，容易烧坏电动机，太小则钻头金刚石易抛光，影响钻进速度。

（4）遇到钢筋，钻进速度会下降，也容易卡钻，此时应格外注意。

（5）遇内部有空洞，切勿加压猛进，而要缓缓给进。

（6）钻机运转过程中，两手需牢牢紧握钻机手柄，以克服反扭矩。

（7）若岩心卡在钻头内拿不出来，可用木棒等轻轻敲击钻头筒壁，切不可用铁器等硬物硬砸，以免损坏钻头。

（8）工作中要避免水等杂物进入电动机。

（9）拆卸或安装钻头等附件时必须切断电源。

（10）电源线不要强拉硬扯，要避开尖锐物或温度高的物体。

六、打安装孔，装膨胀螺栓及挂架的操作方法

1. 用膨胀螺栓或塑料胀塞固定热水器和挂架须在支撑体上打孔，钻孔一般都是用冲击钻来进行的。操作时要用力均匀，钻头必须与支撑体垂直，钻头的直径应和膨胀螺栓套管的外径和塑料胀管的外径相等，孔的深度为套管或塑料胀管长度加 15 mm。

2. 孔钻好后，将套管及膨胀螺栓（或塑料胀管）施力放入孔中。

3. 将挂架对准膨胀螺栓并贴至墙面，用扳手拧紧螺母，直至挂架稳固为止。

七、CJJ 94—2009　6.2.3 的相关规定

6.2.3　燃气热水器和采暖炉的安装应符合下列要求：

1　应按照产品说明书的要求进行安装，并应符合设计文件的要求；

2　热水器和采暖炉应安装牢固，无倾斜；

3　支架的接触应均匀平稳，便于操作；

4　与室内燃气管道和冷热水管道连接必须正确，并应连接牢固、不易脱落；燃气管道的阀门、冷热水管道阀门应便于操作和检修；

5　排烟装置应与室外相通，烟道应有 1% 坡向燃具的坡度，并应有防倒风装置。

检查数量：100%。

检查方法：目视检查和尺量检查。

八、燃气热水器安装的位置要求

1. 非密闭式燃气热水器严禁安装在没有给排气条件的房间内。

2. 设置了吸油烟机等机械换气设备的房间及其相连通的房间内，不宜设置半密闭自然排气式燃气热水器。

3. 安装处的选择。下列房间和部位不得安装燃气热水器：（1）卧室、地下室、客厅；（2）浴室内；（3）楼梯和安全出口附近（5 m 以外不受限制）；（4）橱柜内。

4. 燃气热水器安装处不能存放易燃易爆及产生腐蚀气体的物品。

5. 燃气热水器上方不允许有电力明线、电气设备。燃气热水器与电气设备的水平距离应大于 400 mm。

6. 燃气热水器下方不得设置燃气烤炉、燃气灶等燃气具。

7. 燃气热水器安装部位应是不可燃材料建造，若安装部位是可燃材料或难燃材料时，应采用防热板隔热，防热板与墙的距离应大于 10 mm。安装燃气热水器的支撑物应坚实，能承受悬挂热水器所需要的受力要求。

8. 不得将燃气热水器安装在据可燃物太近的地方，排烟口附近不许有可燃物。

9. 不要将燃气热水器安装在强风能吹到的地方。

10. 不要将燃气热水器安装在物品容易掉下的危险棚架下，同时不要安装在窗帘和易燃物品旁边。

九、挂机和固定的操作方法

小型燃气热水器挂机一人即可操作，而挂大型燃气热水器则需要两人同时操作。一人操

作时，两手端平设备，将设备挂孔对准膨胀螺柱（或挂袈挂钩），向里推（或挂在挂钩上），将两个螺母分别带好，用扳手将螺母拧紧。两人操作时，一人在下托热水器，一人在上拽热水器并将其挂孔对准膨胀螺柱（或挂袈挂钩），向里推（或挂在挂钩上），待热水器挂好后，将扳手递给上边的操作者进行紧固。

十、燃气软管连接的相关标准和规范

1. CJJ 12—99　5.0.10　各项规定

5.0.10　燃气管道连接应符合下列要求：

1　燃具与燃气管道的连接部分，严禁漏气。

2　燃气连接用部件（阀门、管道、管件等）应是符合国家现行标准并经检验合格的产品。

3　连接部件应牢固、不易脱落。软管连接时，应采用专用的承插接头、螺纹接接头或专用卡箍紧固；承插接头应按燃气流向指定的方向连接。

4　软管长度应小于 3 m，临时性、季节性使用时，软管长度可小于 5 m。软管不得产生弯折、拉伸、脚踏等现象。龟裂、老化的软管不得使用。

5　在软管连接时不得使用三通，形成两个支管。

6　燃气软管不应装在下列地点：

1）有火焰和辐射热的地点；

2）隐蔽处。

6.0.4　将燃气阀打开，关闭燃具燃气阀，用肥皂液或测漏仪检查燃气管道和接头，不应有漏气现象。

2. CJJ 94—2009　第 6.2.5 条的规定

6.2.5　当燃具与室内燃气管道采用软管连接时，软管应无接头；软管与燃具的连接接头应选用专用接头，并应安装牢固，便于操作。

3. CECS215：2006　6.3 的规定

6.3　燃气管道连接

6.3.1　燃气的类别和供气压力必须与采暖热水炉铭牌上的标示一致，当不一致时，必须由采暖热水炉供应商更换或重新调节。

6.3.2　燃气管道与炉体必须用带螺纹接头的金属管道或燃气专用铝塑复合管连接，并应在炉前设置阀门。

6.3.3　燃气管道应满足采暖热水炉最大输入功率（负荷）的需要。

6.3.4　当供气压力大于 5 kPa 时，应在燃气表前设置单独的调压器。

6.3.5　采暖热水炉供气管道应与主管道连接，主管道尺寸应大于采暖热水炉支管道尺寸；采暖热水炉和燃气表之间的连接管直径不应小于采暖热水炉上的进气管直径，或根据管道最大流量、长度和允许的压力损失确定。

6.3.6 使用人工煤气时，宜在煤气入口安装过滤器或过滤网。

6.3.7 燃气管道和阀门的气密性必须经过5 kPa压力检测；检测时应关闭采暖热水炉燃气阀，严禁使用有可能损坏采暖热水炉燃气阀的超压检测。

十一、燃气软管连接的操作方法

1. 卡套（箍）式连接

（1）检查管件和阀门等。

（2）将球阀与供气管道相连。

（3）将管件本体分别与阀门端和设备燃气接口端相连。

（4）按所需长度将铝塑复合管截断，并用扩圆器将铝塑复合管切口扩圆。

（5）将螺母和C形套环先后套入管子端头。

（6）将管件本体内芯旋插入管内。

（7）拉回C形套环和螺母，用扳手拧紧螺母。

（8）用刷肥皂水的方法对所有接口进行漏气检查。

2. 带螺纹的金属软管连接

（1）对金属软管进行质量检查。

（2）在燃气管道端安装已装好对丝的球阀。

（3）检查设备燃气进口和对丝的密封面是否平整。

（4）在螺母中放密封垫。

（5）将螺母分别对准设备燃气进口和燃气阀门上的对丝带扣。

（6）用扳手拧紧螺母。

（7）用刷肥皂水的方法对所有接口进行漏气检查。

十二、燃气硬管连接的相关标准和规范

1. GB 50028　10.2.3　10.2.4的规定

10.2.3 室内燃气管道宜选用钢管，也可选用铜管、不锈钢管、铝塑复合管和连接用软管，并应分别符合第10.2.4~10.2.8条的规定。

10.2.4 室内燃气管道选用钢管时应符合下列规定：

1 钢管的选用应符合下列规定：

1）低压燃气管道应选用热镀锌钢管（热浸镀锌），其质量应符合现行国家标准《低压

流体输送用焊接钢管》GB/T 3091 的规定。

2）中压和次高压燃气管道宜选用无缝钢管，其质量应符合现行国家标准《输送流体用无缝钢管》GB/T 8163 的规定；燃气管道的压力小于或等于0.4 MPa时，可选用本款第1）项规定的焊接钢管。

2　钢管的壁厚应符合下列规定：

1）选用符合 GB/T 3091 标准的焊接钢管时，低压宜采用普通管，中压应采用加厚管。

2）选用无缝钢管时，其壁厚不得小于3 mm，用于引入管时不得小于3.5 mm。

3）……

3　钢管螺纹连接时应符合下列规定：

1）室内低压燃气管道（地下室、半地下室等部位除外）、室外压力小于或等于0.2 MPa的燃气管道，可采用螺纹连接；管道公称直径大于*DN*100时宜选用螺纹连接。

2）管件选择应符合下列要求：

管道公称压力*PN*≤0.01 MPa时，可选用可锻铸铁螺纹管件。

管道公称压力*PN*≤0.2 MPa时，应选用钢或铜合金螺纹管件。

3）管道公称压力*PN*≤0.2 MPa时，应采用现行国家标准《55°密封螺纹第2部分：圆锥内螺纹与圆锥外螺纹》GB/T 7306.2 规定的螺纹（锥/锥）连接。

4）密封填料，宜采用聚四氟乙烯生料带、尼龙密封绳等性能良好的填料。

4　……

2. GB 6932—2001　5.1.2.3 的规定

5.1.1.3　燃气入口接头应采取管螺纹连接，管螺纹应符合 GB/T 7306.1、GB/T 7306.2、GB/T 7307 规定。

3. CJJ 94—2009　6.2.4、6.2.6 的规定

6.2.4　当燃具与室内燃气管道采用螺纹连接时，应按本规范第4.3.19的规定检验。

检查数量：抽查20%，且不少于2台。

检查方法：目视检查。

6.2.6　燃具与电气设备、相邻管道之间的最小水平净距应符合表6.2.6的规定。

表6.2.6　燃气与电气设备、相邻管道之间的最小水平净距（cm）

名称	与燃气灶具的水平净距	与热水器的水平净距
明装的绝缘电线和电缆	30	30
暗装或管内绝缘电线	20	20
电插座、电源开关	30	15

续表

名称	与燃气灶具的水平净距	与热水器的水平净距
电压小于 1 000 V 的裸露电线	100	100
配电盘、配电箱或电表	100	100

注：燃具与燃气管道之间的最小水平净距应符合本规范表 4. 3. 26 的规范。

检查数量：100%。

检查方法：目视检查和尺量检查。

表 4. 3. 26　室内燃气管道与电气设备、相邻管道、设备之间的最小净距（cm）

名称		平行敷设	交叉敷设
电气设备	明装的绝缘电线或电缆	25	10
	暗装或管内绝缘电线	5（从所作槽或管子的边缘算起）	1
	电插座、电源开关	15	不允许
	电压小于 1 000 V 的裸露电线	100	100
	配电盘、配电箱或电线	30	不允许
相邻管道		应保证燃气管道、相邻管道的安装、检查和维修	2
燃具		主立管与燃具水平净距不应小于 30 cm；灶前管与燃具水平净距不得小于 20 cm；当燃气管道在上方通过时，应位于抽油烟机上方，且与燃具的垂直净距应大于 100 cm	

注：1. 当明装电线加绝缘套管的两端各伸出管道 10 cm 时，套管与燃气管道的交叉净距可降至 1 cm。

2. 当布置确有困难时，采取有效措施后可适当减小净距。

3. 灶前管不含铝塑复合管。

十三、燃气硬管连接的操作方法

燃气管道与燃气热水器的硬管连接主要指燃气表后至燃气热水器前这一段的连接。从操作上来讲，主要是短丝连接和活接头连接。下面简单介绍一下操作方法：

1. 按系统安装草图，进行管段的加工预制，核对好尺寸，按安装顺序进行编号。

2. 对所用管件、阀门等进行检验。

3. 可按顺序单件连接，也可将阀门、管件等组合成若干管段进行组合连接。

4. 无论是单件连接，还是组合连接，都必须用一把管钳咬住管子（或管件），再用另一把管钳拧管子（或管件），拧到松紧适度为止。螺纹外露 2 ~ 3 扣。

5. 最后一定要对连接部位进行试漏。

十四、液化石油气钢瓶设置环境及管道连接的相关规定

1. GB 50028—2006　8.7 的规定

8.7　用户

8.7.1　居民用户使用的液化石油气气瓶应设置在符合本规范第 10.4 节规定的非居住房间内，且室温不应高于45℃。

8.7.2　居民用户室内液化石油气气瓶的布置应符合下列要求：

1　气瓶不得设置在地下室、半地下室或通风不良的场所。

2　气瓶与燃具的净距不应小于 0.5 m。

3　气瓶与散热器的净距不应小于 1 m，当散热器设置隔热板时，可减少到 0.5 m。

8.7.3　单户居民用户使用的气瓶设置在室外时，宜设置在贴邻建筑物外墙的专用小室内。

8.7.4　商业用户使用的气瓶组严禁与燃气燃烧器具布置在同一房间内。瓶组间的设置应符合本规范第 8.5 节的有关规定。

2. CJJ 12—99　5.0.10 第 4、5、6 条的规定（略）

十五、设备燃气接口与钢瓶连接的操作方法

燃气热水器燃气接口与钢瓶连接的操作方法与灶具燃气接口与钢瓶连接的操作方法基本相同。

十六、燃气热水器水路连接的标准和规范

1. CJJ 12—99　6.0.5 的规定

6.0.5　打开自来水阀和燃具冷水进口阀，关闭燃具热水出口阀，目测检查自来水系统不应有渗漏现象。

2. 附录 C　给水安装的规定

附录 C　给水安装

C.0.1　给水管和热水管应是经过检验的管材。后制式热水器的给水管，从热水阀到给水连接管，应采用耐压、耐温的水管。用金属挠性管直接与给水管连接时，长度应小于1 m。给水管的直径不应影响燃具供热水性能。

C.0.2　给水压力应满足燃具额定水压要求。使用压力不超过 0.1 MPa 的容积式热水器用管道直接供水或用水箱间接供水时，其供水压力均应小于 0.1 MPa。

直接与热水器连接的给水管道上应设置阀门；容积式热水器的给水管道上还应设置减压

阀和止回阀，出水管道上应设置安全阀。热水循环使用的容积式热水器（包括有热水箱的）宜使用水箱给水。

C.0.3　热水管的直径不应影响燃具供热水性能。使用热水混合阀时，不应使冷水压力影响热水，而且不应使热水倒流。

C.0.4　容积式热水器设有热水箱时，热水箱的水温应小于100℃；应设有恒温装置和公称直径大于25 mm的泄压溢流管。

容积式热水器供热水管的安装应保证不产生水、气夹带（气堵管路）现象。

C.0.5　寒冷地区的给水管、热水管应安装放水门和进气塞，并符合下列要求：

1　放水门应装在给水管或热水管底部易操作的地方。

2　进气阀应装在给水管上方。

3　GB 6932—2001　7.17　水路系统的耐压试验

7.17　水路系统的耐压试验见表25。

表25　　水路系统的耐压试验

项目		热水器状态、试验条件及方法
1. 进水口至热水口（适用于供热水部分）		将进水阀门打开给热水器充满水后关闭热水出口，从进水入口处通入冷水，将压力升高至说明书规定的适用水压的1.25倍，且不低于1.0 MPa，持续1 min，目测有无变形和渗漏（泄压安全装置若在此时动作，可用堵头代替）
2. 供暖回水口至供暖出水口	（1）密闭式	使热水器的供暖部分处于正常运行状态下，关闭供暖出水口阀门，从供暖回水口加说明书所规定供暖管路额定压力的1.5倍水压，试验持续1 min，目测有无变形和渗漏
	（2）开放式	供暖循环水路和水箱均注满水，启动循环泵1 min，目测检查有无变形和渗漏

十七、设备与冷、热水（或供、回水）管道的软管连接方法

热水器冷、热水进、出口接头规格均为G1/2管螺纹。进、出水管最好用金属软管连接，或用刚性水管直接连接。用金属软管连接前，首先应对配件进行检查，清洗水管。然后看冷水进口是否安装了过滤网，连接时，应避免用大力扳动锁母，以免损坏连接管。连接完成后，应进行通水试验，然后松开冷水进口锁母，取出过滤网，清除脏物。

十八、给水镀锌钢管的规格及质量标准

1. 给水镀锌钢管的规格见《教程》第39~40页表1－15。

2. 水煤气管所能承受的水压试验压力：普通钢管为 2 MPa，加厚钢管为 2.5 MPa。

十九、设备与冷、热水（或供、回水）管道的硬管连接方法

燃气热水器的硬管连接是指设备与冷、热水（或供、回水）通过管段短丝连接和活接头连接等操作进行连接的方法。它与燃气管道的硬管连接基本相同，而不同的是其输送的介质不一样。管道的硬管连接方法主要用于设备与采暖系统（散热器）的连接。

二十、水路系统泄漏检测的相关规定

1. GB 6932—2001　5.1.4.1 的规定

5.1.4.1　水路系统的管道、阀门、配件及连接部位应不漏水，其密封性能应符合表 7 规定。

2. CJJ 12—99　6.0.5 的规定

参见“十六、1. CJJ12—99　6.0.5”的规定。

二十一、压力表的型号、规格和使用方法

1. 压力表的型号有：Y－100、Y－150、Y－160、YB－150、YB－160 等。

2. 压力表的规格（kPa）有：60，100，160，250，400，600，1000，1600，2500。

3. 压力表常见精度等级有：4 级、2.5 级、1.6 级、1 级、0.4 级、0.25 级、0.16 级、0.1 级等。

4. 压力表的使用方法

(1) 弹簧管式压力表应经过检验合格，并带有铅封方允许安装。

(2) 弹簧管式压力表应安装在便于观察、维护，并力求避免振动和高温影响，且应安装在与介质流向呈平行方向的管道上，不得安装在管道弯曲、拐角、死角和流线呈漩涡状态处。取压管与管道或设备连接处的内壁应保持平齐，不应有凸出物或毛刺，以保证测值的准确性。

(3) 压力表与被测介质之间应装有盘管或 U 形管，以起缓冲作用。在压力表与盘管之间应安装三通旋塞，以便通大气切断。

(4) 应在管道试压、吹洗前将压力表安装孔钻好，保证孔边无毛刺，光滑平整。

(5) 压力表应经常保持清洁。

(6) 读数取值，应使眼睛、指针、刻度成一直线，以减少视力误差。

(7) 拆卸压力表前必须先关紧表前阀门，并缓慢卸松螺母，待压力表指针回“0”后，再卸下压力表。

（8）压力表的选用应根据被测最大工作压力来选择适合的压力表，使之适合于所测压力范围，所测压力应在量程的30%～70%范围内使用，这样压力表的测量误差较小。

（9）取压口到压力表之间靠近接通管道处应装切断阀，以备检修压力表时使用。

二十二、用压力表等检测水路系统泄露的操作方法

热水供应系统安装完毕，管道保温之前应进行水压试验。试验压力应符合设计要求。当设计未注明时，热水供应系统水压试验压力应为系统顶点的工作压力加0.1 MPa，同时在系统顶点的试验压力不小于0.3 MPa。

1. 试压前的准备

（1）试压前将试压用的管材、管件、阀件、压力表及试压泵等材料准备好，并找好试压用水源。

（2）室内各配水设备一律不得安装，并将敞开管口堵严，在试压管道系统的最高点处设置排气阀，管路中各阀门均应打开。

（3）连接临时试压管路及安装附件、试压泵。

（4）最后对全系统进行全面检查，确认无敞口管头及遗漏项目后，即可向管路系统注水进行试压。

2. 水压试验

（1）注水。打开阀门，自来水不经过泵直接向系统注水，将被测管路最高点的排气阀打开放气，待出水时关闭。过一段时间后，继续注水排气，待出水时，将排气阀关闭。

（2）向管道系统加压。当被测系统的压力表和自来水压力相同时，关闭补水阀门，开启试压泵出水阀门，启动试压泵使系统内水压升高，先缓慢升至工作压力，停泵检查管道各接口、管道、阀门及附件无渗漏、无破裂时，可分2～4次将压力升至试验压力。待管道升至试验压力后，关闭试压泵出水阀门，停泵并稳压10 min。对于金属管和复合管，压力降不大于0.02 MPa，然后降至工作压力检查，压力应不降，且不渗不漏；对于塑料管在试验压力下稳压1 h，压力降不大于0.05 MPa，然后在工作压力1.15倍状态下稳压2 h，压力降不得超过0.03 MPa，连接处不得渗漏。

在检查过程中如发现管道接口等处渗漏，应及时做记号，泄压后进行修理，然后重试，直至合格为止。

（3）热水管道系统试压合格后，应及时将系统低处的泄水阀打开泄压，防止冬季冻裂管道。

（4）试压合格后，认真填写“管道系统试验记录”，并将试验记录存入工程档案。

二十三、CECS215：2006　6.5.2　6.5.3 的规定

1. 6.5.2　采暖热水炉的所有连接管道均不得用做电器的地线。

2. 6.5.3　防触电保护等级采用Ⅰ类的采暖热水炉应有可靠接地，其接地措施应符合国家现行有关标准的规定，并应检查Ⅰ类器具的接地线是否可靠和有效。

二十四、GB 6932—2001　9.1.2c）条规定，GB 25034—2010

1. GB 6932—2001　9.1.2c）条规定

9.1.2 c）直接使用交流电源的热水器应有接地要求。

2. GB 25034—2010　9.2.1c）条规定

9.2.1c）使用交流电的器具应安全接地。

二十五、CJJ 12—1999　3.1.13 的规定

3.1.13　不同防触电保护类别的燃具安装时，应使用符合规定的电源插座、开关和导线，电源插座、开关和导线应是经过安全认证的产品。

二十六、电源插座可靠接地的检测方法

检测方法 1：用目测法检查插座的安装位置、插座的结构，是否有安全认证标示等。

检测方法 2：用单相三孔插座安全检测器检测电源插座接地的可靠性。

二十七、CECS215：2006　6.5.4 及 6.5.5 条文规定

6.5.4　电源线的截面积应满足采暖热水炉电气最大功率的需要，且截面不应小于 $3\times0.75\ mm^2$，可按说明书规定的电源线规格尺寸进行检查。

6.5.5　连接电源线时必须注意电源线的极性，相线（L）—褐色线，零线（N）—蓝色线，地线（E）—黄绿线；Ⅰ类器具必须采用单相三孔插座，面对插座的右孔与相线连接、左孔与零线连接、地线接在上孔，应为“左零、右相和上地”的方式安装。

注：保护接地也可用图形符号“⏚”标示。

二十八、正确连接电源的方法

面对电源插座其极性为：左零、右相和上地。而面对插头时其极性则为：右零、左相和上地。这样将插头插入插座，即可正确连接电源。

二十九、电池的种类、规格及电压

1. 电池的种类：碳性电池、碱性电池、充电电池等。

碳性电池（也称为普通电池和酸性电池），碳性电池所用的导电介质（电解质）是氯化锌、显酸性（电解质 pH <7），所以经常把它称为酸性电池。

碱性电池所用的导电介质（电解质）是氢氧化钾、显碱性（电解质 pH >7），所以经常把它称为碱性电池。

充电电池指可以充电的电池，包括镍镉电池（Ni－Cd）、镍氢电池（Ni－Mh）、锂离子电池（Li－lon）、锂聚合物电池（Li－polymer）以及铅酸电池（Sealed）等。

2. 电池的规格：1 号、2 号、5 号、7 号电池，另外还有纽扣电池等。

3. 电池的电压有：1.2 V、1.5 V、3.6 V、9 V 等。

三十、电池的安装方法

燃气热水器一般在电池盒中安装电池，首先打开电池盒盖，了解电池盒标示的“+”“-”极，然后先将一节电池按标示装入，再将另一节电池按标示装入，用手将电池按实，盖好盒盖。

三十一、CJJ 12—1999　3.1 一般规定

3.1.4　自然排气的烟道上严禁安装强制排气式燃具和机械换气设备。

3.1.5　排气筒（排气管）、风帽、给排气筒（给排气管）等应是独立产品，其性能应符合相应标准的规定。

3.1.6　排气筒、给排气筒上严禁安装挡板。

3.1.7　每台半密闭式燃具宜采用单独烟道。

3.1.8　复合烟道上最多可接 2 台半密闭自然排气式燃具，2 台燃具在复合烟道上接口的垂直间距不得小于 0.5 m；当确有困难，接口必须安装在同一高度上时，烟道上应设 0.5～0.7 m 高的分烟器。

3.1.9　公用烟道上可安装多台自然排气式燃具，但应保证排烟时互不影响。

3.1.10　公用给排气烟道上应安装密闭自然给排气式燃具。

3.1.11　楼房的换气风道上严禁安装燃具排气筒。

3.1.12　安装有风扇排气筒的直排式燃具和半密闭自然排气式热水器严禁共用一个排气筒。

三十二、GB 6932—2001　A5.1c A5.2c A5.3a A5.4a 的规定

A5.1　自然排气式热水器的安装

A5.1c）自然排气式热水器宜每台采用单独烟道，而且排气管不得安装在楼房的换气风道上。

A5.2　强制排气式热水器的安装

A5.2c）排气管不得安装在楼房的换气风道及公共烟道上。

A5.3　自然给排气式热水器的安装

A5.3a）给排气管应安装在直通大气的墙上；并应符合 CJJ 12—1999 中 3.3.4 条的规定。

A5.4　强制给排气式热水器的安装

A5.4a）给排气管应安装在直通大气的墙上，并符合 CJJ 12—1999 中 3.3.5 的规定。

三十三、CECS215：2006　6.7.3 的规定

6.7.3　给排气管的吸气/排烟口可设置在墙壁、屋顶或烟道上，严禁将烟管插入非采暖热水炉专用的共用烟道中。

三十四、给排气管定位打孔的操作方法

给排气管定位打孔：一是按图（施工安装图、安装纸样、金属样板、安装说明书）划线打孔；二是按排气管的长度以及不低于1%的坡向室外的坡度经计算确定孔的位置划线后打孔。为了打孔方便和不损坏热水器，可暂时摘下热水器或挂机前打好烟管引出孔。

三十五、CJJ 12—1999　3.3 部分相关条文

3.3　密闭式燃具

3.3.5　强制给排气式燃具给排气管、给排气风帽的安装应符合下列要求：

8. 给排气管安装应向室外稍倾斜，雨水不得进入燃具。

9. 给排气管连接处不应漏烟气，应有防脱、防漏措施。

10. 给排气管的穿墙部位应密封，烟气不得流入室内。

三十六、CECS215：2006　6.7 给排气管连接的规定

6.7　给排气管连接

6.7.1　给排气管的连接和安装应符合本规程第 4 章及产品说明书和国家相关标准的规

定；给排气管和附件应使用原厂的配件，同轴管、分体管（双头管）及其接头等应适用于设备的安装。

6.7.2 阻烟片的设置应符合下列规定：

1. 阻烟片应根据给排气管的类型和最大长度，按说明书的规定设置。

2. 阻烟片的规格、尺寸和设置位置应正确。

6.7.3 给排气管的吸气/排烟口可设置在墙壁、屋顶或烟道上，严禁将烟管插入非采暖热水炉专用的共用烟道中。

6.7.4 给排气管的长度或阻力系数不得大于说明书中规定的下列任一数值：

1. 实际长度（适用于同轴管）。

2. 当量长度（适用于分体管）。

3. 阻力系数（适用于同轴管和分体管）。

6.7.5 当选定的给排气管长度超过允许的最大长度时，应将某些管段改为较大直径的给排气管，并应保证管道阻力不超过设计规定的最大值。

6.7.6 同轴管水平安装在外墙时，应向下倾斜不小于3 mm/m，其外部管段的有效长度不应少于50 mm。

6.7.8 采暖热水炉与给排气管连接时应保证良好的气密性，搭接长度不应小于20 mm。

三十七、给排气管连接、固定、密封的操作方法

给排气管弯头与设备的连接有法兰连接、插入连接等形式；内烟管与弯头的连接，一般采用插入的方法；外烟管与弯头的连接可用插入法，也可用密封胶套加卡箍进行连接密封。

烟管的连接方式分为标准连接方式和加长连接方式两种。无论哪一种连接方式，总的安装长度不得超过相关标准的规定。

三十八、CECS215：2006 7.1.2 7.1.6 条文规定

7.1.2 水管连接主要应检查下列各项：

1 供水水压不高于铭牌规定的最高压力。

2 采暖系统水密性应符合铭牌规定的最高压力。

3 安全阀（包括储水罐安全阀）应与排水管地漏连接。

7.1.6 系统的注水、排水和排空应按下列规定执行：

1 生活热水系统注水：

1）打开热水龙头，向设备的生活热水系统注水，直至水从热水出口流出。

2）配有热水储存罐时，注水方法同上。

2　采暖系统注水：

1）打开炉体上的自动排气阀和采暖装置上的排气阀。

2）向系统中不断充水，直至将系统中的空气全部排出，且达到系统工作的额定压力。

3）关闭采暖装置上的手动排气阀，自动排气阀处于打开状态（注意螺母不得松脱）。

4）注完水后应立即关闭注水阀。

3　采暖系统补水：

在采暖热水炉运行过程中，当采暖系统压力下降到 0.05 MPa 以下时，应利用采暖热水炉配备的手动注水/补水阀给系统补水。补水时可按下列步骤操作：

1）采暖炉处于待机状态。

2）首先检查采暖系统是否有漏水处，应确认系统密闭、无渗漏。

3）确认无渗漏后，注水使系统压力达到额定压力。

4）补水结束后，必须将注水/补水阀旋进关闭，安全阀泄水管必须用导管连接到地漏内，防止溢水后浸泡地板。

4　采暖系统排空：

1）打开采暖系统的全部阀门，包括最高位置的放气阀。

2）打开采暖系统最低排水阀，如情况紧急，可旋转安全阀泄水。

5　生活热水系统排空：

1）关闭采暖热水炉进水阀，打开排水阀（孔）。

2）打开洗浴水龙头，且使水龙头低于采暖热水炉高度。

3）采暖热水炉的水排净后，关闭采暖热水炉上的排水阀（孔）。

三十九、燃气热水器水路系统试通水和调节水阀改变水流量的操作方法

燃气热水器安装完毕后，要进行试通水工作。水路系统试通水主要包括系统的注水、排水和排空等。向生活热水系统注水时，要观察水从热水出口的流出情况，并用水流量调节阀进行大小流量的调节，若发现水流中有碎屑、杂物等，要清洗冷水进口过滤网，并对水路进行冲洗。采暖系统注水要打开水泵上的自动放气阀，且不再拧紧，一般充水（1 ~ 1.5）$\times 10^5$ Pa 为宜，充水时系统应处于待机和采暖状态。要确认系统无渗漏，注（补）水结束后，要关闭注水阀。采暖系统首次注水完成后，要将系统里的水排空。打开排水阀，观察排出的水是否混浊有杂物，若发现水浑黑有杂物，应关闭热水炉的供水和回水阀门，用自来水对系统进行冲洗，并清理过滤网。

四十、燃气热水器前后制的概念

燃气热水器按控制方式分类可分为前制式和后制式热水器。

前制式热水器，运行是用装在进水口处的阀门进行控制的，出水口不设置阀门；后制式热水器，运行时可以用装在进水口处的阀门控制，也可用装在出水口处的阀门进行控制。

四十一、用热水器前后截门控制热水器（后制式）的开和关

用前截门控制：在前截门关闭的情况下，先打开后截门，然后打开前截门，热水器运行；关闭前截门，热水器停止运行。

用后截门控制：在后截门关闭的情况下，先打开前截门，然后打开后截门，热水器运行；关闭后截门，热水器停止运行。

四十二、GB 6932—2001 表 7 热水性能相关规定

表 7（部分）

项目		性能要求	试验方法	适用机种				
				D	Q	P	G	W
热水性能	热效率	不小于 80%（按低热值）	表 26	○	○	○	○	○
	热水产率	不小于额定产热水能力的 90%						
	热水温升	不大于 60 K（不适用于具有自动恒温功能）						
	停水温升	不大于 18 K						
	加热时间	不大于 45 s（两用型不大于 90 s）						
	热水温度稳定时间	不大于 90 s（适用于具有自动恒温功能）						
	水温超调幅度	+5℃ ~ −5℃（适用于具有自动恒温功能）						
	显示精度	±3℃						

注：1．根据 GB 20665—2006 的规定，家用燃气快速热水器和燃气采暖热水炉的能效限定值（最低热效率值/%）不应低于 84%，即能效等级中的 3 级。

2．适用机种为“○”，不适用机种为“—”。

四十三、燃气热水器调温装置的种类及功能

燃气热水器调温装置的种类，按调节钮不同有旋钮调节和按钮调节；按调节方式不同有手动调节和比例调节；按调节的介质不同有调节燃气流量的，有调节水流量的，还有既调节燃气流量又调节水流量的等。

调温装置的主要功能是设置热水温度，有的调温钮还有关闭电源的作用。用户通过对调

温钮的调节就可获得适合的水温和使水温保持相对恒定。

四十四、燃气热水器调温装置的使用方法

燃气热水器调温最常用的有旋钮和按钮（键）这两种方式，以手动调节为主。下面就介绍水温调节钮（键）的使用方法。

旋钮调节：火力调节钮是用来调节燃气流量的，向左旋转，燃气量增大，火力也增大，反之火力减小。旋钮旁有火力大小标示的，可按标示进行调节。

水流量调节钮（水温调节钮）是用来调节水流量的，向左旋转，水流量增大，反之，水流量减小。水流量增大，水温降低，反之水温增高。

当水流量旋钮调至最小，同时火力旋钮调至最大时，出水温度最高；当水流量旋钮调至最大，同时火力旋钮调至最小时，出水温度最低。

按钮（键）调节：水温靠两个按钮进行调节，控制面板的左下角有两个按钮，左边的为升温钮，右边的为降温钮。需要升温时，按升温钮，每按一次上升 1℃，最高设定温度为 60℃；需要降温时，按降温钮，每按一次下降 1℃，最低设定温度为 37℃。调温时，要一边调一边看显示屏，以便选择最适合的水温。当设定温度时，显示屏上的数字闪烁，为设定温度，待数字稳定了为实时水温。

冬夏型洗浴热水器有一个冬夏转换开关（柄、钮或键），它的操作很简单，冬季时将转换开关拨至冬季位置，夏季时将转换开关拨至夏季位置即可。

四十五、GB 6932—2001　5.1.1.1 的规定

5.1.1.1　热水器及其部件在设计制作时应考虑到安全、坚固和经久耐用，整体结构稳定可靠，在正常操作时不应有损坏或影响使用的功能失效。

四十六、燃气热水器各功能旋钮或按键的名称及功能

1. 电源开关钮（键）

用来接通电源或关闭电源。

2. 复位键

故障情况及保护情况下停机，经处理需要开机时，按下此键“RESET”然后放开即可。

3. 功能转换键（钮）

用于两用型热水器冬、夏季使用时的转换，当按键按下时低位为冬季状态，高位为夏季状态。旋钮通过转动指向冬夏标志进行转换。

4. 采暖水温度调节钮

用来调节或设定采暖水水温，顺时针方向旋转温度升高，反之温度降低。

5. 卫生热水温度调节钮

用来调节或设定卫生热水水温，顺时针方向旋转温度升高，反之温度降低。

6. 洗浴热水器冬、夏季转换钮（柄、键）

用于洗浴热水器冬、夏季使用时的转换，根据旋钮旁边的标示进行操作。

四十七、各功能旋钮或按键的检查方法

各功能旋钮或按键可在设备运行时进行检查，水温调节钮可反复旋转，看是否旋转灵活自如，调温效果有效；各种按键可进行按动，看力度是否适中，观察显示屏看操作的项目是否与显示屏显示的项目一致，按动电源开关钮，看设备是否能正常启动和关闭。

四十八、家用燃气热水器的使用方法

1. 点火前的准备

（1）使用前，应仔细阅读使用说明书，掌握使用方法，了解注意事项。

（2）仔细检查燃气管路、水路及排烟管是否连接牢固，正确、无泄漏。

（3）打开厨房窗户，关好厨房门。

（4）将冷热水阀门全部打开，确认热水出口有冷水流出后，关闭热水出口阀门。

（5）连接电源，打开热水器前燃气阀。

2. 点火供热水

（1）打开热水出口阀门，风机前清扫，打火电极打火，燃烧器被点燃，热水即刻流出。有时（特别是安装后第一次使用时）由于管道内存有空气可能一次不能点燃，需要多次点火才能点着。

（2）关闭热水阀门，火立即熄灭。若再需要热水，可再打开热水阀门，燃烧器又会重新点燃，继续供应热水。再次使用热水时，勿直接将刚流出的热水淋在身上，避免烫伤。

3. 调温

（1）旋转水温调节旋钮，可得到不同温度的热水。“小”位置水量减少，水温升高；“大”位置水量增多，水温降低。

（2）旋转火力调节旋钮，可改变火力的大小。火力大，水温高；火力小，水温低。

4. 排水（防冻保护）

在环境温度0℃以下使用热水器时，用后必须排水。

（1）关闭燃气阀门。

（2）关闭供水（自来水）阀。

（3）打开热水阀门。

（4）将水温调节旋钮转至“大”位置。

（5）旋下泄水阀排水，必须将热水器内水全部排掉。再次使用时，勿忘记装好泄水阀。

5. 关机

（1）关闭热水出口阀门，火立即熄灭。

（2）关闭供水阀。

（3）关闭燃气阀门。

（4）切断交流电源。

四十九、燃气热水器的主要安全保护装置和控制装置

1. 燃气热水器的主要安全保护装置

（1）熄火保护装置或再点火装置。

1）熄火保护装置感应元件和回路发生故障应确保阀门不会自动开启。

2）再点火装置再点火失败后应立即关闭燃气阀门，并确保不再自动开启。

（2）防止过热安全装置。动作温度应不大于 110℃，动作后，关闭通往燃烧器的燃气通路，且不应自动开启。

（3）强排热水器的烟道堵塞安全装置和风压过大安全装置。风压过大安全装置：风压在 80 Pa 以前安全装置不能动作，在产生熄火、回火、影响使用的火焰溢出及妨碍使用的离焰现象之前，关闭通往燃烧器的燃气通路。

烟道堵塞安全装置：应在 5 min 以内关闭通往燃烧器的燃气通路。且不能自动再开启；在关闭之前应无熄火、回火、影响使用的火焰溢出及妨碍使用的离焰现象。

（4）水路系统的泄压安全装置。开阀水压小于水路系统的耐压值。系统正常运行时，安全装置（安全阀）在阀内弹簧的作用下关闭；当系统中水压超过弹簧压力（阀的设定值）值时，安全装置（阀）打开，泄水后系统压力降低，在弹簧力的作用下安全装置重新关闭。

（5）自动防冻安全装置。在冻结前安全装置起作用。此装置能在系统水温低至 5℃前（≥5℃），保证设备能够自动开启。

（6）掉电自停安全装置。此装置在电源中断时，应能自动关闭燃气自动阀。

2. 燃气热水器的主要控制装置

（1）水温控制装置。使出水温度保持在预订值范围内的一种装置。一般热水器都设有水温调节旋钮或按键，通过转动旋钮或点按调节键进行增量调节或减量调节（对水量进行

调节）。采暖热水器还设有采暖水调节钮或按键，与洗浴水调节方法相同。

（2）火力控制装置。调节燃气量的大小的装置实际上就是调节功率的大小，手动调节可转动旋钮进行调节，也可对燃气阀进行调节改变功率的大小，采用燃气比例调节阀的热水器无火力控制装置。

（3）时间控制装置。这里所说的时间控制是指采暖热水器室内温度的时序控制，这种装置通过预先的设定，可以让热水器在不同时段，采用不同的温度运行，达到节省能源的目的。

（4）启动控制装置。即水气联动装置，只要一开水，热水器立即开启。有控制电路的热水器也可以采用启动控制装置将水流信号转换为控制电路的工作启动信号。

（5）燃气/空气比例控制装置。燃气热水器采用了燃气比例调节阀，精确地控制燃烧气量变化，燃烧所需的空气量一般由性能良好的交流罩极风机供给。微型计算机运用模糊控制技术，对设置温度与出水温度进行瞬时运算，确定燃气量和所需空气量；快速升降温，达到所需出水温度，同时经过对出水温度的监测，随时做出调节，以保证出水温度的恒定。

五十、燃气热水器的主要安全保护装置和控制装置的使用方法

不同品牌的燃气热水器其安全装置和控制装置有所不同，其使用方法不能一概而论。在产品使用说明书中，对安全保护装置和控制装置的使用方法都有详细介绍，这里不再赘述。

辅导练习题

一、判断题（下列判断正确的请在括号中打“√”，错误的请在括号中打“×”）

1．燃气热水器是提供洗用水的燃气用具。（ ）

2．平衡式燃气热水器燃烧时所需空气取自室内，用排气管在风机作用下强制将烟气排至室外。（ ）

3．施工图中对管道、设备、器具或部件只示意出位置，而具体图形和详细尺寸只能在平面图中才能找到。（ ）

4．安装图是在现场测绘草图的基础上按一定比例，以系统图的形式绘制而成的。（ ）

5．燃气热水器安装孔的位置是根据安装图和产品安装说明书及有关规范的要求确定的，安装孔确定后就要根据要求的坡度确定烟管的引出孔位置。（ ）

6．两个固定热水器的安装孔要在同一垂直线上，这样，安装才能垂直，不倾斜。（ ）

7. 膨胀螺栓用于热水器和支架在支撑体上的固定。（　）

8. 在塑料胀塞中拧入木螺钉只用于各种挂架的固定。（　）

9. 冲击电钻不可在金属材料上钻孔，只可在砖墙、混凝土上钻孔。（　）

10. 使用水钻前，必须穿好绝缘胶鞋，要接好漏点开关、水管和钻头。（　）

11. 用膨胀螺栓或塑料胀塞固定热水器和挂架须在支撑体上打孔，钻孔一般都是用冲击钻来进行。（　）

12. 操作冲击钻时要用力均匀，钻头必须与支撑体垂直，钻头的直径应和锥头螺栓的外径和塑料胀管的外径相等。（　）

13. 燃气热水器和采暖炉应安装牢固，无倾斜。（　）

14. 燃气热水器和采暖炉与室内燃气管道和冷热水管道连接必须正确，并应连接牢固、不易脱落，便于操作和检修。（　）

15. 密闭式燃气热水器严禁安装在没有给排气条件的房间内。（　）

16. 设置了吸油烟机等机械换气设备的房间及其相连通的房间内，不宜设置半密闭自然排气式燃气热水器。（　）

17. 小型燃气热水器挂机一人操作即可。（　）

18. 用膨胀螺栓挂机，需将设备挂孔对准膨胀螺柱并向里推，将两个螺母分别带好，无需拧紧。（　）

19. 连接部件应牢固、不易脱落。软管连接时，应采用专用的承插接头、螺纹接接头或专用卡箍紧固；承插接头应按燃气流向指定的方向连接。（　）

20. 在软管连接时不得使用三通，形成两个支管。（　）

21. 卡套（箍）式连接时，应将 C 形套环和螺母先后套入管子端头。（　）

22. 带螺纹的金属软管连接时，应对金属软管进行质量检查。（　）

23. 燃气管道和阀门的气密性必须经过 6 kPa 压力检测，检测时应关闭采暖热水炉燃气阀，严禁使用有可能损坏采暖热水炉燃气阀的超压检测。（　）

24. 室内低压燃气管道（地下室、半地下室等部位除外）、室外压力小于或等于 0.2 MPa 的燃气管道，可采用螺纹连接。（　）

25. 燃气管道与燃气热水器的硬管连接主要指燃气表前至燃气热水器前这一段的连接。（　）

26. 螺纹连接时，应在管端螺纹外缠生料带，先用手拧入 2～3 扣，再用管钳一次装紧，不得倒回。（　）

27. 气瓶宜设置在地下室、半地下室或通风良好的场所。（　）

28. 商业用户使用的气瓶组严禁与燃气燃烧器具布置在同一房间内。（　）

29. 安装调压器时，要检查D形密封圈是否脱落和损坏，要顺时针旋转手轮。（　）

30. 软管与格林连接处必须用专用卡箍夹紧。（　）

31. 打开自来水阀和燃具冷水进口阀，关闭燃具热水出口阀，目测检查自来水系统不应有渗漏现象。（　）

32. 直接与热水器连接的给水管道上可不设置阀门。（　）

33. 热水器冷、热水进、出口接头规格均为G1/2管螺纹。（　）

34. 热水器进、出水管最好用塑料软管连接。（　）

35. 给水镀锌钢管可用于给排水、燃气输送、热水、采暖工程等。（　）

36. 普通水煤气钢管所能承受的水压试验压力为2.5 MPa。（　）

37. 燃气热水器的硬管连接是指设备与冷、热水（或供、回水）通过短丝连接和活接头连接等的操作方法。（　）

38. 丝扣球阀后应加活接头，球阀与活接头之间的间距不应大于3 m。（　）

39. 燃气热水器水路系统耐压性能试验应在说明书适用水压的1.25倍，且不低于1.0 MPa下持续1 min，目测有无变形和渗漏。（　）

40. 开放式供暖设备按厂家说明书规定使供暖循环水路注满水，启动水泵15 min，目测应无渗漏和变形现象。（　）

41. 弹簧管式压力表应经过检验，并带有铅封，方允许安装。（　）

42. 压力表读数取值，应使眼睛、指针、刻度成一直线，以减少视力误差。（　）

43. 热水供应系统安装完毕，管道保温之后应进行水压试验。（　）

44. 水压试验可分段试验，不可全系统一次完成试验。（　）

45. 采暖热水炉的所有连接管道均不得用作电器的地线。（　）

46. 防触电保护等级采用Ⅱ类的采暖热水炉应有可靠接地，其接地措施应符合国家现行有关标准的规定，并应检查Ⅱ类器具的接地线是否可靠、有效。（　）

47. 燃气热水器安全注意事项中明确规定直接使用交流电源的热水器应有接地要求。（　）

48. 燃气采暖热水炉警示牌中未规定使用交流电的器具应安全接地的要求。（　）

49. 不同防触电保护类别的燃具安装时，应使用符合规定的电源插座、开关和导线，电源插座、开关和导线应是经过安全认证的产品。（　）

50. 使用交流电源燃具的外部电器部件不必经过安全认证，即可在燃具上使用。（　）

51. 在检查电源插座可靠接地时，首先要检查插座的安装位置、插座的结构、是否经过安全认证等。（　）

52. 直接用万用表可以准确检测电源插座的接地线是否正确有效。（　）

53. 电源线的截面积应满足采暖热水炉电气最大功率的需要，且截面不应小于 $3 \times 0.75\ mm^2$。（　）

54. 连接电源线时必须注意电源线的极性：相线（N）—黄绿线，零线（L）—褐色线，地线（E）—蓝色线。（　）

55. 面对电源插座其极性为：左相、右零和上地。（　）

56. 面对插头时其极性为：左零、右相和上地。（　）

57. 碱性电池所用的导电介质（电解质）是氢氧化钾、显碱性（电解质 pH > 7）、所以经常把它称为碱性电池。（　）

58. 充电电池经过充电可以反复使用，碳性电池只能一次性使用，碱性电池也可充电使用。（　）

59. 燃气热水器一般在电池盒中安装电池，要看清“+”“-”极后，再安装。（　）

60. 燃气热水器长期不用时，应将电池卸下。（　）

61. 自然排气的烟道上严禁安装强制排气式燃具和机械换气设备。（　）

62. 公用烟道上不可安装多台自然排气式燃具。（　）

63. 强排式热水器的排气管不得安装在公共烟道上，但可以安装在楼房的换气风道上。（　）

64. 强制给排式燃气热水器的排气管可以装在公用排气烟道上。（　）

65. 燃气采暖热水炉给排气管的吸气/排烟口可设置在墙壁、屋顶或烟道上。（　）

66. 燃气采暖热水炉给排气管的排烟管可插入非采暖热水炉专用的共用烟道中。（　）

67. 燃气采暖热水炉排烟管穿出孔的位置应按排气管的长度以及不低于 1% 的坡向室外的坡度经计算后确定。（　）

68. 燃气采暖热水炉排烟管穿出孔可打在墙上、烟道上和玻璃上。（　）

69. 强制给排气燃气热水器给排气管安装应向室内稍倾斜。（　）

70. 给排气管的穿墙部位应密封，烟气不得流入室内。（　）

71. 给排气管和附件应使用原厂的配件。（　）

72. 同轴管水平安装在外墙时，应向下倾斜不小于 3 mm/m，其外部管段的有效长度不应大于 50 mm。（　）

73. 烟管的连接方式分为标准连接方式和加长连接方式两种。（　）

74. 插入式安装的搭接长度不得大于 20 mm。（　）

75. 供水水压不低于铭牌规定的最高压力。（ ）

76. 安全阀（包括储水罐安全阀）应与排水管地漏连接。（ ）

77. 采暖系统注水要打开水泵上的自动放气阀，且不再拧紧。（ ）

78. 给采暖系统注水时，设备和系统应处于待机和采暖状态。（ ）

79. 前制式热水器，运行是用装在出水口处的阀门进行控制的，进水口不设置阀门。（ ）

80. 后制式热水器，运行时可以用装在进水口处的阀门控制，也可用装在出水口处的阀门进行控制。（ ）

81. 燃气热水器上电后，未开水截门火就着了，也属于无前后制（干烧）。（ ）

82. 在调试或维修热水器时，必须检查前后制。（ ）

83. 家用燃气快速热水器最低热效率不应低于 80%。（ ）

84. 热水温升不大于 60 K 的规定，适用于具有自动恒温功能的家用燃气快速热水器。（ ）

85. 燃气热水器按调节方式不同有手动调节和比例调节两种调温装置。（ ）

86. 燃气热水器调温装置的主要功能是设置采暖热水温度。（ ）

87. 水温调节钮是用来调节水量的，水流量增大，水温增高，反之，水温降低。（ ）

88. 水流量旋钮调至最小，同时火力旋钮调至最大时，出水温度最高。（ ）

89. 热水器及其部件在设计制作时应考虑到安全、坚固和经久耐用。（ ）

90. 热水器在正常操作时不应有损坏，但允许有轻微的影响使用的功能失效。（ ）

91. 功能转换键用于两用型燃气采暖热水炉冬、夏季使用时的转换。（ ）

92. 冬、夏季转换钮用于洗浴热水器冬、夏季使用热水时的转换。（ ）

93. 各功能旋钮或按键可在设备运行时反复操作，看是否旋转灵活自如，调节功能是否准确有效。（ ）

94. 热水器中途熄火，有时是热水器的保护功能在起作用，此时可用电源开关来恢复热水器运行。（ ）

95. 强排式燃气热水器使用前应开窗通风，并关好厨房门。（ ）

96. 关闭热水出口阀门，火应缓慢熄灭。（ ）

97. 燃气热水器防止过热安全装置的动作温度应不大于 210℃。（ ）

98. 燃气热水器的水气联动装置必须能一开水，热水器就启动，一关水，热水器就熄火，因此它是热水器的启动控制装置。（ ）

99. 燃气热水器安装完毕，要向用户介绍安全装置、控制装置和调温装置的使用方法。（　）

100. 具有冬夏季转换钮（键）的洗浴和采暖热水器，应将旋钮或按键设置为与季节相对应的位置和状态。（　）

二、单项选择题（下列每题有 4 个选项，其中只有 1 个是正确的，请将其代号填写在横线空白处）

1. 家用燃气热水器是提供________的燃气用具。
   A. 蒸馏水　　B. 洗用水
   C. 纯净水　　D. 饮用开水

2. 燃气热水器按产生热水的速度可分为快速热水器和________热水器两种。
   A. 容积式　　B. 密闭式
   C. 冷凝式　　D. 室内型

3. 施工图中对管道、设备、器具或部件只示意出位置，而具体图形和详细尺寸只能在________图中才能找到。
   A. 平面　　B. 剖面
   C. 安装　　D. 立面

4. ________图是管道制作、设备安装定位的重要依据。
   A. 平面布置　　B. 安装
   C. 管道系统　　D. 施工

5. 安装孔确定后就要根据要求的________确定烟管的引出孔位置。
   A. 坡度　　B. 高度
   C. 深度　　D. 锥度

6. 两个固定热水器的安装孔要在同一________线上，安装才能垂直，不倾斜。
   A. 垂直　　B. 水平
   C. 角度　　D. 放射

7. 膨胀螺栓不包括________规格。
   A. M12　　B. M10
   C. M8　　D. M5

8. 塑料胀塞是由 ABS 或________等材料制成的。
   A. 塑胶　　B. 聚四氟乙烯
   C. 尼龙　　D. 胶木

9. 冲击电钻不宜在________上钻孔。

A. 玻璃　　B. 金属

C. 砖墙　　D. 混凝土

10. 使用水钻前，必须穿好________，要接好漏点开关、水管和钻头。

A. 防水鞋　　B. 绝缘胶鞋

C. 布底鞋　　D. 塑料底鞋

11. 用膨胀螺栓或塑料胀塞固定热水器和挂架须在支撑体上打孔，钻孔一般都是用________来进行。

A. 电锤　　B. 手电钻

C. 冲击钻　　D. 水钻

12. 打膨胀螺栓孔时，钻头的直径应和膨胀螺栓________相等。

A. 锥头大径　　B. 螺杆外径

C. 螺纹大径　　D. 套管外径

13. 自然排气式燃气热水器和采暖炉的排烟装置应与室外相通，烟道应有________坡向燃具的坡度，并应有防倒风装置。

A. 1%　　B. 5%

C. 8%　　D. 10%

14. 燃气热水器和采暖炉与室内燃气________和冷热水管道连接必须正确，并应连接牢固、不易脱落。

A. 阀门　　B. 管道

C. 仪表　　D. 调压设备

15. ________严禁安装在没有给排气条件的房间内。

A. 自然给排气式燃气热水器　　B. 密闭式燃气热水器

C. 非密闭式燃气热水器　　D. 强制给排气式燃气热水器

16. 燃气热水器与电器设备的水平距离应大于________ mm。

A. 100　　B. 200

C. 300　　D. 400

17. 大型燃气热水器挂机需要________操作。

A. 一人　　B. 两人以上

C. 三人以上　　D. 两人

18. 用膨胀螺栓挂机时，需将设备挂孔对准膨胀螺柱并向里推，将两个螺母分别带好，________。

A. 即可　　B. 拧紧后再松开螺母

C. 需要拧紧　　D. 无须拧紧

19. 燃气管道应满足采暖热水炉________功率的需要。

A. 额定输入　　B. 最大输入

C. 最小输入　　D. 最小输出

20. 当供气压力大于________时，应在燃气表前设置单独的调压器。

A. 5 kPa　　B. 5 MPa

C. 50 kPa　　D. 10 kPa

21. 软管连接时，应采用专用的承插接头、螺纹接头或________紧固。

A. 快速接头　　B. 专用卡箍

C. 油任（活接）　　D. 仪表活接头

22. 用________是当前对管路接口进行漏气检查最常见的方法。

A. 荧光检漏　　B. 测漏仪检漏

C. 刷肥皂水检漏　　D. 挂表检漏

23. 室内燃气管道选用无缝钢管时，其壁厚不得小于________ mm，用于引入管时不得小于 3.5 mm。

A. 1　　B. 1.5

C. 2　　D. 3

24. 管道公称压力 $PN \leq$ ________ MPa 时，应选用钢或铜合金螺纹管件。

A. 0.2　　B. 0.02

C. 0.3　　D. 0.03

25. 燃气管道与燃气热水器的硬管连接主要指燃气表后至燃气热水器前这一段的连接。从操作上来讲，主要是________。

A. 卡套式连接和格林接头连接　　B. 承插接头连接和活接头连接

C. 短丝连接和活接头连接　　D. 塑料管连接和橡胶管连接

26. 无论是单件连接，还是组合连接，都必须用一把管钳咬住已经拧紧的________，再用另一把管钳拧管件，拧到松紧适度为止。

A. 管件　　B. 阀门

C. 管子螺纹　　D. 管子

27. 居民用户使用的液化石油气气瓶应设置在非居住房间内，且室温不应高于________℃。

A. 40　　B. 45

C. 50　　D. 55

28．商业用户使用的气瓶组严禁与________布置在同一房间内。

A．燃气燃烧器具　　B．燃气调压器

C．燃气报警器　　D．散热器

29．软管与格林连接处必须用________夹紧。

A．铁丝　　B．夹子

C．专用卡箍　　D．螺母

30．燃气热水器用金属挠性管直接与给水管连接时，长度应小于________m。

A．10　　B．5

C．2　　D．1

31．打开自来水阀和燃具冷水进口阀，关闭燃具热水出口阀，是________的检漏方法。

A．燃气管道　　B．燃气采暖热水炉采暖水路系统

C．燃气阀体　　D．水管道

32．直接与燃气快速热水器连接的给水管道上应设置________。

A．减压阀　　B．止回阀

C．安全阀　　D．球阀

33．热水器冷、热水进、出口接头规格均为________管螺纹。

A．G3/4　　B．G1/4

C．M20　　D．G1/2

34．热水器进、出水管最好用________软管连接。

A．金属　　B．塑胶

C．塑料　　D．橡胶

35．给水镀锌钢管不宜用于________等。

A．燃气输送　　B．饮用水管

C．采暖工程　　D．排水管

36．普通水煤气钢管所能承受的水压试验压力为________MPa。

A．3　　B．2.5

C．2　　D．1.5

37．燃气热水器的硬管连接是指设备与冷、热水（或供、回水）通过短丝连接和________连接等的操作方法。

A．铝塑复合管　　B．不锈钢波纹管

C．活接头　　D．塑料弯头

38．丝扣球阀后应加活接头，球阀与活接头之间的间距不应大于________。

A. 300 cm　　B. 3 m

C. 3 cm　　D. 30 cm

39. 燃气热水器水路系统耐压性能试验应在说明书适用水压的 1.25 倍，且不低于________ MPa 下，持续 1 min，目测有无变形和渗漏。

A. 1　　B. 1.5

C. 0.1　　D. 0.15

40. 开放式供暖设备按厂家说明书规定使供暖循环水路注满水，启动水泵______ min，目测应无渗漏和变形现象。

A. 1　　B. 15

C. 3　　D. 2

41. 弹簧管式压力表应经过检验合格，并带有________方允许安装。

A. 钢印　　B. 合格标签

C. 铅封　　D. 能效标签

42. 压力表的选用应根据被测最大工作压力来选择适合的压力表，使之适合于所测压力范围，所测压力应在量程的________范围内使用，这样压力表的测量误差较小。

A. 20% ~80%　　B. 30% ~70%

C. 40% ~60%　　D. 25% ~75%

43. 热水供应系统安装完毕，管道________应进行水压试验。

A. 保温之前　　B. 保温之后

C. 清扫之前　　D. 清扫之后

44. 水路系统注水试压前，应对全系统进行全面检查，确认无敞口管头及________后，即可进行水压试验。

A. 已消毒　　B. 已吹扫

C. 遗漏项目　　D. 已清洗

45. 采暖热水炉的所有连接管道均不得用作电器的________。

A. 火线　　B. 相线

C. 零线　　D. 地线

46. 防触电保护等级采用________类的采暖热水炉应有可靠接地，其接地措施应符合国家现行有关标准的规定，并应检查此类器具的接地线是否可靠和有效。

A. Ⅰ　　B. Ⅱ

C. Ⅲ　　D. 0

47. 燃气热水器安全注意事项中明确规定直接使用________的热水器应有接地要求。

A. 直流电源　　B. 交流电源

C. 移动电源　　D. 模块电源

48. 燃气采暖热水炉警示牌中规定了使用交流电的器具应________的要求。

A. 使用防触电开关　　B. 使用防爆开关

C. 安全接地　　D. 三相安全插座

49. 不同防触电保护类别的燃具安装时，应使用符合规定的电源插座、开关和________。

A. 导线　　B. 保险丝

C. 插头　　D. 配电板

50. 使用交流电源燃具的________等外部电器部件必须经过安全认证，方可在燃具上使用。

A. 电源插座　　B. 控制器

C. 电磁阀　　D. 排烟风机

51. 在检查电源插座可靠接地时，首先要检查________、插座的结构、是否经过安全认证等。

A. 插座的材质　　B. 插座的安装位置

C. 插座的外观　　D. 插座的颜色

52. 直接用________可以准确检测电源插座的接地线是否正确有效。

A. 试电笔　　B. 单相三孔插座安全检测器

C. 万用表　　D. 接地电阻测量仪

53. 电源线的截面积应满足采暖热水炉电气最大功率的需要，且截面不应小于________ mm^2，可按说明书规定的电源线规格尺寸进行检查。

A. 2×0.75　　B. 2.5×0.75

C. 3×0.75　　D. 3.5×0.75

54. 连接电源线时必须注意电源线的极性：相线（N）—褐色线，零线（L）—蓝色线，地线（E）—________。

A. 黄绿线　　B. 黄色线

C. 绿色线　　D. 红色线

55. 面对电源插座其极性正确的是：________。

A. 左相、右零和上地　　B. 左零、右相和上地

C. 左地、右零和上相　　D. 左相、右地和上零

56. 面对插头时其极性正确的是：________。

A. 左地、右零和上相　　B. 左相、右零和上地
C. 右零、左相和上地　　D. 左相、右地和上零

57. 碱性电池所用的导电介质（电解质）是________、显碱性（电解质 PH >7）、所以经常把它称为碱性电池。

A. 氯化锌　　B. 碳酸氢钙
C. 氯化钠　　D. 氢氧化钾

58. 充电电池指可以充电的电池，不包括________等。

A. 碱性电池　　B. 镍镉电池
C. 锂电子电池　　D. 铅酸电池

59. 燃气热水器一般在电池盒中安装电池，要看清________后，再安装。

A. 电池的产地　　B. 电池盒盖
C. 电池盒位置　　D. “+”“−”极

60. 燃气热水器一般选________电池为宜。

A. 碱性　　B. 碳性
C. 锂电子　　D. 镍氢

61. 自然排气的烟道上严禁安装强制排气式燃具和机械换气设备，否则将破坏烟道的________条件。

A. 正压　　B. 负压
C. 高压　　D. 低压

62. 公用烟道上不可安装多台________式燃具。

A. 自然给排气　　B. 强制排气
C. 自然排气　　D. 强制给排气

63. 强排式热水器的排气管不得安装在楼房的________上。

A. 直通大气的墙　　B. 窗玻璃
C. 专用烟道　　D. 公共烟道

64. 强制给排式燃气热水器的排气管不得安装在楼房的________上。

A. 换气风道　　B. 窗玻璃
C. 屋顶　　D. 直通大气的墙

65. 燃气采暖热水炉给排气管的吸气（排烟口）不可设置在________上。

A. 烟道　　B. 非采暖热水炉专用的共用烟道
C. 屋顶　　D. 墙壁

66. 下列选项中说法错误的是________。

A. 燃气采暖热水炉的烟管严禁插入非采暖热水炉专用的共用烟道中

B. 燃气采暖热水炉给排气管的吸气（排烟口）可设置在外墙上

C. 燃气采暖热水炉给排气管的吸气（排烟口）不可设置在屋顶上

D. 燃气采暖热水炉给排气管的吸气（排烟口）可设置在烟道上

67. 燃气采暖热水炉排烟管穿出孔的位置应按排气管的长度以及不低于________的坡向室外的坡度经计算后确定。

A. 5%　　B. 0.5%

C. 10%　　D. 1%

68. 燃气采暖热水炉排烟管穿出孔可打在墙上，烟道上和________上。

A. 玻璃　　B. 易燃材料

C. 木板　　D. 塑料板

69. 强制给排气燃气热水器的给排气管安装应向________稍倾斜。

A. 室外　　B. 室内

C. 设备左侧　　D. 设备右侧

70. 给排气管的________应密封，烟气不得流入室内。

A. 内烟管　　B. 穿墙部位

C. 外烟管　　D. 弯头外部

71. 给排气管和附件应使用________配件。

A. 进口的　　B. 标准的

C. 原厂的　　D. 国产的

72. 同轴管水平安装在外墙时，应向下倾斜不小于 3 mm/m，其外部管段的有效长度不应________。

A. 大于 50 cm　　B. 小于 50 cm

C. 小于 50 mm　　D. 大于 50 mm

73. 烟管的连接方式分为________两种。

A. 标准连接方式和加长连接方式

B. 插入连接方式和卡箍连接方式

C. 法兰连接方式和螺纹连接方式

D. 非标连接方式和快速连接方式

74. 插入式安装的搭接长度不应________。

A. 大于 20 mm　　B. 小于 20 mm

C. 小于 20 cm　　D. 大于 20 cm

75. 供水水压不高于铭牌规定的________压力。

A. 最低　　B. 额定

C. 最高　　D. 运转

76. 安全阀（包括储水罐安全阀）应与________连接。

A. 洗菜盆　　B. 室外排污管道

C. 洗脸盆　　D. 排水管地漏

77. 关于采暖系统注水，做法错误的是________。

A. 要打开水泵上的自动放气阀，注水完毕拧紧

B. 向系统中不断充水，直至将系统中的空气全部排出，且达到系统工作的额定压力

C. 关闭采暖装置上的手动排气阀，自动排气阀处于打开状态（注意螺母不得松脱）

D. 注完水后应立即关闭注水阀

78. 给采暖系统注水时，设备和系统应处于待机和________状态。

A. 洗浴　　B. 采暖

C. 运行　　D. 防冻保护

79. 前制式热水器，运行是用装在________的阀门进行控制的。

A. 出水口处　　B. 进、出水口处

C. 进水口处　　D. 自来水引入管处

80. 后制式热水器与前制式热水器不同之处在于增加了一个________装置。

A. 启动　　B. 调温

C. 保护　　D. 节流

81. 作为专业人员用热水器前后截门进行热水器的开和关，一方面是检查热水器能否正常运行，另一方面是在检查热水器的________。

A. 温控功能　　B. 熄火保护功能

C. 过热保护功能　　D. 前后制

82. 关闭自来水截门，水流停止，热水器停止运行；打开自来水截门，热水器运行，这叫作________。

A. 无前制　　B. 无后制

C. 有前制　　D. 有后制

83. 家用燃气快速热水器的最低热效率值不应低于________。

A. 84%　　B. 88%

C. 90%　　D. 80%

84. 热水温升不大于60 K的规定，不适用于________的家用燃气快速热水器。

A. 强排式　　B. 具有自动恒温功能

C. 水膜阀结构　　D. 烟道式

85. 燃气热水器按调节方式不同有手动调节和________调节两种调温装置。

A. 水温　　B. 旋钮

C. 按键　　D. 比例

86. 燃气热水器调温装置的主要功能是设置________的温度。

A. 采暖热水　　B. 洗浴热水

C. 饮用开水　　D. 采暖回水

87. 燃气热水器水温调节钮是用来调节________的，流量增大，水温降低，反之，水温增高。

A. 水流量　　B. 燃气流量

C. 采暖水流量　　D. 采暖回水流量

88. 燃气热水器最高设定温度为________℃。

A. 80　　B. 70

C. 60　　D. 50

89. 热水器及其部件在设计制作时应考虑到安全、坚固和________。

A. 外形美观　　B. 结构简单

C. 功能齐全　　D. 经久耐用

90. 热水器在正常操作时不应有________或影响使用的功能失效。

A. 掉落　　B. 锈蚀

C. 损坏　　D. 油污

91. 功能转换键用于两用型燃气采暖热水炉________使用时的转换。

A. 冬季、夏季　　B. 洗浴、采暖

C. 开水、温水　　D. 地暖、散热器采暖

92. 冬、夏季转换钮用于洗浴热水器冬、夏季使用________时的转换。

A. 采暖水　　B. 洗浴热水

C. 饮用水　　D. 冷、热水

93. 各功能旋钮可在设备运行时进行检查，________可反复旋转，看是否旋转灵活自如，调温效果有效。

A. 热水温度调节按键　　B. 功能转换钮

C. 电源开关　　　　D. 水温调节钮

94. 热水器中途熄火，有时是热水器的保护功能在起作用，此时可用________来恢复热水器运行。

A. 冬、夏季转换键　　　　B. 复位键

C. 电源开关　　　　D. 水温调节按键

95. 强排式燃气热水器使用前应________。

A. 打开厨房窗户，关好厨房门　　　　B. 打开厨房窗户，打开厨房门

C. 关好厨房窗户，关好厨房门　　　　D. 关好厨房窗户，打开厨房门

96. 关闭热水出口阀门，火应________。

A. 立即熄灭　　　　B. 缓慢点燃

C. 缓慢熄灭　　　　D. 快速点燃

97. 燃气热水器防止过热安全装置的动作温度应不大于________℃。

A. 95　　　　B. 100

C. 110　　　　D. 125

98. 燃气热水器的水气联动装置必须能一开水，热水器就启动，一关水，热水器就熄火，因此它是热水器的________控制装置。

A. 水温　　　　B. 火力

C. 时间　　　　D. 启动

99. ________装置不是热水器调温装置。

A. 水气联动　　　　B. 水量调节

C. 火力调节　　　　D. 燃气比例调节

100. 具有冬夏季转换钮（键）的洗浴热水器和采暖热水器，应将旋钮或按键设置为与________相对应的位置和状态。

A. 温度　　　　B. 火力

C. 季节　　　　D. 时间

三、多项选择题（下列每题中的多个选项中，至少有2个是正确的，请将正确答案的代号填在横线空白处）

1. 家用燃气热水器不是提供________的燃气用具。

A. 蒸馏水　　　　B. 洗用水

C. 纯净水　　　　D. 饮用开水

E. 冷凝水

2. 燃气热水器按产生热水的速度可分为________。

A．容积式热水器　　B．密闭式热水器

C．冷凝式热水器　　D．室内型热水器

E．快速热水器

3．施工图中对________只示意出位置，其他内容只能在安装图中才能找到。

A．管道　　B．设备

C．器具　　D．具体图形

E．详细尺寸

4．________不能作为管道制作、设备安装定位的重要依据。

A．平面布置图　　B．安装图

C．管道立面图　　D．施工图

E．管道剖面图

5．安装孔确定后不能根据________来确定烟管的引出孔位置。

A．坡度　　B．高度

C．深度　　D．锥度

E．直径

6．安装孔是用来放置________的，最终是为了把热水器固定在墙面上。

A．膨胀螺栓　　B．烟管

C．固定螺钉　　D．塑料胀塞

E．双头螺栓

7．膨胀螺栓规格包括________。

A．M12　　B．M10

C．M8　　D．M5

E．M15

8．塑料胀塞是由________等材料制成的。

A．塑胶　　B．聚四氟乙烯

C．尼龙　　D．胶木

E．ABS

9．冲击电钻不可在________上钻孔。

A．玻璃　　B．金属

C．砖墙　　D．混凝土

E．大理石

10．使用水钻前，不能穿________，要接好漏点开关、水管和钻头。

A．防水鞋　　B．绝缘胶鞋
C．布底鞋　　D．塑料底鞋
E．塑料底拖鞋

11．用膨胀螺栓或塑料胀塞固定热水器和挂架须在支撑体上打孔，一般不使用________钻孔。

A．电锤　　B．手电钻
C．冲击钻　　D．水钻
E．台式钻

12．打膨胀螺栓孔时，钻头的直径不能和膨胀螺栓________相等。

A．锥头大径　　B．螺杆外径
C．螺纹大径　　D．套管外径
E．套管内径

13．燃气热水器和采暖炉应安装________。

A．正确　　B．牢固
C．漂亮　　D．无倾斜
E．平稳

14．燃气热水器和采暖炉与________连接必须正确，并应连接牢固、不易脱落。

A．阀门　　B．室内燃气管道
C．仪表　　D．调压设备
E．冷热水管道

15．________严禁安装在没有给排气条件的房间内。

A．自然给排气式燃气热水器　　B．密闭式燃气热水器
C．自然排气式燃气热水器　　D．强制给排气式燃气热水器
E．强制排气式燃气热水器

16．燃气热水器上方不允许有________。

A．电力明线　　B．自来水管道
C．电器设备　　D．燃气管道
E．暖气管道

17．用膨胀螺栓挂机，需将设备挂孔对准膨胀螺柱并向里推，做法错误的是________。

A．将两个螺母分别带好即可　　B．拧紧后再松开螺母
C．用扳手将螺母拧紧　　D．螺母不要拧紧
E．只拧紧一个螺母

18. 燃气热水器挂好后，一定要带好螺母，以防________。

A. 意外滑下伤人　　B. 毁坏设备

C. 机体倾斜　　D. 机体位移

E. 机体松动

19. 燃气管道应满足采暖热水炉________的需要。

A. 额定输入功率　　B. 最大输入功率

C. 最小输入功率　　D. 最大输出功率

E. 最大热负荷

20. 燃气管道与炉体必须用________连接，并应在炉前设置阀门。

A. 带螺纹接头的金属管道　　B. 铸铁管

C. 塑料管　　D. 橡胶管

E. 燃气专用铝塑复合管

21. 软管连接时，应采用专用的________或专用卡箍紧固。

A. 快速接头　　B. 油任（活接头）

C. 承插接头　　D. 仪表活接头

E. 螺纹接头

22. 当前对管路接口进行漏气检查常用的方法有________。

A. 荧光检漏　　B. 测漏仪检漏

C. 刷肥皂水检漏　　D. 挂表检漏

E. 超声波检漏

23. 室内燃气管道选用无缝钢管时，其壁厚应________ mm，用于引入管时不得小于 3.5 mm。

A. >1　　B. >1.5

C. 不小于3　　D. >2

E. ≥3

24. 管道公称压力 $PN \leqslant 0.2$ MPa 时，应选用________。

A. 铜合金螺纹管件　　B. 钢螺纹管件

C. 可锻铸铁螺纹管件　　D. 灰铸铁螺纹管件

E. 铝合金螺纹管件

25. 燃气管道与燃气热水器的硬管连接主要指燃气表后至燃气热水器前这一段的连接。从操作上来讲，主要是________。

A. 卡套式连接　　B. 承插接头连接

C. 短丝连接　　D. 塑料管连接

E. 活接头连接

26. 无论是单件连接，还是组合连接，都必须用一把管钳咬住已经拧紧的________，再用另一把管钳拧管件（或管子），拧到松紧适度为止。

A. 管件　　B. 阀门

C. 管子螺纹　　D. 管子

E. 螺母

27. 气瓶与散热器的净距应________m。

A. 不小于 1　　B. 不小于 10

C. >50　　D. <50

E. ≥1

28. 商业用户使用的气瓶组严禁与________布置在同一房间内。

A. 燃气热水器　　B. 燃气调压器

C. 燃气报警器　　D. 散热器

E. 燃气灶

29. 软管与格林连接处不能用________夹紧。

A. 铁丝　　B. 夹子

C. 专用卡箍　　D. 螺母

E. 塑料绳

30. 燃气热水器用金属挠性管直接与给水管连接时，________连接长度不符合附录 C 给水安装的相关规定。

A. 10 m　　B. 5 m

C. 2 m　　D. 1 m

E. <1 m

31. 打开自来水阀和燃具冷水进口阀，关闭燃具热水出口阀，不是________的检漏方法。

A. 燃气管道　　B. 封闭式燃气热水器水路

C. 水膜阀体　　D. 水管道

E. 燃气阀

32. 直接与燃气快速热水器连接的给水管道上不应设置________。

A. 减压阀　　B. 止回阀

C. 安全阀　　D. 球阀

E. 单向阀

33. 一般热水器________规格为 G1/2 管螺纹。

A. 热水出口接头　　B. 采暖供水接头

C. 采暖回水接头　　D. 水泵接头

E. 冷水进口接头

34. 热水器进、出水管最好用________连接。

A. 金属软管　　B. 塑胶软管

C. 塑料软管　　D. 橡胶软管

E. 刚性水管

35. 给水镀锌钢管不宜用于________等。

A. 燃气输送　　B. 饮用水管

C. 采暖工程　　D. 排水管

E. 生活给水管

36. 普通水煤气钢管所能承受的水压试验压力为________。

A. 2.5 MPa　　B. 2 000 kPa

C. 2 MPa　　D. 1.5 MPa

E. 20 kgf/cm^2

37. 燃气热水器（壁挂炉）的硬管连接是指设备与________通过管段短丝连接和活接头连接等的连接方法。

A. 铝塑复合管　　B. 不锈钢波纹管

C. 采暖供、回水管道　　D. 塑料管

E. 洗浴冷、热水管道

38. 丝扣球阀后应加活接头，球阀与活接头之间的间距不应大于________。

A. 300 mm　　B. 3 m

C. 3 cm　　D. 30 cm

E. 0.03 m

39. 燃气热水器水路系统耐压性能试验应在说明书适用水压的 1.25 倍，且不低于________下持续 1 min，目测有无变形和渗漏。

A. 1 MPa　　B. 1.5 MPa

C. 0.1 MPa　　D. 0.15 MPa

E. 100 kPa

40. 开放式供暖设备按厂家说明书规定使供暖循环水路注满水，启动循环泵________，目测应无渗漏和变形现象。

A. 1 min　　B. 15 min

C. 3 min　　D. 2 min

E. 60 s

41. 压力表常见精度等级有________级。

A. 4.5　　B. 3.5

C. 2.5　　D. 1.6

E. 0.4

42. 应在管道________前将压力表安装孔钻好，保证孔边无毛刺，光滑平整。

A. 安装　　B. 试压

C. 加工　　D. 吹洗

E. 焊接

43. 热水供应系统安装完毕，管道不应在________进行水压试验。

A. 保温之前　　B. 保温之后

C. 清扫之前　　D. 清扫之后

E. 吹洗之前

44. 水路系统注水试压前，应对全系统进行全面检查，确认________后，即可进行水压试验。

A. 无敞口管头　　B. 已吹扫

C. 无遗漏项目　　D. 已清洗

E. 已消毒

45. 采暖热水炉的________均不得用作电器的地线。

A. 洗浴冷水管道　　B. 洗浴热水管道

C. 采暖供水管道　　D. 采暖回水管道

E. 燃气管道

46. 采暖热水炉应有可靠接地，因为其采用的防触电保护等级不是________。

A. Ⅰ类　　B. Ⅱ类

C. Ⅲ类　　D. 0 类

E. 01 类

47. 直接使用交流电的燃气热水器没有________。

A. 接地要求　　B. 防雷击要求

C. 防水淋要求　　D. 防敲击要求

E. 防过热要求

48. 燃气采暖热水炉警示牌中未规定使用交流电的器具应________的要求。

A. 使用防触电开关　　B. 使用防爆开关

C. 安全接地　　D. 使用三相安全插座

E. 使用防触电插头

49. 不同防触电保护类别的燃具安装时，应使用符合规定的________。

A. 电源插座　　B. 保险丝

C. 插头　　D. 开关

E. 导线

50. 使用交流电源燃具的________等外部电器部件必须经过安全认证，方可在燃具上使用。

A. 电源插座　　B. 控制器

C. 开关　　D. 电磁阀

E. 导线

51. 在检查电源插座可靠接地时，首先要检查________，是否经过安全认证等。

A. 插座的材质　　B. 插座的安装位置

C. 插座的外观　　D. 插座的颜色

E. 插座的结构

52. 直接用________不能准确检测电源插座的接地线是否正确有效。

A. 试电笔　　B. 单相三孔插座安全检测器

C. 万用表　　D. 接地电阻测量仪

E. 电流表

53. 电源线的截面积应满足采暖热水炉电气最大功率的需要，且截面应________，可按说明书规定的电源线规格尺寸进行检查。

A. $<2\times0.75\ mm^2$　　B. $<2.5\times0.75\ mm^2$

C. 不小于 $3\times0.75\ mm^2$　　D. $<3\times0.75\ mm^2$

E. $\geqslant3\times0.75\ mm^2$

54. 连接电源线时必须注意电源线的极性：相线（N）—褐色线，零线（L）—蓝色线，地线（E）不是________。

A. 黄绿线　　B. 黄色线

C. 绿色线　　D. 红色线

E. 粉色线

55．面对电源插座其极性不正确的是：________。

A．左相、右零和上地　　B．左零、右相和上地

C．左地、右零和上相　　D．左相、右地和上零

E．左零、右地和上相

56．面对插头时其极性不正确的是：________。

A．左地、右零和上相　　B．左相、右零和上地

C．右零、左相和上地　　D．左相、右地和上零

E．左零、右地和上相

57．碱性电池所用的导电介质（电解质）不是________。

A．氯化锌　　B．碳酸氢钙

C．氯化钠　　D．氢氧化钾

E．硫酸铜

58．充电电池包括________等。

A．碱性电池　　B．镍镉电池

C．锂电子电池　　D．铅酸电池

E．碳性电池

59．燃气热水器一般在电池盒中安装电池，若只看电池盒的________就安装，有可能造成热水器不工作或烧毁控制器。

A．产地　　B．构造

C．位置　　D．"+""−"极

E．大小

60．燃气热水器一般不宜选________。

A．碱性电池　　B．碳性电池

C．锂电子电池　　D．镍氢电池

E．铅酸电池

61．自然排气的烟道上严禁安装________，否则将破坏烟道的负压条件。

A．强制排气式燃具　　B．自然排气式燃具

C．排油烟机　　D．排气扇

E．强制给排气燃具

62．安装有风扇排气筒的________严禁共用一个排气筒。

A．自然给排气式燃具　　B．强制排气式燃具

C．直排气式燃具　　D．强制给排气式燃具

E. 半密闭自然排气式热水器

63. 强排式热水器的排气管不得安装在楼房的________上。

A. 直通大气的墙　　B. 窗玻璃

C. 专用烟道　　D. 公共烟道

E. 换气风道

64. 强制给排式燃气热水器的给排气风帽应安装在________。

A. 敞开的室外空间　　B. 封闭阳台

C. 不滞留烟气的敞开走廊　　D. 厨房内

E. 敞开阳台

65. 燃气采暖热水炉给排气管的吸气（排烟口）可设置在________上。

A. 烟道　　B. 非采暖热水炉专用的共用烟道

C. 屋顶　　D. 外墙

E. 烟管穿出孔内

66. 下列选项中说法错误的是________。

A. 燃气采暖热水炉的烟管严禁插入非采暖热水炉专用的共用烟道中

B. 燃气采暖热水炉给排气管的吸气（排烟口）可设置在外墙上

C. 燃气采暖热水炉给排气管的吸气（排烟口）不可设置在屋顶上

D. 燃气采暖热水炉给排气管的吸气（排烟口）可设置在烟道上

E. 燃气采暖热水炉给排气管的吸气（排烟口）可设置厨房内

67. 燃气采暖热水炉排烟管穿出孔的位置应按排气管的长度以及不低于________的坡向室外的坡度经计算后确定。

A. 5%　　B. 0.5%

C. 10%　　D. 1%

E. 0.01 m/m

68. 燃气采暖热水炉排烟管穿出孔可打在墙上，烟道上和________上。

A. 玻璃　　B. 易燃材料

C. 木板　　D. 塑料板

E. 屋顶

69. 强制给排气燃气热水器的给排气管安装应________稍倾斜。

A. 向室外　　B. 向室内

C. 向设备左侧　　D. 向设备右侧

E. 向下

70. 给排气管的连接处不应漏烟气，应有________措施。

A. 防脱　　B. 防火

C. 防腐蚀　　D. 防漏

E. 防水

71. 给排气管和附件应使用原厂的配件，________等应适用于设备的安装。

A. 分体管　　B. 管件

C. 同轴管　　D. 采压管

E. 接头

72. 同轴管水平安装在外墙时，应向下倾斜不小于 3 mm/m，其外部管段的有效长度不应________。

A. 大于 50 cm　　B. 小于 50 mm

C. 大于 50 mm　　D. 小于 50 cm

E. 小于 5 cm

73. 烟管的连接方式分为________两种。

A. 标准连接方式　　B. 插入连接方式

C. 法兰连接方式　　D. 加长连接方式

E. 快速连接方式

74. 插入式安装的搭接长度不应________。

A. 大于 20 mm　　B. 小于 20 mm

C. 小于 20 cm　　D. 大于 20 cm

E. 小于 0.02 m

75. 供水水压不高于________，不是铭牌规定的水压。

A. 最低压力　　B. 额定压力

C. 最高压力　　D. 运转压力

E. 静止压力

76. 安全阀（包括储水罐安全阀）不能与________连接。

A. 洗菜盆　　B. 室外排污管道

C. 洗脸盆　　D. 排水管地漏

E. 给水管

77. 下列选项中关于采暖系统注水，做法错误的是________。

A. 要打开水泵上的自动放气阀，注水完毕拧紧

B. 向系统中不断充水，直至将系统中的空气全部排出，且达到系统工作的额定

压力

C. 关闭采暖装置上的手动排气阀，自动排气阀处于打开状态（注意螺母不得松脱）

D. 注完水后应立即关闭注水阀

E. 系统注水压力达到0.25～0.3 MPa时，关闭注水阀。

78. 给采暖系统注水时，设备和系统应处于________。

A. 洗浴状态　　B. 采暖状态

C. 运行状态　　D. 防冻保护状态

E. 待机状态

79. 前制式热水器，运行不能用装在________的阀门进行控制的。

A. 出水口处　　B. 进、出水口处

C. 进水口处　　D. 自来水引入管处

E. 燃气进口处

80. 后制式热水器与前制式热水器不同之处在于增加了一个________。

A. 节流装置　　B. 调温装置

C. 保护装置　　D. 启动装置

E. 文丘里管

81. 作为专业人员用热水器前后截门进行热水器的开和关，主要是检查热水器________。

A. 能否正常运行　　B. 熄火保护功能

C. 过热保护功能　　D. 前后制

E. 温控功能

82. 关闭水截门，水流停止，热水器停止运行；打开水截门，热水器运行，这叫作________。

A. 无前制　　B. 无后制

C. 有前制　　D. 有后制

E. 有前后制

83. 家用燃气热水器（壁挂炉）3个等级产品的最低热效率值分别是________。

A. 96%　　B. 88%

C. 90%　　D. 80%

E. 84%

84. 热水温升不大于60 K的规定，适用于________的家用燃气快速热水器。

A. 强排式　　　　B. 具有自动恒温功能
C. 强制给排气式　　　　D. 烟道式
E. 平衡式

85. 燃气热水器按调节方式不同有________两种调温装置。
A. 手动调节　　　　B. 旋钮调节
C. 按键调节　　　　D. 比例调节
E. 水温调节

86. 燃气热水器调温装置不能设置________的温度。
A. 采暖热水　　　　B. 洗浴热水
C. 饮用开水　　　　D. 采暖回水
E. 自来水

87. 燃气热水器水温调节钮不能用来调节________。
A. 水流量　　　　B. 燃气流量
C. 采暖水流量　　　　D. 采暖回水流量
E. 空气流量

88. 燃气热水器火力调节钮不能用来调节________。
A. 自来水流量　　　　B. 燃气流量
C. 采暖水流量　　　　D. 采暖回水流量
E. 混合气流量

89. 热水器及其部件在设计制作时应考虑到________。
A. 坚固　　　　B. 结构简单
C. 功能齐全　　　　D. 安全
E. 经久耐用

90. 热水器在正常操作时不应有________。
A. 掉落　　　　B. 锈蚀
C. 损坏　　　　D. 油污
E. 影响使用的功能失效

91. ________情况下停机，经处理需要开机时，按下复位键然后放开即可。
A. 故障　　　　B. 洗浴待机
C. 保护　　　　D. 采暖待机
E. 关机

92. 冬、夏季转换钮不能用于洗浴热水器冬、夏季使用________时的转换。

A. 采暖水　　B. 洗浴热水

C. 饮用水　　D. 冷、热水

E. 沸水

93. 各功能旋钮可在设备运行时进行检查，________可反复旋转（按动），看是否旋转灵活自如，调温效果有效。

A. 热水温度调节按键　　B. 功能转换钮

C. 电源开关　　D. 水温调节钮

E. 水温调节按键

94. 热水器中途熄火，有时是热水器的保护功能在起作用，此时不能用________来恢复热水器的运行。

A. 冬、夏季转换键　　B. 复位键

C. 电源开关　　D. 水温调节按键

E. 火力调节钮

95. 强排式燃气热水器使用前应________。

A. 打开厨房窗户，关好厨房门

B. 打开厨房窗户，打开厨房门

C. 关好厨房窗户，关好厨房门

D. 关好厨房窗户，打开厨房门

E. 打开通风口，关好厨房门

96. 关闭热水出口阀门，火________，都是不正常的。

A. 立即熄灭　　B. 缓慢点燃

C. 缓慢熄灭　　D. 快速点燃

E. 不熄灭

97. 燃气热水器防止过热安全装置的动作温度应________。

A. ≤110℃　　B. >120℃

C. >150℃　　D. ≤125℃

E. 不大于110℃

98. 燃气热水器的水气联动装置必须能一开水，热水器就启动，一关水，热水器就熄火，因此它是热水器的________装置。

A. 水温控制　　B. 火力控制

C. 时间控制　　D. 启动控制

E. 水气联动

99. 燃气热水器可通过________来调节洗浴热水的温度。

A. 水气联动装置　　B. 水量调节装置

C. 过热保护装置　　D. 缺氧保护装置

E. 火力调节装置

100. 具有冬夏季转换钮（键）的洗浴热水器和采暖热水器，应将旋钮或按键设置为与季节相对应的________。

A. 位置　　B. 火力

C. 温度　　D. 状态

E. 流量

参考答案及说明

一、判断题

1. √。燃气热水器是提供洗用水的燃气用具；两用型燃气采暖热水炉既可提供洗用水，又可提供采暖热水。

2. ×。平衡式燃气热水器是将给排气管接至室外，利用自然抽力的原理进行给排气。

3. ×。施工图中对管道、设备、器具或部件只示意出位置，而具体图形和详细尺寸只能在安装图中才能找到。

4. √。安装图是在现场测绘草图的基础上按一定比例，以系统图的形式绘制而成的。

5. √。燃气热水器安装孔的位置是根据安装图和产品安装说明书及有关规范的要求确定的，安装孔确定后就要根据要求的坡度确定烟管的引出孔位置。

6. ×。两个固定热水器的安装孔要在同一水平线上，这样安装才能垂直，不倾斜。

7. √。膨胀螺栓用于热水器和支架在支撑体上的固定。

8. ×。在塑料胀塞中拧入木螺钉用于热水器和各种挂架的固定。

9. ×。冲击电钻既可用麻花钻头在金属材料上钻孔，又可在砖墙、混凝土等处钻孔。

10. √。使用水钻前，必须穿好绝缘胶鞋，要接好漏点开关、水管和钻头。

11. √。用膨胀螺栓或塑料胀塞固定热水器和挂架须在支撑体上打孔，钻孔一般都是用冲击钻来进行。

12. ×。操作冲击钻时要用力均匀，钻头必须与支撑体垂直，钻头的直径应和膨胀螺栓套塞的外径和塑料胀塞的外径相等。

13. √。燃气热水器和采暖炉应安装牢固，无倾斜。

14. ×。燃气热水器和采暖炉与室内燃气管道和冷热水管道连接必须正确，并应连接牢固、不易脱落，燃气管道的阀门、冷热水管道阀门应便于操作和检修。

15. ×。非密闭式燃气热水器严禁安装在没有给排气条件的房间内。

16. √。设置了吸油烟机等机械换气设备的房间及其相连通的房间内，不宜设置半密闭自然排气式燃气热水器。

17. √。小型燃气热水器挂机一人操作即可，而挂大型燃气热水器则需两人操作。

18. ×。用膨胀螺栓挂机，需将设备挂孔对准膨胀螺柱并向里推，将两个螺母分别带好，用扳手将螺母拧紧。

19. √。连接部件应牢固、不易脱落。软管连接时，应采用专用的承插接头、螺纹接接头或专用卡箍紧固；承插接头应按燃气流向指定的方向连接。

20. √。在软管连接时不得使用三通，形成两个支管。

21. ×。卡套（箍）式连接时，应将螺母和C形套环先后套入管子端头。

22. √。带螺纹的金属软管连接时，应对金属软管进行质量检查。

23. ×。燃气管道和阀门的气密性必须经过5 kPa压力检测；检测时应关闭采暖热水炉燃气阀，严禁使用有可能损坏采暖热水炉燃气阀的超压检测。

24. √。室内低压燃气管道（地下室、半地下室等部位除外）、室外压力小于或等于0.2 MPa的燃气管道，可采用螺纹连接。

25. ×。燃气管道与燃气热水器的硬管连接主要指燃气表后至燃气热水器前这一段的连接。

26. √。螺纹连接时，应在管端螺纹外缠生料带，先用手拧入2~3扣，再用管钳一次装紧，不得倒回。

27. ×。气瓶不得设置在地下室、半地下室或通风不良的场所。

28. √。商业用户使用的气瓶组严禁与燃气燃烧器具布置在同一房间内。

29. ×。安装调压器时，要检查D形密封圈是否脱落和损坏，要逆时针旋转手轮。

30. √。软管与格林连接处必须用专用卡箍夹紧。

31. √。打开自来水阀和燃具冷水进口阀，关闭燃具热水出口阀，目测检查自来水系统不应有渗漏现象。

32. ×。直接与热水器连接的给水管道上应设置阀门。

33. √。热水器冷、热水进、出口接头规格均为G1/2管螺纹。

34. ×。热水器进、出水管最好用金属软管连接，或用刚性水管直接连接。

35. √。给水镀锌钢管可用于给排水、燃气输送、热水、采暖工程等。

36. ×。普通水煤气钢管所能承受的水压试验压力为2.0 MPa。

37. √。燃气热水器的硬管连接是指设备与冷、热水（或供、回水）通过短丝连接和活接头连接等操作方法。

38. ×。丝扣球阀后应加活接头，球阀与活接头之间的间距不应大于 30 cm。

39. √。燃气热水器水路系统耐压性能试验应在说明书适用水压的 1.25 倍，且不低于 1.0 MPa 下持续 1 min，目测有无变形和渗漏。

40. ×。开放式供暖设备按厂家说明书规定使供暖循环水路注满水，启动水泵 1 min，目测应无渗漏和变形现象。

41. √。弹簧管式压力表应经过检验，并带有铅封方允许安装。

42. √。在压力表读数取值时，应使眼睛、指针、刻度成一直线，以减少视力误差。

43. ×。热水供应系统安装完毕，管道保温之前应进行水压试验。

44. ×。水压试验可分段试验，也可全系统一次完成试验。

45. √。为保证采暖热水炉使用安全，规定了采暖热水炉的金属管道不得用作电器接地装置。

46. ×。防触电保护等级采用Ⅰ类的采暖热水炉应有可靠接地，其接地措施应符合国家现行有关标准的规定，并应检查Ⅰ类器具的接地线是否可靠和有效。

47. √。燃气热水器安全注意事项中明确规定直接使用交流电源的热水器应有接地要求。

48. ×。燃气采暖热水炉警示牌中规定了使用交流电的器具应安全接地。

49. √。不同防触电保护类别的燃具安装时，应使用符合规定的电源插座、开关和导线，电源插座、开关和导线应是经过安全认证的产品。

50. ×。使用交流电源燃具的外部电器部件必须经过安全认证，否则不得在燃具上使用。

51. √。在检查电源插座可靠接地时，首先要检查插座的安装位置、插座的结构、是否经过安全认证等。

52. ×。直接用万用表不能准确检测电源插座的接地线是否正确有效。

53. √。采暖热水炉电源线的截面积确定原则是：电源线的截面积应满足采暖热水炉电气最大功率的需要，且截面不应小于 $3\times0.75\ mm^2$。

54. ×。连接电源线时必须注意电源线的极性：相线（N）—褐色线，零线（L）—蓝色线，地线（E）—黄绿线。

55. ×。面对电源插座其极性为：左零、右相和上地。

56. ×。面对插头时其极性为：左相、右零和上地。

57. √。碱性电池所用的导电介质（电解质）是氢氧化钾、显碱性（电解质 pH >7）、所以经常把它称为碱性电池。

58. ×。充电电池经过充电可以反复使用，碳性电池只能一次性使用，碱性电池不可充电使用。

59. √。燃气热水器一般在电池盒中安装电池，要看清“+”“-”极后，再安装。

60. √。燃气热水器长期不用时，应将电池卸下。

61. √。自然排气的烟道只能专用，因这种烟道长、阻力大，所以不能连接强制排气式燃具和机械换气设备，否则将破坏烟道的负压条件，烟气不能外排而进入其他房间造成安全事故。

62. ×。公用烟道上可安装多台自然排气式燃具。

63. ×。强排式热水器的排气管不得安装在楼房的换气风道及公共烟道上。

64. ×。强制给排式燃气热水器的排气管不得装在公用排气烟道上。

65. √。燃气采暖热水炉给排气管的吸气（排烟口）可设置在墙壁、屋顶或烟道上。

66. ×。燃气采暖热水炉给排气管的吸气（排烟口）可设置在墙壁、屋顶或烟道上，严禁将烟管插入非采暖热水炉专用的共用烟道中。

67. √。燃气采暖热水炉排烟管穿出孔的位置应按排气管的长度以及不低于1%的坡向室外的坡度经计算后确定。

68. √。燃气采暖热水炉排烟管穿出孔可打在墙上，烟道上和玻璃上。

69. ×。强制给排气燃气热水器给排气管安装应向室外稍倾斜，雨水不得进入燃具。

70. √。给排气管的穿墙部位应密封，烟气不得流入室内。

71. √。燃气采暖热水炉给排气管应符合燃具烟道设计和安装的规定；给排气管和附件应随采暖热水炉一起供货，并保证管件和接头与采暖热水炉等设备匹配。

72. ×。同轴管水平安装在外墙时，应向下倾斜不小于3 mm/m，其外部管段的有效长度不应少于50 mm。

73. √。烟管的连接方式分为标准连接方式和加长连接方式两种。

74. ×。插入式安装的搭接长度不得小于20 mm。

75. ×。供水水压不高于铭牌规定的最高压力。

76. √。安全阀（包括储水罐安全阀）应与排水管地漏连接。

77. √。采暖系统注水要打开水泵上的自动放气阀，且不再拧紧。

78. √。给采暖系统注水时，设备和系统应处于待机和采暖状态。

79. ×。前制式热水器，运行是用装在进水口处的阀门进行控制的，出水口不设置阀门。

80. √。后制式热水器，运行时可以用装在进水口处的阀门控制，也可用装在出水口处的阀门进行控制。

81. √。燃气热水器上电后，未开水截门火就着了，也属于无前后制（干烧）。

82. √。在调试或维修热水器时，必须检查前后制。

83. ×。家用燃气快速热水器最低热效率不应低于 84%。

84. ×。热水温升不大于 60 K 的规定，不适用于具有自动恒温功能的家用燃气快速热水器。

85. √。燃气热水器按调节方式不同有手动调节和比例调节两种调温装置。

86. ×。燃气热水器调温装置的主要功能是设置热水温度。

87. ×。水温调节钮是用来调节水量的，水流量增大，水温降低，反之则水温增高。

88. √。水流量旋钮调至最小，同时火力旋钮调至最大时，出水温度最高。

89. √。热水器及其部件在设计制作时应考虑到安全、坚固和经久耐用。

90. ×。热水器在正常操作时不应有损坏或影响使用的功能失效。

91. √。功能转换键用于两用型燃气采暖热水炉冬、夏季使用时的转换。

92. √。冬、夏季转换钮用于洗浴热水器冬、夏季使用热水时的转换。

93. √。各功能旋钮或按键可在设备运行时反复操作，看是否旋转灵活自如，调节功能是否准确有效。

94. ×。热水器中途熄火，有时是热水器的保护功能在起作用，此时可用复位键来恢复热水器运行。

95. √。强排式燃气热水器使用前应开窗通风，并关好厨房门。

96. ×。关闭热水出口阀门，火应立即熄灭。

97. ×。燃气热水器防止过热安全装置的动作温度应不大于 110℃，动作后，关闭通往燃烧器的燃气通路，且不应自动开启。

98. √。燃气热水器的水气联动装置必须能一开水，热水器就启动，一关水，热水器就熄火，因此它是热水器的启动控制装置。

99. √。燃气热水器安装完毕，要向用户介绍安全装置、控制装置和调温装置的使用方法。

100. √。具有冬夏季转换钮（键）的洗浴和采暖热水器，应将旋钮或按键设置为与季节相对应的位置和状态。

二、单项选择题

1. B	2. A	3. C	4. B	5. A	6. B	7. D	8. C	9. A
10. B	11. C	12. D	13. A	14. B	15. C	16. D	17. D	18. C
19. B	20. A	21. B	22. C	23. D	24. A	25. C	26. D	27. B

28. A　29. C　30. D　31. D　32. D　33. D　34. A　35. B　36. C
37. C　38. D　39. A　40. B　41. C　42. B　43. A　44. C　45. D
46. A　47. B　48. C　49. A　50. A　51. B　52. D　53. C　54. A
55. B　56. C　57. D　58. A　59. D　60. A　61. B　62. C　63. D
64. A　65. B　66. C　67. D　68. A　69. A　70. B　71. C　72. D
73. A　74. B　75. C　76. D　77. C　78. B　79. C　80. D　81. D
82. C　83. A　84. B　85. D　86. B　87. A　88. C　89. D　90. C
91. A　92. B　93. D　94. B　95. A　96. A　97. C　98. D　99. A
100. C

三、多项选择题

1. ACDE　2. AE　3. ABC　4. ACDE　5. BCDE　6. AD
7. ABC　8. CE　9. AE　10. ACDE　11. ABDE　12. ABCE
13. BD　14. BE　15. CE　16. ACD　17. ABDE　18. AB
19. BE　20. AE　21. CE　22. BC　23. CE　24. AB
25. CE　26. AD　27. AE　28. AE　29. ABDE　30. ABCD
31. ABCE　32. ABCE　33. AE　34. AE　35. BE　36. BCE
37. CE　38. ADE　39. CE　40. AE　41. CDE　42. BD
43. BCDE　44. AC　45. ABCDE　46. BCDE　47. BCDE　48. ABDE
49. ADE　50. ACE　51. BE　52. ABCE　53. CE　54. BCDE
55. ACDE　56. ABDE　57. ABCE　58. BCD　59. ABCE　60. CDE
61. ACDE　62. CE　63. DE　64. ACE　65. BCD　66. CE
67. DE　68. AE　69. AE　70. AD　71. ABCE　72. BE
73. AD　74. BE　75. ABDE　76. ABCE　77. AE　78. BE
79. ABDE　80. AE　81. AD　82. CDE　83. ABE　84. ABDE
85. AD　86. ACDE　87. BCDE　88. ACDE　89. ADE　90. CE
91. AC　92. ACDE　93. DE　94. ACDE　95. AE　96. BCDE
97. AE　98. DE　99. BE　100. AD

第5章　燃气计量表安装

考核要点

理论知识考核范围	考核要点	重要程度
检查	1. CJJ 94—2009　5.1 一般规定	★★
	2. 检查燃气表有效期和外观的方法	★★
	3. CJJ 94—2009　5.1.1　2 条文规定	★★★
	4. 检测鉴定标志和检测鉴定记录的主要内容	★★★
	5. 检验方法	★★★
连接固定	1. 安装表支托的方法	★★★
	2. 安装表支托的施工要求	★★★
	3. GB 50028—2006　10.3.2 相关规定	★★
	4. CJJ 94—2009　5.3.1　5.2.3 的规定	★★★
	5. 燃气表专用连接件的种类和用途	★★★
	6. 燃气表的连接方式和安装质量要求	★★★
	7. 连接燃气表的操作方法	★★★
移位	1. 燃气表安装位置的相关规定	★★
	2. 燃气表拆卸操作方法	★★★

注："重要程度"中，"★"为级别最低，"★★★"为级别最高。

重点复习提示

一、CJJ 94—2009　5.1　一般规定

5.1　一般规定

5.1.1　燃气计量表在安装前应按本规范第3.2.1、3.2.2条的规定进行检验，并符合下列规定：

1 燃气计量表应有出厂合格证、质量保证书；标牌上应有CMC标志、最大流量、生产日期、编号和制造单位。

2 燃气计量表应有法定计量检测鉴定机构出具的检测鉴定合格证书，并在有效期内。

3 超过检测鉴定有效期及倒放、侧放的燃气计量表应全部进行复检。

4 燃气计量表的性能、规格、适用压力应符合设计文件的要求。

5.1.2 燃气计量表应按设计文件和产品说明书进行安装。

5.1.3 燃气计量表的安装位置应满足正常使用、抄表和检修的要求。

二、检查燃气表有效期和外观的方法

目测是检查燃气表有效期和外观的主要方法。

三、CJJ 94—2009 5.1.1 2条文规定

5.1.1 燃气计量表在安装前应按本规范第3.2.1、3.2.2条的规定进行检验，并符合下列规定：

2 燃气计量表应有法定计量检测鉴定机构出具的检测鉴定合格证书，并在有效期内。

四、检测鉴定标志和检测鉴定记录的主要内容

1. 检测鉴定标志

检测鉴定机构的名称或代号、合格证明、检测鉴定日期等。

2. 检测鉴定记录

燃气计量表是《中华人民共和国计量法》中规定实行强检的产品，检测鉴定记录的内容，就是检测鉴定机构对计量法所要求的检测项目所做的检测记录和判定结果。

五、检验方法

检查燃气表上有无检测鉴定标志或查看检测鉴定记录。

六、安装表支托的方法

燃气表安装分高表位和低表位安装两种。燃气表应安装表前阀，要选用专用连接件连接，用表支托对表进行固定。

用表支托对燃气表进行固定，会使燃气表不悬空，连接稳固。燃气表支托形式可根据安装现场实际情况选定。流量为25 m^3/h、40 m^3/h 的燃气表可安装在墙面上，表下面用型钢

支托固定。流量≥57 m^3/h 的燃气表应安装在地面的砖台上。

在支撑物上安装表支托的方法与安装管道支架的方法基本上相同。在支撑物上安装表支托常用埋入支撑体法和螺栓连接在支撑体上法等。大型燃气表用筑砌砖台作为支托。

七、安装表支托的施工要求

1. 固定支托架安装后，应使燃气表平稳地放在支托架上，没有悬空现象。
2. 支托架上部应水平，不允许上翘、下垂或歪扭。
3. 埋入墙内支托架须牢固可靠，不活动后方可负荷。

八、GB 50028—2006　10.3.2 相关规定

10.3.2　用户燃气表的安装位置，应符合下列要求：

1　宜安装在不燃或难燃结构的室内通风良好和便于查表、检修的地方。

2　严禁安装在下列场所：

1）卧室、卫生间及更衣室内。

2）有电源、电器开关及其他电气设备的管道井内，或有可能滞留泄漏燃气的隐蔽场所。

3）环境温度高于45℃的地方。

4）经常潮湿的地方。

5）堆放易燃易爆、易腐蚀或有放射性物质等危险品的地方。

6）有变、配电等电器设备的地方。

7）有明显振动影响的地方。

8）高层建筑中的避难层及安全疏散楼梯间内。

3　燃气表的环境温度，当使用人工煤气和天然气时，应高于0℃；当使用液化石油气时，应高于其露点5℃以上。

4　住宅内燃气表可安装在厨房内，当有条件时也可设置在户门外。

住宅内高位安装燃气表时，表底距地面不宜小于1.4 m；当燃气表装在燃气灶具上方时，燃气表与燃气灶具的水平净距不得小于30 cm；低位安装时，表底距地面不得小于10 cm。

九、CJJ 94—2009　5.3.1　5.2.3 的规定

5.3.1　家用燃气计量表的安装应符合下列规定：

1　燃气计量表安装后应横平竖直，不得倾斜。

2　燃气计量表的安装应使用专用的表连接件。

3　安装在橱柜内燃气计量表应满足抄表、检修及更换的要求，并应具有自然通风的功能。

4　燃气计量表与低压电气设备之间的间距应符合本规范表5.2.3的要求。

5　燃气计量表应加有效的固定支架。

检查数量：抽查20%，且不少于5台。

检查方法：目视检查、尺量检查。

5.2.3　燃气计量表与燃具、电气设施之间的最小水平净距应符合表5.2.3的要求。

表5.2.3　燃气计量表与燃具、电气设施之间的最小水平净距（cm）

名称	与燃气计量表的最小水平净距
相邻管道、燃气管道	便于安装、检查及维修
家用燃气灶具	30（表高位安装时）
热水器	30
电压小于100 V的裸露电线	100
配电盘、配电箱或电表	50
电源插座、电源开关	20
燃气计量表	便于安装、检查及维修

十、燃气表专用连接件的种类和用途

1. 表接管：直接与燃气表的进、出气口连接，起活接头作用。

2. 表弯头：与表接管相连，改变接管的走向。

3. 燃气表专用不锈钢波纹管：燃气表前后宜采用燃气表专用不锈钢波纹管，可随意改变连接走向，连接更方便。

4. 燃气表专用三通机械套筒、三通分路器、四通分路器，进行燃气表后单路、双路、多路系统连接。

十一、燃气表的连接方式和安装质量要求

1. 燃气表的连接方式

燃气表安装分高表位和低表位安装两种。

2. 燃气表的安装质量要求

（1）高位安装时，表底距地面不宜小于1.4 m。

（2）低位安装时，表底距地面不宜小于 0.1 m。

（3）高位安装时，燃气计量表与燃气灶的水平净距不得小于 300 mm，表后与墙面净距不得小于 10 mm。

（4）燃气计量表安装后应横平竖直，不得倾斜。

（5）采用高位安装，多块表挂在同一墙面上时，表之间净距不宜小于 150 mm。

十二、连接燃气表的操作方法

1. 燃气计量表必须具备以下条件方可安装

（1）燃气表上应有检测鉴定标志和出厂合格证，标牌上应有 CMC 标志、出厂日期和表编号。

（2）燃气表的外表面应无明显的损伤。

（3）距出厂检验日期未超过 6 个月。

2. 燃气表的安装位置

（1）宜安装在非燃结构的室内通风良好处，便于查表检修。

（2）严禁安装在下列场所：

1）卧室、浴室、更衣室及厕所内。

2）有电源、电器开关及其他电气设备的管道井内，或有可能滞留泄漏燃气的隐蔽场所。

3）蒸气锅炉房内及环境温度高于 45℃的地方。

4）经常潮湿的地方。

5）堆放易燃、易腐蚀或有放射性物质等危险的地方。

6）有变、配电等高压电气设备的地方。

7）有明显振动影响的地方。

8）高层建筑中作为避难层及安全疏散楼梯间内。

9）妨碍他人工作的场所。

（3）安装燃气表的工作环境温度，当使用人工煤气和天然气时，应高于 0℃；当使用液化石油气时，应高于其露点 5℃以上。

（4）居民住宅内燃气表可安装在厨房内，当有条件时也可设在户外或通风良好的封闭阳台内。

3. 居民用户干式皮膜煤气表的安装

干式皮膜煤气表的额定流量以 1.5 m^3/h、2.5 m^3/h 和 4 m^3/h 居多，体积小、重量轻，安装操作方便。下面分别介绍高表位和低表位的安装。

（1）高表位安装。燃气表在厨房内高位安装时。可与燃气灶具安装在同侧墙面，也可安装在灶具的两侧墙面或对面墙上。

燃气表与下垂管的连接，以及下垂管与灶具的连接，可采用耐油橡胶管和加强型耐油塑料软管。

（2）低表位安装。燃气表在厨房内低位安装时。燃气表可安装在灶板下面，也可安装在灶板下方的左右两侧。

低表位接灶水平支管的活接头不得设置在灶板内。不论高位还是低位，当燃气表两个接头为活动锁母连接时，表前球阀在 50 cm 以内时，球阀与表之间可不接活接头；燃气表的进出口气管用单管接头与表连接时，应注意连接方向，单管接头的侧端连进气管，顶端接出气管，连接时大小橡胶圈不得扭曲变形，要放稳放牢，防止漏气。燃气表的进出气管分别在表上两侧时，一般面对表字盘左侧的为进气管，右侧为出气管，连接时，勿接错方向。

燃气表前后宜采用镀锌钢管或燃气表专用的不锈钢波纹管，螺纹连接要严密。使用镀锌钢管连接时，表前水平支管坡向立管，表后水平支管坡向灶具。

4. 公共建筑用户燃气表的安装

安装引入管并固定，然后安装立管及总阀门，在做旁通管及燃气表两侧的配管，最后连接燃气表。

干式皮膜燃气表的安装方法：流量为 20 m^3/h、34 m^3/h 的燃气表可安装在墙上，表下面用型钢支托固定。流量大于 57 m^3/h 的燃气表可安装在地面的砖台上。

十三、燃气表安装位置的相关规定

燃气表宜安装在非燃结构的室内通风良好处，便于查表检修。除 CJJ 94—2009 第 5 部分的规定外，燃气表与各种燃具和设备的净距不应小于表 1—2 的规定。不能满足表中要求时应加隔热板。

表 1—2　燃气表与温度较高设备之间的水平净距离

序号	项目	净距（m）
1	砖烟道	0.8
2	金属烟道	1.0
3	灶具边	0.8
4	开水炉、热水器边	1.5

十四、燃气表拆卸操作方法

1. 首先了解燃气表连接情况，确定需要拆卸的管件和管段。
2. 拆卸燃气表一定要首先关断气源。
3. 拆卸时，用管钳咬住不需拆卸的管段或管件等，再用另一管钳拆卸。
4. 拆卸时不能用力过猛，更不能敲打燃气表。
5. 若只拆卸燃气表时，松开两个表接管即可拆下燃气表。

辅导练习题

一、判断题（下列判断正确的请在括号中打“√”，错误的请在括号中打“×”）

1. 燃气计量表应有法定计量检测鉴定机构出具的检定合格证书，并应在有效期内。（　　）
2. 超过检测鉴定有效期及倒放、侧放的燃气计量表只进行部分抽查复检。（　　）
3. 检查燃气表的有效期就是要查看法定计量检测鉴定机构出具的检测鉴定合格证书的有效期。（　　）
4. 燃气计量表应有出厂合格证、质量保证书；标牌上应有 CMC 标志、最大流量、生产日期、编号和制造单位等。（　　）
5. 检定合格标志是检测鉴定机构为燃气表出具的检定合格证明，是燃气表上重要的标志之一。（　　）
6. 检测鉴定记录是燃气计量表生产单位对计量表被测项目、参数等的检测结果。（　　）
7. 燃气计量表无检测鉴定合格标志，但有产品合格证即可安装使用。（　　）
8. 查看的检测鉴定记录必须是该燃气计量表的检测鉴定记录。（　　）
9. 用表支托对燃气表进行固定，会使燃气表不悬空，连接稳固。（　　）
10. 燃气计量表实行生产许可证或计量器具许可证制度。（　　）
11. 燃气计量表安装前，对检测鉴定标志和检测鉴定记录这两项都必须检查。（　　）
12. 大型燃气表一般用型钢作为支托进行固定。（　　）
13. 固定支托架安装后，应使燃气表平稳地放在支托架上，没有悬空现象。（　　）
14. 支托架上部应垂直，不允许上翘、下垂或歪扭。（　　）
15. 用户燃气表严禁安装在卧室、卫生间及更衣室内，但允许安装在有电源、电器开关及其他电气设备的管道井内。（　　）
16. 用户燃气表严禁安装在环境温度低于 45℃的地方。（　　）

17．燃气计量表安装后应横平竖直，不得倾斜。（ ）

18．燃气计量表的安装应使用专用的表连接件及不锈钢波纹管等。（ ）

19．表接管直接与燃气表的进、出气口连接，起改变接管走向的作用。（ ）

20．燃气表前后宜采用燃气专用不锈钢波纹管连接。（ ）

21．燃气表安装分高表位安装、中表位安装和低表位安装三种方式。（ ）

22．高位安装时，燃气计量表与燃气灶的水平净距不得小于 300 mm，表后与墙面净距不得小于 10 mm。（ ）

23．低表位接灶水平支管的活接头不得设置在灶板内。（ ）

24．燃气表的进出气管分别在表上两侧时，一般面对表字盘右侧的为进气管，左侧为出气管，连接时勿接错方向。（ ）

25．燃气表宜安装在非燃结构的室内通风良好处，便于查表检修。（ ）

26．燃气表与开水炉、热水器边的净距不应小于 1.5 m。（ ）

27．拆卸燃气表一定要首先关断气源。（ ）

28．拆卸时，用管钳咬住需拆卸的管段或管件等，再用另一管钳拆卸。（ ）

二、单项选择题（下列每题有 4 个选项，其中只有 1 个是正确的，请将其代号填写在横线空白处）

1．燃气计量表应有出厂合格证、质量保证书，标牌上应有________标志、最大流量、生产日期、编号和制造单位。

A．QS　　B．CMC

C．CTV　　D．CMA

2．CMC 是“中华人民共和国制造计量器具________证”标志。

A．合格　　B．许可

C．检验　　D．质检

3．超过检测鉴定________期及倒放、侧放的燃气计量表应全部进行复检。

A．有效　　B．延长

C．报废　　D．观察

4．燃气计量表的安装位置应满足正常使用、抄表和________的要求。

A．擦拭　　B．防火

C．防冻　　D．检修

5．检定合格标志是检测鉴定机构为燃气表出具的________合格证明，是燃气表上重要的标志之一。

A．鉴定　　B．产品

C. 检定　　D. 型检

6. 检测鉴定记录是燃气计量表________对计量表被测项目、参数等的判定结果。

A. 生产单位　　B. 使用单位

C. 检定机构　　D. 质检单位

7. 燃气计量表应有________机构出具的检定合格证书，并在有效期内。

A. 生产单位计量鉴定

B. 质监局指定的燃气具产品质量检验

C. 生产单位产品质量检验

D. 法定计量检测鉴定

8. 燃气计量表是________中规定实行强检的产品。

A.《中华人民共和国计量法》

B.《中华人民共和国特种设备安全法》

C.《中华人民共和国产品质量法》

D.《中华人民共和国消费者权益保护法》

9. 燃气计量表检定标志应有鉴定机构的名称或代号、合格证明、检定日期和________等。

A. 生产日期　　B. 使用有效期

C. 送检日期　　D. 发证日期

10. 检定标志和________记录，只查看其中一项即可。

A. 检测　　B. 鉴定

C. 检测鉴定　　D. 排查

11. 流量________ m^3/h 的燃气表应安装在地面的砖台上。

A. ≥57　　B. ≤57

C. ≥25　　D. ≥40

12. 在支撑物上安装表支托常用螺栓连接在支撑体上法和________。

A. 包柱式连接法　　B. 焊接在支撑体内法

C. 抱箍法　　D. 埋入支撑体法

13. 固定支托架安装后，应使燃气表平稳地放在支托架上，没有________现象。

A. 较劲　　B. 悬空

C. 歪扭　　D. 强顶

14. 支托架上部应水平，不允许上翘、下垂或________。

A. 前倾　　B. 后仰

C. 歪扭　　D. 变形

15. 燃气计量表宜安装在不燃或难燃结构的室内通风良好和便于查表、________的地方。

A. 检修　　B. 防冻

C. 放热　　D. 防雷击

16. 住宅内高位安装燃气表时，表底距地面不宜小于________ m。

A. 1　　B. 1.4

C. 2　　D. 2.5

17. 燃气计量表高位安装时，与家用燃气灶的最小水平净距为________ cm。

A. 50　　B. 40

C. 30　　D. 20

18. 燃气表与电源插座、电源开关的最小水平净距为________ cm。

A. 50　　B. 40

C. 30　　D. 20

19. 表接管直接与燃气表的进气口________连接，起活接头的作用。

A. 出气口　　B. 表前阀

C. 表后阀　　D. 燃气接管

20. 燃气表宜采用专用连接管件和________连接。

A. 塑胶管　　B. 专用不锈钢波纹管

C. 镀锌钢管　　D. 乳胶管

21. 住宅内低表位安装时，表底距地面不宜小于________ cm。

A. 25　　B. 20

C. 15　　D. 10

22. 采用高表位安装，多块表挂在同一墙面上时，表之间净距不宜小于________ mm。

A. 300　　B. 200

C. 150　　D. 100

23. 燃气表上应有检定标志和出厂合格证；标牌上应有 CMC 标志、出厂日期和表编号；燃气表的外表面应无明显的损伤；距出厂检验日期未超过________方可安装。

A. 六个月　　B. 三个月

C. 一个月　　D. 一年

24. 干式皮膜煤气表的额定流量以 1.5 m^3/h、2.5 m^3/h 和________ m^3/h 居多，体积小、重量轻，安装操作方便。

A. 5　　B. 4

C. 3.5　　D. 3

25. 燃气表宜安装在非燃结构的室内通风良好处，便于________检修。

A. 散热　　B. 防火

C. 查表　　D. 灭火

26. 燃气表与炒菜灶、大锅灶、蒸箱和烤炉等灶具边的净距不应小于________cm。

A. 30　　B. 60

C. 80　　D. 100

27. 拆卸燃气表一定要首先________气源。

A. 打开　　B. 拆卸

C. 关小　　D. 关断

28. 若只拆卸燃气表时，松开两个________即可拆下燃气表。

A. 表弯头　　B. 表接管

C. 表专用三通　　D. 表专用分路器

三、多项选择题（下列每题中的多个选项中，至少有 2 个是正确的，请将正确答案的代号填在横线空白处）

1. 燃气计量表应有出厂合格证、质量保证书，标牌上应有________和制造单位。

A. 最大流量　　B. CMC 标志

C. 编号　　D. CMA 标志

E. 生产日期

2. 燃气计量表的安装位置应满足正常________的要求。

A. 防盗气　　B. 使用

C. 抄表　　D. 检修

E. 防火

3. 超过________的燃气计量表应全部进行复检。

A. 检测鉴定有效期　　B. 检测周期

C. 倒放　　D. 保修期

E. 侧放

4. 国家规定实行________的产品，产品生产单位必须提供相关证明文件，施工单位必须在安装使用前查验相关的文件，不符合要求的产品不得安装使用。

A. 生产许可证　　B. 销售许可证

C. 计量器具许可证　　D. 安装许可证

E. 特殊认证

5. ________是检测鉴定机构为燃气表出具的检定合格证明及对被测项目所做的检测记录和判定结果。

A. QS 标志　　B. 生产过程记录

C. 检测鉴定合格标志　　D. 检测鉴定记录

E. 检修记录

6. 检测鉴定记录是燃气计量表检测鉴定机构对计量表被测________等的判定结果。

A. 单位　　B. 参数

C. 价格　　D. 等级

E. 项目

7. ________等必须选用经国家主管部门认可的检测机构检测合格的产品，不合格者不得选用。

A. 燃具　　B. 家具

C. 用气设备　　D. 计量装置

E. 书籍

8. 燃气计量表不是________中规定实行强检的产品。

A.《中华人民共和国计量法》

B.《中华人民共和国特种设备安全法》

C.《中华人民共和国产品质量法》

D.《中华人民共和国消费者权益保护法》

E.《中华人民共和国安全生产法》

9. 燃气计量表检测鉴定标志应有鉴定机构的名称或代号、________等。

A. 生产日期　　B. 使用有效期

C. 检测鉴定日期　　D. 发证日期

E. 合格证明

10. ________只查看其中一项即可。

A. 检测记录　　B. 鉴定记录

C. 检测鉴定记录　　D. 排查记录

E. 检定标志

11. 流量为________m^3/h 的燃气表可安装在墙面上，表下面用型钢支托固定。

A. ≥57　　B. ≤57

C. 25　　D. 40

E. 50

12．在支撑物上安装表支托常用________。

A．包柱式连接法　　B．焊接在支撑体内法

C．抱箍法　　D．埋入支撑体法

E．螺栓连接在支撑体上法

13．燃气计量表用________软连接时，必须要加表托固定。

A．专用橡胶管　　B．镀锌钢管

C．专用不锈钢波纹软管　　D．厚壁铜管

E．铸铁管件

14．支托架上部应水平，不允许________。

A．上翘　　B．后仰

C．歪扭　　D．变形

E．下垂

15．燃气计量表宜安装在不燃或难燃结构的室内通风良好和便于________的地方。

A．检修　　B．防冻

C．放热　　D．查表

E．防雷击

16．用户燃气表严禁安装在________的地方。

A．经常潮湿　　B．通风良好

C．堆放易燃易爆物质　　D．堆放易腐蚀物质

E．堆放放射性物质

17．规定燃气计量表与燃具、电气设施之间的最小水平净距，主要考虑________的方便。

A．用气安全　　B．查表

C．安装　　D．擦拭

E．检修

18．燃气表安装后应________。

A．紧贴墙面　　B．横平竖直

C．坡向燃具　　D．不得倾斜

E．稍向后仰

19．表接管直接与燃气表的________连接，起活接头的作用。

A．出气口　　B．表前阀

C．表后阀　　D．燃气接管

E. 进气口

20. 燃气表宜采用________连接。

A. 塑胶管　　B. 专用不锈钢波纹管

C. 镀锌钢管　　D. 乳胶管

E. 专用连接管件

21. 燃气表安装分________等方式。

A. 超高表位　　B. 高表位

C. 超低表位　　D. 低表位

E. 中表位

22. 采用高表位安装，多块表挂在同一墙面上时，表之间净距宜________mm。

A. >300　　B. >200

C. 不小于150　　D. <150

E. ≥150

23. 燃气表上应有检定标志和出厂合格证；标牌上应有CMC标志、出厂日期和表编号；燃气表的外表面应无明显的损伤；距出厂检验日期未超过________方可安装。

A. 六个月　　B. 三个月

C. 一个月　　D. 一年

E. 半年

24. 干式皮膜煤气表的额定流量以________ m^3/h 居多，体积小、重量轻，安装操作方便。

A. 5　　B. 4

C. 3.5　　D. 1.5

E. 2.5

25. 当燃气表移至柜橱中时，该柜橱不得与其他柜橱相通，且________方便，具有自然通风功能。

A. 检修　　B. 防火

C. 查表　　D. 灭火

E. 安装

26. 燃气表与________的净距不应小于0.8 m。

A. 砖烟道　　B. 金属烟道

C. 开水炉边　　D. 热水器边

E. 灶具边

27. 拆卸燃气表一定要首先了解燃气表的连接情况，确定需要拆卸的________。

A. 设备　　B. 管件

C. 管段　　D. 仪表

E. 调压装置

28. 拆卸燃气表时要注意安全，防止燃气表________。

A. 掉下伤人　　B. 漏气

C. 损坏　　D. 受潮

E. 连接处松动

参考答案及说明

一、判断题

1. √。燃气计量表应有法定计量检测鉴定机构出具的检定合格证书，并应在有效期内。国家明文规定燃气表必须实行定期检查，并在有效期内使用。

2. ×。超过检测鉴定有效期及倒放、侧放的燃气计量表应全部进行复检。不按规定方法放置的燃气计量表，会使传动机构受到影响，从而造成计量不准确。

3. √。检查燃气表的有效期就是要查看法定计量检测鉴定机构出具的检测鉴定合格证书的有效期。

4. √。燃气计量表应有出厂合格证、质量保证书；标牌上应有CMC标志、最大流量、生产日期、编号和制造单位等。“CMC”是国家对“制造计量器具许可证”的认定标记。而具有出厂合格证的是证明该产品为已经厂家质量检验合格的产品。

5. √。检测鉴定合格标志是检定机构为燃气表出具的检定合格证明，是燃气表上重要的标志之一。

6. ×。检测鉴定记录是燃气计量表生产单位对计量表被测项目、参数等的检测结果。

7. ×。燃气计量表应有检测鉴定合格标志和产品合格证等方可安装使用。

8. ×。查看的检定记录必须是本批次燃气计量表的检测鉴定记录。

9. √。用表支托对燃气表进行固定，会使燃气表不悬空，连接稳固。

10. √。燃气表的质量好坏直接涉及人民生命和财产安全，因此国家规定对燃气计量表实行生产许可证或计量器具许可证制度。

11. ×。燃气计量表安装前，对检测鉴定标志和检测鉴定记录只查看其中一项即可。

12. √。大型燃气表一般用型钢作为支托进行固定。

13. √。固定支托架安装后，应使燃气表平稳地放在支托架上，没有悬空现象。

14. ×。支托架上部应水平，不允许上翘、下垂或歪扭。

15. ×。用户燃气表严禁在卧室、卫生间及更衣室内以及有电源、电器开关及其他电气设备的管道井内。

16. √。用户燃气表严禁安装在环境温度低于45℃的地方。

17. √。燃气计量表安装后应横平竖直，不得倾斜。

18. ×。燃气计量表的安装应使用专用的表连接件及专用的不锈钢波纹管等。

19. ×。表接管直接与燃气表的进、出气口连接，起活接头的作用。

20. √。燃气表前后宜采用燃气专用不锈钢波纹管连接。选择燃气专用不锈钢波纹管就是为了方便连接和拆卸，方便维修，方便调整表与墙的距离，同时达到管件使用标准化的目的，还能节省安装费用。

21. ×。燃气表安装分高表位安装和低表位安装两种方式。

22. √。高位安装时，燃气计量表与燃气灶的水平净距不得小于300 mm，表后与墙面净距不得小于10 mm。

23. √。低表位接灶水平支管的活接头不得设置在灶板内。

24. ×。燃气表的进出气管分别在表上两侧时，一般面对表字盘左侧的为进气管，右侧为出气管，连接时勿接错方向。

25. √。燃气表宜安装在非燃结构的室内通风良好处，便于查表检修。

26. √。燃气表与开水炉、热水器边的净距不应小于1.5 m。

27. √。拆卸燃气表一定要首先关断气源。

28. ×。拆卸时，用管钳咬住不需拆卸的管段或管件等，再用另一管钳拆卸。

二、单项选择题

1. B　2. B　3. A　4. D　5. C　6. C　7. D　8. A　9. B
10. C　11. A　12. D　13. B　14. C　15. A　16. B　17. C　18. D
19. A　20. B　21. D.　22. C　23. A　24. B　25. C　26. C　27. D
28. B

三、多项选择题

1. ABCE　2. BCD　3. ACE　4. ACE　5. BCD　6. BE
7. ACD　8. BCDE　9. BCE　10. CE　11. CD　12. DE
13. AC　14. ACE　15. AD　16. ACDE　17. ACE　18. BD
19. AE　20. BE　21. BD　22. CE　23. AE　24. BDE
25. AC　26. AE　27. BC　28. AC

第 6 章　燃气具日常维护

考 核 要 点

理论知识考核范围	考核要点	重要程度
灶具维护	1. 家用燃气灶具日常维护作业的主要内容	★★
	2. 燃气灶具日常维护保养的操作方法	★★★
	3. GB 16410—2007　5.2.3 的规定	★★
	4. 燃气灶具燃烧工况的调试方法	★★★
热水器维护	1. 家用燃气热水器的密封和润滑点	★★★
	2. 燃气热水器密封、润滑操作方法	★★★
	3. 清洁剂的选择	★★★
	4. 燃气热水器外表的清洗擦拭方法	★★★
	5. 除垢剂的种类和用途	★★
	6. 热水器产生水垢的原因	★★★
	7. 热交换器的除垢方法	★★★
	8. 热交换器、燃烧器堵塞的原因	★★
	9. 热交换器、燃烧器清理方法	★★★

注：“重要程度”中，“★”为级别最低，“★★★”为级别最高。

重点复习提示

一、家用燃气灶具日常维护作业的主要内容

1. 密封

（1）灶具与供气管的连接采用的是橡胶或塑料软管，由于软管老化会产生龟裂，容易漏气；卡箍松动，连接处易漏气。维护作业：更换燃气软管，拧紧松动的卡箍。

（2）灶具各连接部位密封垫或零件损坏、漏气。拆卸管路，更换损坏的密封垫和零部

件，更换填料。

2. 润滑

灶具燃气旋塞阀年久失修，密封脂干涸耗尽，造成阀心与阀体之间干涩，摩擦阻力增大，甚至“抱死”，造成转动不灵活。拆下旋塞阀清洗加油（密封脂）一方面润滑，另一方面还起密封作用。

3. 清扫

对燃烧器、灶体、喷嘴、管路进行清扫。

二、燃气灶具日常维护保养的操作方法

燃气灶具日常维护保养就是防患于未然，橡胶软管有一定的使用年限，要定期检查定期更换。要用刷肥皂水的方法试漏，找出漏点，更换损坏的零部件。要能正确的润滑灶具各活动部位。由于锈蚀，火孔积炭，造成火孔堵塞，灶体由于油污、溢汤等变得很脏，影响外观，应进行清洗擦拭，喷嘴堵塞可用钢针捅堵，引射器内及管路内有灰尘杂质等要进行清扫。

特别提示：双眼灶两阀芯同时加油，注意不要将阀芯弄错，因为灶具的阀芯阀体是不能互换的。旋塞阀涂油一定要用密封脂绝对不能用黄油代替，非旋塞阀可以用黄油润滑。为灶具阀芯加油一是为了润滑，二是为了密封。

三、GB 16410—2007　5. 2. 3 的规定

5. 2. 3　燃烧工况

灶具燃烧工况应满足表 2 要求。

表 2　　**燃烧工况要求**

项　目	要　求
火焰传递	4 s 着火，无爆燃
离焰	无离焰
熄火	无熄火
火焰均匀性	火焰均匀
回火	无回火
燃烧噪声	≤65 dB（A）
熄火噪声	≤85 dB（A）
干烟气中一氧化碳浓度（理论空气系数 $\alpha=1$，体积百分数）	≤0.05（0 - 2 气）
黑烟	无黑烟

续表

项　　目	要　　求
接触黄焰	电极不应经常接触黄焰
小火燃烧器燃烧稳定性	无熄火、无回火
使用超大型锅时，燃烧稳定性	无熄火、无回火
烤箱门开闭式 ——主燃烧器燃烧稳定性 ——小火燃烧器燃烧稳定性	 无熄火、无回火 无熄火、无回火
烤箱控温器工作时： ——燃烧稳定性 ——火焰传递	 无熄火、无回火 易于点燃、无爆燃

四、燃气灶具燃烧工况的调试方法

1. 燃烧工况

燃烧工况即为燃烧时火焰的状况。正常燃烧的火焰为淡蓝色，均匀而稳定地分布在燃烧器火孔上。当燃烧不正常时，火焰的颜色、位置将发生变化。不正常燃烧时，通常火焰表现出黄焰、离焰、脱火和回火等现象。

黄焰：风门通道被堵塞，风门开度不够大，引起一次空气供给不足时，火焰因燃烧不充分而变成黄色，并伴随有黑烟出现，火焰软弱无力，燃烧热量减少，耗气量增大，热效率降低。

离焰或脱火：当燃气压力过大或一次空气过多时，火焰脱离燃烧器的火孔处而飘浮不定，若混合气离开火孔的速度再大一点，火焰根部将远离火孔，导致火焰熄灭。

回火：对燃烧速度快的燃气，当燃气压力过小、燃气喷嘴堵塞或一次空气系数接近 1 时，火焰高度不断降低，最后火焰缩回到火孔内部，在燃烧器腔内燃烧或喷嘴处燃烧，破坏了燃烧的稳定性，形成不完全燃烧，且极易烧坏燃烧器或其他机件。

2. 调风板开度对燃气灶具燃烧工况的影响

燃气灶具风门（调风板以下简称“风门”）开度的大小决定着进入燃气灶具一次空气量的多少，而一次空气量的多少决定着燃气灶具的燃烧工况，影响着燃气灶具的热效率和燃烧所产生的烟气中 CO 含量。随着风门的不断减小，热效率在不断上升，CO 含量也不断上升。这是因为风门开度减小，造成一次空气量吸入减少，火焰拉长，使火焰的高温区更加接近锅底，受热增加，燃气消耗减少，热效率增加。但一次空气量的减少，会造成不完全燃烧，导致 CO 含量不断上升。若燃气灶具风门开度增大，一次空气吸入量增大，会使火焰远离锅底，增加燃气的消耗量，导致热效率下降，但一次空气量的增加，提高了燃气燃烧的完全程度，从而减少了 CO 含量的生成。因此，在保证烟气中 CO 含量远低于国家标准的要求时，可适当减小风门开度，以提高燃气灶具的热效率。

调风板通常设置在引射器的一次空气吸入口（吸气收缩管）上，也称一次空气调节器，是使一次空气需要量达到要求而设的。通过调风板的调节，可调节一次空气的吸入量，使燃气和引射的空气比例适当，保持燃烧火焰正常。调风板有靠前后移动和旋转改变其开口与一次空气吸入口的重合度程度来调节一次空气吸入量两种形式。

一般情况下，调节风门板可以使黄火、脱焰、回火等不正常现象得以排除，使之成为正常的燃烧火焰。

3. 调风板的调试方法

当一次空气量较大时，对于以人工煤气为气源的燃气灶具易产生回火，以天然气和液化石油气为气源的燃气灶具则易产生离焰或脱火，而当一次空气量较小时，燃气灶具易产生黄焰和不完全燃烧，使燃烧恶化，燃烧所产生的烟气中 CO 含量显著增加。这时，可以用调风板对一次空气进行调节，方法如下。

（1）若打开燃气灶最大流量时，火焰内、外焰锥轮廓不清晰，甚至火焰锥顶呈杏黄色，说明空气不足，应调大调风板的开度，增加空气吸入量，直至火焰内外锥轮廓清晰，变为浅蓝色为止。

（2）若发现有离焰、脱火现象时，应调小风门，减小空气吸入量，使火焰趋于正常。

（3）调节要缓慢操作，一次调节幅度不要过大。

4. 锅支架高度对燃气灶燃烧工况的影响

随着燃气灶锅支架高度的不断减低，其热效率不断提高，但同时燃烧所产生的烟气中 CO 含量也在不断上升，氮氧化物含量有所下降，这是因为随着锅支架高度的降低，使燃烧反应区逐渐变小，被加热的锅逐渐进入燃烧反应区，减少了燃烧火焰对周围空气加热所造成的热量损失，从而减少了燃气消耗，提高了燃气灶具的热效率。但锅支架的降低，会造成二次空气量的减少，易产生不完全燃烧，烟气中 CO 含量不断上升。反之，锅支架高度增加，燃烧火焰与空气的接触面就会增加，加之二次空气的增加，会使散热损失有所增加，从而导致热效率下降，但二次空气量的增加提高了燃气燃烧的完全程度，从而减少了 CO 含量的生成。因此，在保证 CO 含量远低于国家标准要求时，可适当降低燃气灶具锅支架的高度，以提高其热效率。

综上所述，一次空气吸入量对燃气灶具燃烧工况影响很大，除风门开度外，喷嘴出口截面至引射器喉部的距离、喷嘴中心线与混合管中心线是否一致、喷嘴孔径的大小等都会影响一次空气的吸入量，从而影响燃烧工况。锅支架的高低，影响二次空气量，会造成不完全燃烧。因此，通过对以上各影响因素的调整，就可以达到对燃气灶燃烧工况调试的目的。

五、家用燃气热水器的密封和润滑点

燃气热水器的密封和润滑点主要集中在水气联动阀中，其他需要密封的地方还有燃气进口、燃气热水器前阀门、水的进出口连接部位，烟道的插口及烟道与设备的连接部位等。

1. 水路系统的密封和润滑点

水路系统的密封点主要是各连接部位。水膜阀内部共有多个密封点，比较容易出现漏水的是阀杆和推杆的密封处，这两处的阀杆或推杆经常转动和移动，O 形密封圈易磨损造成配合不严而漏水，而这两点又是水膜阀中的润滑点。三通阀体和水膜阀体是靠法兰盘进行密封的，若皮膜安放不正或紧固螺钉松动都可能造成漏水。靠端部密封的地方，密封垫老化破损螺纹连接松动都会造成漏水。

燃气热水器的冷水进口、热水出口、采暖水的回水、供水口等连接部位都是水路系统的密封点。

2. 燃气系统的密封点和润滑点

燃气系统的密封点也是在各连接部位及有相对运动的部位，燃气阀体与电磁阀的连接部位，阀杆或推杆的运动部位以及靠端部密封的部位都是密封点，其中有 O 形密封圈密封，也有橡胶密封垫密封，这些密封点中有些又是润滑点，最易产生漏气现象。

3. 排烟管的密封点

排烟管的密封点主要在烟道的插口及烟道与设备的连接部位。

六、燃气热水器密封、润滑的操作方法

燃气热水器的水路系统和燃气系统密封操作方法：拧紧螺母、更换衬垫、皮膜及 O 形密封圈等密封件，拧紧松动的螺钉，更换有缺陷或损坏的阀体和连接件等。

排烟管的密封操作方法：查看排烟系统，找出漏气点，重新插好已脱落的烟管；紧固松动的密封套卡箍；重新粘贴密封条等。

当旋塞阀及运动部件卡滞不灵活时，需进行润滑。一般在密封圈或旋塞阀心处涂润滑油或密封脂，必要时应更换运动部件。

七、清洁剂的选择

清洁剂应选择去油污能力强，中性的洗涤剂。

八、燃气热水器外表的清洗擦拭方法

切断水、电、气源，拆下前壳，用抹布蘸稀释过的清洁剂并涂在前、后壳外表上。用抹布分别擦拭前后壳。用拧干的抹布擦拭前、后壳，最后装前壳。不得用不锈钢丝团或铁刷清洗前后壳表面。

九、除垢剂的种类和用途

除垢剂的种类很多，有暖气除垢剂、锅炉除垢剂、水壶除垢剂等，它们的主要作用就是清除管道内、加热容器内、热交换器内的水垢，使管路畅通，提高加热器，热交换器的换热效率，节约能源。除垢剂一般呈酸性。

十、热交换器产生水垢的原因

“水垢”也就是“水碱”，是在水的状态发生变化时（特别是加热时），水中溶解的钙离子（Ca^{2+}）和镁离子（Mg^{2+}），与某些酸根离子形成的不溶于水的化合物或混合物，其主要成分是碳酸钙。水垢的导热性极差，只有金属的1/200。水垢往往以晶体形式存在，质地坚硬，一旦形成，很难去除。

由于日常生活所用的自来水都是溶解着大量的钙离子（Ca^{2+}）和镁离子（Mg^{2+}），这样的水在热交换器中加热时，钙离子和镁离子的碳酸盐（碳酸钙和碳酸镁）在水中的溶解度会大幅度降低，其中大部分不能溶解的（碳酸钙和碳酸镁）就会从水中析出而形成沉淀，也就在热交换水管内壁形成了水垢。

十一、热交换器的除垢方法

除垢的方法一般有两种：一是化学法，一是物理法（电子除垢）。

热交换器的除垢一般采用化学冷清洗的方法，冷清洗是在常温状态下进行的。将稀释过的除垢剂灌入热交换器内，让除垢剂溶液充分浸泡热交换器管内壁，大约30 min就可使水垢脱落，然后用清水冲洗。热交换器除垢可在热水器上进行，也可拆下进行。一般热交换器一年左右除垢一次。

十二、热交换器、燃烧器堵塞的原因

燃气发生不完全燃烧，会产生一氧化碳，另外烟气中还有二氧化硫、二氧化碳等与燃烧时产生的水（蒸汽），形成硫酸和碳酸，再与热交换器接触就会腐蚀翅片产生碳酸铜和硫酸铜（白绿色物质）。这些白绿色物质吸附在热交换器翅片缝隙间堵塞了热交换器，掉落在火孔上，又堵塞了火孔通道。积炭也是堵塞热交换器和火孔的原因之一，而积炭是因为不完全燃烧，回火、黄焰等造成的。

十三、热交换器、燃烧器清理方法

清除热交换器翅片缝隙间和火孔中的堵塞物，需将热交换器和燃烧器拆下进行清理，这种方法既简单又非常有效。

一般情况下，燃气热水器每年至少要清扫两次。清除的办法是将热水器机芯部分拆下，用毛刷清扫燃烧器火孔处的白绿色物质和积炭，然后用木棒轻轻敲击燃烧器片或在木板上轻磕，通过振动清除堵塞物。

吸附在热交换器翅片缝隙间的白绿色物质和积炭可将热交换器拆下用自来水冲洗。

辅导练习题

一、判断题（下列判断正确的请在括号中打“√”，错误的请在括号中打“×”）

1. 灶具的日常维护主要包括灶具的密封、润滑、清扫及对灶具燃烧工况的调试，对现场发现的小故障能及时处理。（　）
2. 对燃气灶进行清洗加油时，在没有密封脂的情况下，可用黄油代替。（　）
3. 燃气灶具用橡胶软管的使用年限一般不超过 2 年。（　）
4. 在软管连接时可以使用三通，形成两个支管，分别与两个燃气灯具连接。（　）
5. 燃气灶的熄火噪声应≥85 dB。（　）
6. 燃气灶具干烟气中一氧化碳浓度（$\alpha=1$），应≤0.05（0－2 气）。（　）
7. 燃气灶火焰不稳定会引起不完全燃烧，会使 CO 等有害气体超标。（　）
8. 正常燃烧的火焰为淡黄色，均匀而稳定地分布在燃烧器火孔上。（　）
9. 燃气热水器水路系统的密封点主要分布在各连接部位及机件经常移动或转动的部位。（　）
10. 热水器排烟管的密封点最主要在燃气系统的各连接部位。（　）
11. 燃气热水器的水路系统泄漏，往往是锁紧螺母和螺钉松动，密封件破损，阀体或连接件损坏等引起的。（　）
12. 为保证燃气热水器电磁阀密封，应在密封垫上多加些润滑油。（　）
13. 清洁剂应选择去油污能力强，中性的洗涤剂。（　）
14. 当外壳油污严重，可使用酸性清洗剂或碱性清洗剂进行清洗擦拭。（　）
15. 清洗擦拭热水器外壳时，必须首先切断水、气、电源。（　）

16．难以清除的油污，可用不锈钢丝团蘸清洁剂进行清洗。 （ ）

17．清除热交换器内的水垢的除垢剂一般呈酸性。 （ ）

18．清除热交换器内的水垢，可使管路畅通，提高其换热效率。 （ ）

19．水垢就是钙离子、镁离子与某些酸根离子形成的不溶于水的化合物或混合物，其中主要成分是硫酸镁。 （ ）

20．水垢的导热性极差，只有金属的1/10。 （ ）

21．除垢的方法一般有两种：一是化学法，一是物理法（电子除垢）。 （ ）

22．热交换器的除垢一般采用化学热清洗的方法，热清洗是在常温状态下进行的。 （ ）

23．燃气热水器的热交换器、燃烧器被堵塞，会造成燃气热水器燃烧工况恶化，必须及时清理。 （ ）

24．热水器发生回火、黄焰时，产生的积炭会堵塞热交换器或火孔。 （ ）

25．一般情况下，燃气热水器每年至少要清扫两次。 （ ）

26．燃烧器火孔堵塞，可用力在硬物上摔或用钢棒敲击，清除堵塞物。 （ ）

二、单项选择题（下列每题有4个选项，其中只有1个是正确的，请将其代号填写在横线空白处）

1．燃气灶具的日常维护主要包括密封、润滑、清扫及对燃烧工况的________。

A．观察　　B．调试

C．分析　　D．检查

2．燃气灶具在使用过程中由于安装质量、产品质量、腐蚀损坏、密封润滑脂干涸及________等都会影响正常使用和造成安全隐患，必须及时处理。

A．维修不及时　　B．使用环境差

C．使用方法不当　　D．燃气供应不足

3．为燃气灶具阀芯加油（密封脂）一是为了润滑，二是为了________。

A．密封　　B．防干

C．防腐　　D．防锈

4．燃气灶软管连接时，其长度不应超过________m，且软管应无接头。

A．1　　B．1.5

C．2　　D．3

5．小火燃烧器燃烧稳定性应无熄火、________。

A．无离焰　　B．无黄焰

C．无脱火　　D．无回火

6. 燃气灶具干烟气中一氧化碳浓度（$\alpha=1$），应________（0-2 气）。

A. ≥0.05　　B. ≤0.05

C. ≤0.03　　D. ≥0.03

7. 不正常燃烧时，通常火焰表现出黄焰、离焰、脱火和________等现象。

A. 冒黑烟　　B. 蓝焰

C. 爆燃　　D. 回火

8. 燃气灶具燃烧产生黄焰的最主要原因是________，应调大风门。

A. 燃气压力偏高　　B. 一次空气不足

C. 喷嘴孔径太小　　D. 二次空气不足

9. 靠________密封的地方，密封垫老化破损螺纹连接松动都会造成漏水。

A. 端部　　B. 径向

C. 周边　　D. 背压

10. 燃气热水器（采暖热水炉）的冷水进口、热水出口、采暖水的回水、________等连接部位都是水路系统的密封点。

A. 泄压口　　B. 热交换器

C. 供水口　　D. 燃气进口

11. 检查排烟系统是否漏气主要是查看烟道的插口部位及________。

A. 烟道出口　　B. 烟道与墙壁的接触部位

C. 烟道进气口　　D. 烟道与设备的连接部位

12. 当旋塞阀及运动部件卡滞不灵活时，需进行润滑。一般在密封圈或旋塞阀心处涂润滑油或________，必要时应更换运动部件。

A. 密封脂　　B. 机油

C. 导热硅脂　　D. 凡士林

13. 清洁剂应选择去油污能力强，________的洗涤剂。

A. 酸性　　B. 碱性

C. 中性　　D. 挥发性

14. 清洗保养热水器应选择________较好。

A. 酒精　　B. 中性洗涤剂

C. 汽油　　D. 天那水

15. 严禁用汽油、________等易燃、易挥发的溶剂清洗前、后壳，以免发生火灾。

A. 机油　　B. 黄油

C. 食用油　　D. 煤油

16. 不得用不锈钢丝团或________清洗热水器前后壳表面。

A. 铁刷　　B. 棉布

C. 棉纱　　D. 鹿皮

17. 清洗热水器管道、热交换器内水垢，宜使用________等。

A. 强酸　　B. 管道水垢清洗剂

C. 火碱　　D. 洗洁精

18. 除垢剂的种类很多，常见的有暖气除垢剂、锅炉除垢剂、________等。

A. 柠檬酸洗洁精　　B. 强酸除垢剂

C. 水壶除垢剂　　D. 香蕉水

19. "水垢"也就是"水碱"，其主要成分是________。

A. 硫酸铜　　B. 氢氧化钙

C. 氯化钠　　D. 碳酸钙

20. 水垢的导热性能极差，只有金属的________。

A. 十分之一　　B. 五十分之一

C. 百分之一　　D. 二百分之一

21. 除垢的方法一般有两种：一是________，一是物理法（电子除垢）。

A. 机械法　　B. 冲击法

C. 化学法　　D. 加热法

22. 一般热交换器________左右除垢一次。

A. 六个月　　B. 一年

C. 一年半　　D. 两年

23. 燃气热水器的热交换器、燃烧器被堵塞，会造成燃气热水器________恶化，必须及时清理。

A. 燃烧工况　　B. 空气供给

C. 水流状况　　D. 燃气供给

24. 热水器发生________、黄焰时，产生的积炭会堵塞热交换器或火孔。

A. 脱火　　B. 回火

C. 离焰　　D. 爆燃

25. 一般情况下，燃气热水器每年至少要清扫________。

A. 一次　　B. 三次

C. 两次　　D. 四次

26. 清除热交换器翅片缝隙间和________的堵塞物，需将热交换器和燃烧器拆下进行清理，这种方法既简单又非常有效。

A. 引射器内　　B. 配气管中

C. 喷嘴内　　D. 火孔中

三、多项选择题（下列每题中的多个选项中，至少有 2 个是正确的，请将正确答案的代号填在横线空白处）

1. 燃气灶具的日常维护主要包括________密封、润滑、清扫及对燃烧工况的调试。

A. 密封　　B. 分析

C. 润滑　　D. 检查

E. 清扫

2. 燃气灶具在使用过程中由于________、密封润滑脂干涸及使用方法不当等都会影响正常使用和造成安全隐患，必须及时处理。

A. 维修不及时　　B. 安装质量

C. 产品质量　　D. 腐蚀损坏

E. 使用环境差

3. 为燃气灶具阀芯加油（密封脂）主要是为了________。

A. 密封　　B. 润滑

C. 防腐　　D. 防锈

E. 防潮

4. 用刷肥皂水的方法试漏。检查软管（或硬管）和接口是否漏气，同时还应检查以下几项：________。

A. 所用管材是否符合规范要求

B. 灶具燃气阀门是否内漏

C. 是否私接三通和未安装卡箍

D. 软管是否超长（>2 m），是否穿过墙或门窗

E. 软管是否在热辐射区或已老化

5. 小火燃烧器燃烧稳定性应________。

A. 无离焰　　B. 无黄焰

C. 无脱火　　D. 无回火

E. 无熄火

6. 燃气灶具干烟气中一氧化碳浓度（$\alpha=1$），应________（0－2 气）。

A. ≥0.05　　B. ≤0.05

C. ≤0.03　　D. ≥0.03

E. 不大于0.05

7. 不正常燃烧时，通常火焰表现出________等现象。

A. 黄焰　　B. 离焰

C. 爆燃　　D. 脱火

E. 回火

8. 燃气灶具燃烧，黄焰产生的原因主要有________。

A. 燃气压力偏高　　B. 一次空气不足

C. 喷嘴孔径过大　　D. 喷嘴中心线与引射器中心线不一致

E. 风机抽力过大

9. 燃气热水器的日常维护主要包括密封、润滑、外表擦拭、除垢处理以及清理________等。

A. 热交换器　　B. 燃气阀

C. 燃烧器　　D. 燃气表

E. 过滤网

10. 燃气热水器（采暖热水炉）的________等连接部位都是水路系统的密封点。

A. 冷水进口　　B. 采暖水的回水口

C. 采暖水的供水口　　D. 燃气进口

E. 热水出口

11. 检查排烟系统是否漏气主要应查看________。

A. 烟道出口　　B. 烟道与墙壁的接触部位

C. 烟道进气口　　D. 烟道与设备的连接部位

E. 烟道的插口

12. 当旋塞阀及运动部件卡滞不灵活时，需进行润滑。一般在密封圈或旋塞阀心处涂________，必要时应更换运动部件。

A. 密封脂　　B. 机油

C. 导热硅脂　　D. 凡士林

E. 润滑油

13. 清洁剂应选择去油污能力强洗涤剂，不宜选择________的洗涤剂。

A. 酸性　　B. 碱性

C. 中性　　D. 挥发性

E. 易燃性

14. 清洗保养热水器严禁选择：________。

A. 酒精　　B. 中性洗涤剂
C. 汽油　　D. 天那水
E. 煤油

15. 严禁用________等易燃、易挥发的溶剂清洗前、后壳，以免发生火灾。
A. 机油　　B. 黄油
C. 食用油　　D. 煤油
E. 汽油

16. 不得用________清洗热水器前后壳表面。
A. 铁刷　　B. 棉布
C. 棉纱　　D. 鹿皮
E. 不锈钢丝团

17. 清洗热水器管道、热交换器内水垢，宜使用________等。
A. 强酸　　B. 中性水垢清洗剂
C. 火碱　　D. 洗洁精
E. 有机酸水垢清洗剂

18. 除垢剂的种类很多，常见的有________等。
A. 暖气除垢剂　　B. 强酸除垢剂
C. 水壶除垢剂　　D. 香蕉水
E. 锅炉除垢剂

19. “水垢”也就是“水碱”，其主要成分有________。
A. 硫酸铜　　B. 氢氧化钙
C. 氯化钠　　D. 碳酸钙
E. 碳酸镁

20. 自来水硬指的是自来水中________的含量高。
A. 钙离子　　B. 铜离子
C. 铁离子　　D. 铅离子
E. 镁离子

21. 除垢的方法一般有两种，包括________。
A. 机械法　　B. 冲击法
C. 化学法　　D. 加热法
E. 物理法

22. 一般热交换器________左右除垢一次。

A. 六个月　　B. 一年
C. 一年半　　D. 两年
E. 12个月

23. 若燃气热水器的________被堵塞，会造成燃气热水器燃烧工况恶化，必须及时清理。

A. 热交换器　　B. 燃气阀
C. 进水滤网　　D. 燃烧器
E. 风压采集管

24. 热水器发生________时，产生的积炭会堵塞热交换器或火孔。

A. 脱火　　B. 回火
C. 离焰　　D. 爆燃
E. 黄焰

25. 烟气中的________与燃烧时产生的水（蒸汽），形成硫酸和碳酸，再与热交换器接触就会腐蚀翅片产生碳酸铜和硫酸铜（白绿色物质）。

A. 二氧化硫　　B. 氮氧化物
C. 二氧化碳　　D. 氧气
E. 氮气

26. 清除________的堵塞物，需将热交换器和燃烧器拆下进行清理，这种方法既简单又非常有效。

A. 引射器内　　B. 配气管中
C. 喷嘴内　　D. 火孔中
E. 热交换器翅片缝隙间

参考答案及说明

一、判断题

1. √。灶具的日常维护主要包括灶具的密封、润滑、清扫及对灶具燃烧工况的调试，对现场发现的小故障能及时处理。

2. ×。对燃气灶进行清洗加油时，在没有密封脂的情况下，绝对不可用黄油代替。

3. √。燃气灶具用橡胶软管的使用年限一般不超过2年。

4. ×。在软管连接时不得使用三通，形成两个支管。

5. ×。燃气灶的熄火噪声应≤85 dB。

6. √。燃气灶具干烟气中一氧化碳浓度（$\alpha=1$），应≤0.05（0－2气）。

7. √。燃气灶火焰不稳定会引起不完全燃烧，会使CO等有害气体超标。

8. ×。正常燃烧的火焰为淡蓝色，均匀而稳定地分布在燃烧器火孔上。

9. √。燃气热水器水路系统的密封点主要分布在各连接部位及机件经常移动或转动的部位。

10. ×。排烟管的密封点主要在烟道的插口及烟道与设备的连接部位。

11. √。燃气热水器的水路系统泄漏，往往是锁紧螺母和螺钉松动，密封件破损，阀体或连接件损坏等引起的。

12. ×。燃气热水器电磁阀为保证密封，不可在密封垫上加润滑油，因为粘连会造成电磁阀打不开或开启困难。

13. √。清洁剂应选择去油污能力强，中性的洗涤剂。

14. ×。当外壳油污严重，使用酸性清洗剂或碱性清洗剂进行清洗擦拭，会损伤外壳的表面。

15. √。清洗擦拭热水器外壳，必须首先切断水、气、电源。

16. ×。难以清除的油污，不得用不锈钢丝团蘸清洁剂进行清洗。

17. √。清除热交换器内的水垢的除垢剂一般呈酸性。

18. √。清除热交换器内的水垢，可使管路畅通，提高其换热效率。

19. ×。水垢就是钙离子、镁离子与某些酸根离子形成的不溶于水的化合物或混合物，其中主要成分是碳酸钙。

20. ×。水垢的导热性极差，只有金属的二百分之一。

21. √。除垢的方法一般有两种：一是化学法，一是物理法（电子除垢）。

22. ×。热交换器的除垢一般采用化学冷清洗的方法，冷清洗是在常温状态下进行的。

23. √。燃气热水器的热交换器、燃烧器被堵塞，会造成燃气热水器燃烧工况恶化，必须及时清理。

24. √。热水器发生回火、黄焰时，产生的积炭会堵塞热交换器或火孔。

25. √。一般情况下，燃气热水器每年至少要清扫两次。

26. ×。燃烧器火孔堵塞，用毛刷清扫燃烧器火孔处的白绿色物质和积炭，然后用木棒轻轻敲击燃烧器片或在木板上磕一磕，通过振动清除堵塞物。

二、单项选择题

1. B	2. C	3. A	4. C	5. D	6. B	7. D	8. B	9. A
10. C	11. D	12. A	13. C	14. B	15. D	16. A	17. B	18. C

19．D　20．D　21．C　22．B　23．A　24．B　25．C　26．D

三、多项选择题

1．ACE　2．BCD　3．AB　4．ACDE　5．DE　6．BE
7．ABDE　8．BCD　9．ACE　10．ABCE　11．DE　12．AE
13．ABDE　14．ACDE　15．DE　16．AE　17．BE　18．ACE
19．DE　20．AE　21．CE　22．BE　23．AD　24．BE
25．AC　26．DE

第2部分　初级操作技能鉴定指导

第1章　管 道 安 装

考 核 要 点

操作技能考核范围	考核要点	重要程度
支管安装	1. 管子冷调直	★★★
	2. 用台虎钳夹持管子	★★★
	3. 刀割管子（用割管器） 4. 锯割管子	★★★
	5. 用铰板加工 *DN*15 mm 短螺纹（<100 mm 两端带螺纹的短管）	★★★
	6. 用管钳子进行管道螺纹连接	★★★
	7. 管道的短螺纹连接	★★★
	8. 管道的活接头连接	★★★
	9. 用钩钉固定燃气管道	★★★
	10. 人工方法对金属管道表面去污、除锈	★★
	11. 金属管道的涂漆防腐	★★
	12. 燃气管路泄漏检测（刷肥皂水）	★★★
丝扣阀门安装	1. 取下防尘片（或防护盖）操作	★★
	2. 丝扣阀门（球阀或截止阀）的安装	★★★

注："重要程度"中，"★"的级别最低，"★★★"为级别最高。

辅导练习题

【题目1】用台虎钳夹持管子

1. 考核要求

(1) 能正确安装管子台虎钳。

(2) 能正确选择与加工工件规格相符的管子台虎钳。

(3) 能正确使用管子台虎钳。

(4) 能维护和保养管子台虎钳。

2. 准备工作

(1) 管子（较长）若干段。

(2) 管子台虎钳、钳工工作台。

(3) 润滑油、布、钢皮等。

3. 考核时间

标准时间为10 min，每超过1 min从本题总分中扣除2分，操作过程超过5 min本题为零分。

4. 评分项目及标准

评分项目	评分要点	配分	评分标准及扣分
1. 安装管子台虎钳	用螺栓将管子台虎钳紧固在工作台上，底座直边应与台边平行，与台边距离适当	5	安装稳固，底座直边与台边平行度和距离适当，未达标酌情扣分，扣完为止
2. 选择管子台虎钳	根据管子直径选择与之相符的管子台虎钳	5	选择错误，扣5分
3. 管子台虎钳的使用	使用前，检查固定销钉是否牢固，钳柄是否有裂纹，给丝杠加油； 夹持工件松紧适度，加持软工件应用布和钢皮包裹，夹持长工件应加“十”字架并保持水平	10	操作不规范酌情扣分，扣完为止；长管未加支撑，扣5分；管子压扁，扣5分
4. 管子台虎钳的维护	压紧丝杠和滑道经常加油； 使用时用力适当，严禁用锤击和加装套管； 使用完毕，应擦净油污合上钳口； 在使用、搬运和存放时要防止摔碰	5	使用、维护保养不当酌情扣分，扣完为止；违规使用和损坏工具，扣5分

续表

评分项目	评分要点	配分	评分标准及扣分
5. 安全文明施工	工作完成后清理场地，环境整洁，无安全事故	5	不文明操作酌情扣分，扣完为止；重大安全事故零分
合计		30	

【题目 2】管子冷调直

1. 考核要求

（1）能用目测法检查管子的平直度。

（2）能根据管径和弯曲度选择调直方法。

（3）能用锤击法调直管子。

2. 准备工作

（1）*DN*25 mm 以内弯管（较短）若干段。

（2）锤子两把。

（3）管子虎钳台 1 个。

3. 考核时间

标准时间为 10 min，每超过 1 min 从本题总分中扣除 2 分，操作过程超过 5 min 本题为零分。

4. 评分项目及标准

评分项目	评分要点	配分	评分标准及扣分
1. 弯曲部位、程度检查	因管子较短应采用目测检查法，滚动检查法主要用于长管的检查	5	检查不熟练，扣 2 分；未查出弯曲部位，扣 5 分；未作标记，扣 3 分
2. 管子固定	将弯管固定在管子台虎钳上，凸面向上	5	夹持不牢，扣 3 分；凸面向下，扣 5 分
3. 管子调直（锤击法）	锤子顶的部位（凹面起点处）和敲打的部位（凸面高点）要相互错开，保持 50 ~ 150 mm 距离	10	操作不规范酌情扣分，扣完为止；管子打扁，扣 5 分
4. 质量检验	检查平直度和有无敲击缺陷	5	管子应平直，无截面凹陷现象，不达要求，扣 5 分
5. 安全文明施工	工作完成后清理现场，环境整洁，无安全事故	5	不文明操作酌情扣分，扣完为止；重大安全事故零分
合计		30	

【题目3】刀割管子（用割管器）

1. 考核要求

（1）能正确选择割管器。

（2）能正确装夹管子。

（3）能用割管器切割管子。

（4）能修整管子。

2. 准备工作

（1）管子若干段。

（2）管子台虎钳、割管器、铰刀、锉刀、量具等。

（3）润滑油、布、钢皮等。

（4）下料尺寸图

3. 考核时间

标准时间为15 min，每超过1.5 min从本题总分中扣除2分，操作过程超过7.5 min本题为零分。

4. 评分项目及标准

评分项目	评分要点	配分	评分标准及扣分
1. 正确选择割管器	割管器的规格 型号　1　2　3　4 割断管子公称通径（mm）　≤25　15～50　25～80　50～100	5	选择不正确，扣5分
2. 装夹管子	割管前，先将管子固定在管压钳上，管段在钳外留出适当长度，在切割位置划切割线	5	装夹松紧适度，管子有明显压痕或压扁，扣5分；装夹松动，扣3分
3. 割管操作	将管子套在割管器的两个滚轮和滚刀之间，刀刃对准切割线，割管时始终保持滚刀与管子轴线垂直，切口前后相接，切割时要在滚刀和管子切割线处涂机油，快要切断时，取下割刀折断，严禁一割到底	10	操作不规范酌情扣分，扣完为止；管子切偏，扣5分
4. 去毛刺或扩孔	管子用割管器切断后，要用铰刀或锉刀去除毛刺并修整管口内侧的缩口	5	未彻底去刺扩孔酌情扣分，扣完为止；未进行去刺扩孔操作，扣5分

续表

评分项目	评分要点	配分	评分标准及扣分
5. 质量检验	长度公差按 GB/T 1804—C 级执行； 切口表面应平整，无裂纹、毛刺、凹凸、缩口等，切口端面（切割面）应不倾斜	5	长度超差，扣 5 分；倾斜偏差大于管径的 1% 或超过 3 mm，凹凸误差超过 1 mm，扣 5 分，最多扣 5 分
6. 安全文明施工	工作完成后清理现场，环境整洁，割刀使用完毕应除净油污，操作中无安全事故	5	不文明操作酌情扣分，扣完为止；重大安全事故零分
合计		35	

【题目 4】锯割管子

1. 考核要求

（1）能正确选择钢锯和锯条。

（2）能正确装夹管子和划线。

（3）能用钢锯锯切管子。

（4）能打磨修整管子。

2. 准备工作

（1）管子若干段。

（2）管子台虎钳、钢锯若干、铰刀、锉刀、量具等。

（3）润滑油、布、钢皮等。

（4）下料尺寸图

3. 考核时间

标准时间为 20 min，每超过 2 min 从本题总分中扣除 2 分，操作过程超过 10 min 本题为零分。

4. 评分项目及标准

评分项目	评分要点	配分	评分标准及扣分
1. 正确选择钢锯和锯条	固定式锯弓的规格：300 mm，调节式锯弓的规格：200 mm、250 mm、300 mm； 锯削 *DN*40 mm 以内的管子宜采用细齿锯条，粗齿锯条适用于锯削 *DN*40 ~ *DN*200 mm 的管子	5	选择不正确，扣 5 分

续表

评分项目	评分要点	配分	评分标准及扣分
2. 装夹管子、划线	锯削前，先将管子固定在管压钳上，管段在钳外留出适当长度，在切断位置划切割线	5	装夹松紧适度，管子有明显压痕或压扁，扣5分；装夹松动，扣3分
3. 锯削操作	安装锯条要锯齿朝前，然后上直，拧紧，操作时，推锯用力，回拉不用力，要始终保持锯条与管子轴线垂直，用力不要过猛，锯削时要向锯口处滴入润滑油，发现锯口偏斜时，不要用锯弓硬别，快要切断时，要减小用力，要一锯到底，不能留下一部分不锯	10	操作不规范酌情扣分，扣完为止；管子切偏，扣5分；每次锯条折断，扣3分；未锯到底折断，扣5分
4. 去毛刺或扩孔	管子锯断后，要用铰刀或锉刀对管子端口进行内外打磨，去除飞刺	5	未彻底去除毛刺酌情扣分，扣完为止；未进行去毛刺操作，扣5分
5. 质量检验	长度公差按GB/T 1804—C级执行； 切口表面应平整，无裂纹、毛刺、凹凸、缩口等，切口端面（锯切面）应不倾斜	5	长度超差，扣5分；倾斜偏差大于管径的1%或超过3 mm，凹凸误差超过1 mm扣5分，最多扣5分
6. 安全文明施工	工作完成后清理场地，环境整洁，钢锯使用完毕应除净油污，操作中无安全事故	5	不文明操作酌情扣分，扣完为止；重大安全事故零分
合计		35	

【题目5】用铰板加工*DN*15 mm短螺纹（<100 mm两端带螺纹的短管）

1. 考核要求

（1）能正确管子铰板和与管径相对应的板牙。

（2）能正确装夹管子。

（3）能用管子铰板加工*DN*15 mm短螺纹。

（4）能切割、打磨、修整管子。

2. 准备工作

（1）*DN*15 mm长管子和带管箍的*DN*15 mm长管子各一根。

（2）管子台虎钳、钢锯、管子割刀、铰刀、锉刀、量具、管子铰板等。

（3）机油、布、毛刷等。

（4）管螺纹加工图纸

3. 考核时间

标准时间为 25 min，每超过 2.5 min 从本题总分中扣除 2.5 分，操作过程超过 12.5 min 本题为零分。

4. 评分项目及标准

评分项目	评分要点	配分	评分标准及扣分
1. 选择铰板、板牙，并安装板牙	铰板分普通管子铰板和轻便式管子铰板两种； 每种规格的管子铰板都分别附有几套相应的板牙，每套板牙可以套两种尺寸的管螺纹； 把活动标盘的刻线对准固定盘“0”位置，按板牙上的号码与机体牙槽的号码，顺序对号装入，转动活动盘，固定板牙	5	选择安装不正确，扣 5 分
2. 装夹管子、划线	套螺纹前，先将长管子在管子台虎钳上夹持牢固，使管子呈水平状态，管端伸出管子台虎钳约 150 mm	3	装夹松紧适度，管子有明显压痕或压扁，扣 3 分；装夹松动，扣 2 分；伸出长度不合适，扣 2 分
3. 套螺纹操作（加工一端管螺纹）	松开标盘固定螺钉把扳手向左推，转动活动标盘至管径相应的规格与固定表盘对准，拧紧固定螺钉； 松开后爪，把铰板套在管子上，然后拧紧后爪。开始套螺纹，动作要慢、要稳，待套进两扣后，间断向切削处滴或刷机油，使板牙缓缓而进； 套制过程中吃刀不宜太深，套完一遍后，调整一下标盘，增加进刀量，再套一遍 一般 *DN*25 以内的管子可一次套成，*DN*25 ~ 40 宜两遍套成，*DN*50 以上的管子要分三次套成； 套螺纹过程中要逐渐松开板牙的压紧螺钉，使螺纹有一定的锥度； 当螺纹加工到规定的长度时，一面扳动手柄，一面缓缓地松开板牙压紧螺钉或松紧把手，轻轻取下板牙和扳手，不得回旋退出； 最后清理螺纹表面和铰板上的切屑和油污	10	操作不规范酌情扣分，扣完为止；螺纹偏牙、乱牙有毛刺，扣 5 分；螺纹无锥度，扣 5 分；断牙、缺牙的总长度超过螺纹总长度的 10%，扣 10 分

续表

评分项目	评分要点	配分	评分标准及扣分
4. 切割管子	在长管子已套螺纹的一端，量取 < 100 mm，划切割线； 用割管器或钢锯进行切断，管子切断后，要用铰刀或锉刀对管子端口进行内外打磨，去除飞刺	5	操作不规范酌情扣分，扣完为止；未进行去毛刺操作，扣5分
5. 套螺纹操作（加工另一端管螺纹）	将切割下的带一端螺纹的短管，拧入带管箍的长管子中，将其压紧在管子台虎钳上，进行套螺纹操作，要求见第3项	10	见第3项
6. 质量检验	螺纹应端正，不偏牙、不乱牙，表面光滑，无毛刺，螺纹在纵方向上不得有断缺处相，螺纹长度为14 mm，牙数8； 短管长度公差按GB/T 1804—C级执行	5	长度超差，扣2分；加工有缺陷酌情扣分，扣完为止；用相同规格的管件试装，用手拧入长度 < 1/3，扣5分
7. 安全文明施工	工作完成后清理现场，环境整洁，割刀使用完毕应除净油污，操作中无安全事故	2	不文明操作酌情扣分，扣完为止；重大安全事故零分
合计		40	

【题目6】用管子钳进行管道螺纹连接

1. 考核要求

（1）能正确选择管子钳。

（2）能正确使用管子钳。

（3）能维护和保养管子钳。

2. 准备工作

（1）各种填料。

（2）管子台虎钳、张开式管子钳。

（3）清洗剂、管子、管件、阀门等。

3. 考核时间

标准时间为10 min，每超过1 min从本题总分中扣除2分，操作过程超过5 min本题为零分。

4．评分项目及标准

评分项目	评分要点	配分	评分标准及扣分
1．正确选择管子钳	管子钳的规格是以它们的长度来划分的，分别应用于相应的管子和配件。要根据管子的直径或管件的大小选择合适的管钳 扳手全长（mm）　150 200 250 300 350 450 600 900 管子最大外径　20 25 30 40 45 60 75 85	5	型号和规格不符合要求，扣 5 分
2．管子钳的使用	使用前，检查固定销钉是否牢固，钳柄、钳头有无裂纹，搭管钳时，开口要合适，一般钳口等于工件直径； 装卸管件时，一手扶活动钳头，一手抓钳柄，将管钳的钳牙咬在管子上，待咬紧后，抓管钳的手四指伸开，用手掌下压，当钳柄压到一定角度后，抬起钳柄，扶钳头的手及时松开，重复旋转； 管钳开口方向应与用力方向一致或管钳只能按顺时针方向用力，不要在钳柄上套加力杆	10	操作不规范酌情扣分，扣完为止；长管未加支撑，扣 5 分；管子压扁，扣 5 分
3．管子钳的维护	使用中，要经常清洗钳口、钳牙，并注意定时注入机油，扳动钳柄时，不得用力过猛，不能将管钳当榔头或撬板使用，不允许用小规格管钳拧大口径的管子接头，也不允许用大规格管钳拧小口径的管子接头，用后及时清洁干净，涂抹黄油，防止旋转螺母生锈	5	使用、维护保养不当酌情扣分，扣完为止；违规使用和损坏工具，扣 5 分
4．安全文明施工	工作完成后清理现场，环境整洁，无安全事故	5	不文明操作酌情扣分，扣完为止；重大安全事故零分
合计		25	

【题目 7】管道的短螺纹连接

1．考核要求

（1）熟悉管道螺纹连接的形式和适用范围。

（2）能清除外螺纹管端的污物，正确缠绕填料。

（3）能正确进行管道短螺纹连接。

2. 准备工作

（1）各种填料。

（2）管子台虎钳、张开式管子钳。

（3）清洗剂、已套好短螺纹的管段若干、管件、阀门等。

3. 考核时间

标准时间为 10 min，每超过 1 min 从本题总分中扣除 2 分，操作过程超过 5 min 本题为零分。

4. 评分项目及标准

评分项目	评分要点	配分	评分标准及扣分
1. 管道螺纹连接的形式和适用范围	管道螺纹连接有：短螺纹连接、长螺纹连接及活接头连接等形式； 适用范围：短丝连接属于固定连接，用于管箍、三通弯头连接；长丝用作管道的或连接部件，代替活接头；活接头用于管道与管道之间，管道与管件之间等处的连接	5	口述或笔答酌情扣分，最多扣 5 分
2. 清扫、装夹、缠生料带	连接前，清除外螺纹管端的污物及管内的锈蚀、杂物等，将其中一管段带螺纹的管端固定在台虎钳上，使螺纹端离台虎钳 100 mm 左右，按顺时针方向从管头向里缠绕生料带，要求缠绕量适当，在螺纹根部应留有外露螺纹	5	未清理管端和管内污物等，扣 3 分；装夹和缠生料带不规范，扣 5 分
3. 短螺纹连接	缠好生料带后，用手将阀门（或管箍）拧入管端螺纹中 2 ~ 3 牙（带扣），再用管子钳夹住靠管端螺纹的阀门端部（或管箍），按顺时针方向拧紧阀门（管箍）。在另一管段的带螺纹端缠好填充材料，并拧入已连接好的阀门中 2 ~ 3 牙（带扣），用管子钳夹住已拧紧的阀门的一端，用另一管子钳按顺时针方向拧紧管段，此时两个管子钳开口方向应相反，不允许因拧过头而采取倒拧的方法找正，填料在连接中只能使用一次	10	操作不规范酌情扣分，扣完为止；倒拧找正，扣 5 分，填料缠绕方向错误，扣 5 分；填料缠绕不当或没有外露螺纹，扣 5 分；倒拧后，未换填料，扣 5 分

续表

评分项目	评分要点	配分	评分标准及扣分
4. 质量检验	用目测检验连接的管子、管件或阀门应平直；填料的缠绕方向正确，连接紧密； 工具使用正确	5	连接步骤、方法不正确酌情扣分，扣完为止；违规使用和损坏工具，扣5分；连接歪扭，不紧密，扣5分
5. 安全文明施工	工作完成后清理现场，环境整洁，无安全事故	5	不文明操作酌情扣分，扣完为止；重大安全事故零分。
合计		30	

【题目 8】管道的活接头连接

1. 考核要求

（1）了解室内燃气管道采用镀锌钢管时活接头安装位置及要求。

（2）熟悉活接头的组成及活接头连接的特点。

（3）能清除外螺纹管端的污物，正确缠绕填料。

（4）能正确进行管道短螺纹连接。

2. 准备工作

（1）各种填料、丁腈橡胶密封垫、聚四氟乙烯密封垫。

（2）管子台虎钳、张开式管子钳。

（3）清洗剂、已套好短螺纹的管段若干、管件、阀门等。

3. 考核时间

标准时间为 10 min，每超过 1 min 从本题总分中扣除 2 分，操作过程超过 5 min 本题为零分。

4. 评分项目及标准

评分项目	评分要点	配分	评分标准及扣分
1. 活接头的组成及连接特点，燃气管道活接头安装位置及要求	活接头的组成：由公口、母口和套母组成； 燃气管道活接头安装位置及要求：活接头的垫片厚度不小于 1.5 mm，材料为丁腈橡胶或聚四氟乙烯； 球阀后应加活接头，二者之间的距离应不大于 30 mm，安装时注意活接头的方向，水平干管的支管应加活接头，管道如在走廊、门厅严禁加活接头	5	口述或笔答酌情扣分，最多扣 5 分

续表

评分项目	评分要点	配分	评分标准及扣分
2. 清扫、装夹、缠生料带	连接前，清除外螺纹管端的污物及管内的锈蚀、杂物等，分别在连接公口和母口管段的短螺纹 上按顺时针方向从管头向里缠绕生料带，要求缠绕量适当，在螺纹根部应留有外露螺纹	5	未清理管端和管内污物等，扣3分；缠生料带不规范，扣5分
3. 短螺纹连接	缠好生料带后，先将套母放在公口一端，并使套母挂内螺纹的一面向着母口，然后用手将带内螺纹的公口、母口分别拧入不同管段短螺纹上2～3牙（带扣），再分别用管子钳将公口、母口与管子短螺纹连接好； 在锁紧螺母前，在公口处加密封垫，垫的内、外径应与插口相符，将公口和母口对平找正，用手拧入2～3牙（带扣），用管子钳或大呆扳手将套母锁紧； 公口与母口连接应同心，不得用公口和母口强力对口	10	操作不规范酌情扣分，扣完为止；倒拧找正，扣5分，填料缠绕方向错误，扣5分；填料缠绕不当或没有外露螺纹，扣5分；倒拧后，未换填料，扣5分
4. 质量检验	用目测检验连接的活接头、管子、管件或阀门应平直； 填料的缠绕方向正确，连接紧密； 工具使用正确	5	连接步骤、方法不正确酌情扣分，扣完为止；违规使用和损坏工具，扣5分；连接歪扭，不紧密，扣5分
5. 安全文明施工	工作完成后清理现场，环境整洁，无安全事故	5	不文明操作酌情扣分，扣完为止；重大安全事故零分
合计		30	

【题目9】用钩钉固定燃气管道

1. 考核要求

（1）了解燃气管道固定件的安装方法。

（2）熟悉钩钉、管卡等固定件的适用范围。

（3）掌握燃气管道固定的操作步骤。

（4）能正确使用各种打孔工具。

2. 准备工作

（1）燃气管道（小口径）已完成不带燃气表的严密性试验。

（2）电锤、冲击钻、齿牙短管、斜尖短管等。

（3）钩钉、木楔、垫片、固定件位置施工草图等。

3. 考核时间

标准时间为 10 min，每超过 1 min 从本题总分中扣除 2 分，操作过程超过 5 min 本题为零分。

4. 评分项目及标准

评分项目	评分要点	配分	评分标准及扣分
1. 固定件安装方法及适用范围	固定件安装方法：（1）埋入支撑法，（2）焊接在支撑体内的预埋钢板上法，（3）螺栓连接在支撑体上法，（4）包柱式连接法； 钩钉适用范围：适用于小管径竖直燃气管道的固定； 管卡（夹子钩钉）适用范围：适用于离墙稍远的小管径竖直管道的固定，又可以用于小管径横管位置的固定并承托横管	5	口述或笔答酌情扣分，最多扣 5 分
2. 检查墙体及管道状态	检查墙体结构、厚度的目的是了解其承载能力，决定打孔深度及采用的安装形式，观察管道是竖装还是横装，离墙体的远近	5	未进行检查，扣 3 分；未观察安装状态，扣 3 分
3. 用钩钉固定燃气管道	（1）按安装图纸或根据规范确定钩钉的安装位置； （2）在需要安装钩钉处画印记； （3）用齿牙短管、斜尖短管、电锤、冲击钻等在画印记处打孔，打孔时，要正确使用打孔工具和注意操作安全； （4）嵌木楔应找准墙缝打入或打入已打好的孔中； （5）将钩钉钉入嵌在墙中的木楔中，注意不能打在环弯上，要打在根部，使环弯紧拉住管子	10	操作不规范酌情扣分，扣完为止；使用工具不正确，扣 5 分；安装位置不正确，扣 5 分；钩钉变形损坏，扣 5 分
4. 质量检验	管道固定件安装应稳定、牢固； 固定件间距应符合规范要求； 固定件与管道接触应紧密、排列整齐； 应符合安装图纸的要求	5	固定件选择及安装方法不正确酌情扣分，扣完为止；安装不符合规范和图纸，扣 5 分；安装不稳固、不紧密，扣 5 分

续表

评分项目	评分要点	配分	评分标准及扣分
5．安全文明施工	工作完成后清理场地，环境整洁，无安全事故	5	不文明操作酌情扣分，扣完为止。重大安全事故零分
合计		30	

【题目10】人工方法对金属管道表面去污、除锈

1．考核要求

（1）熟悉管道去污、除锈方法及适用范围。

（2）能正确选择去污剂、和除锈工具。

（3）能对管道进行去污、除锈。

2．准备工作

（1）油污锈蚀管道若干段。

（2）除油去污剂、干净的织物。

（3）钢丝刷、钢丝布、砂布、废砂轮片、手锤等。

3．考核时间

标准时间为10 min，每超过1 min从本题总分中扣除2分，操作过程超过5 min本题为零分。

4．评分项目及标准

评分项目	评分要点	配分	评分标准及扣分
1．去污除锈方法及适用范围	去污方法：槽浸法、涂擦法、灌浸法； 除锈方法：人工除锈、机械除锈、喷砂除锈、酸洗除锈； 涂擦法：适用于一般手工容易触及的零部件表面或宽敞的容器管道表面； 人工除锈：适用于零星、分散的作业及野外作业，当管道表面铁锈较少，且管道数量不多时可用手工除锈	5	口述或笔答酌情扣分，最多扣5分
2．去污剂和除锈工具的选择	当表面油污较多时，可用汽油或5%热氢氧化钠溶液清洗，手工涂擦前要去除工件表面的毛刺	5	选择不正确，扣3分；未打毛刺，扣3分；最多扣5分

续表

评分项目	评分要点	配分	评分标准及扣分
2. 去污剂和除锈工具的选择	人工除锈可选择钢丝刷、钢丝布、砂布、废砂轮片、手锤等，清除管道内壁铁锈时，常常用圆钢丝刷，两端用铁丝扎紧，在管腔内来回拉刷		
3. 管道去污除锈	涂擦法去污：用无短纤维的，干净的织物蘸溶剂、汽油等在管子表面来回涂擦，涂擦前要去除工件表面的毛刺； 当管道浮锈较厚时，可用手锤轻轻敲击，使锈蚀层脱落，或用钢丝刷、废砂轮片除去锈蚀层和焊渣，浮锈不厚时可用粗砂布或钢丝布除锈，然后用棉纱蘸汽油或丙酮擦拭，使管道表面露出金属光泽	5	操作不规范酌情扣分，扣完为止；管道未清洗干净或全部未露出金属光泽，扣 5 分
4. 质量检验	去油污要干净，待干燥后再除锈；除锈一定要露出金属光泽	5	去污不干净或还未干燥就除锈，扣 5 分；除锈不彻底，有未露金属光泽处，扣 2 分
5. 安全文明施工	工作完成后清理现场，环境整洁，无安全事故	5	不文明操作酌情扣分，扣完为止；重大安全事故零分
合计		25	

【题目 11】金属管道的涂漆防腐

1. 考核要求

（1）熟悉金属管道防腐涂料的种类和用途。

（2）能正确选择涂料、涂刷工具和涂刷方法。

（3）能对管道进行手工防腐涂刷。

2. 准备工作

（1）已涂底漆或防锈漆的管道（采暖）若干段。

（2）防腐底漆、面漆、速干银粉漆、催干剂、稀释剂、溶剂等。

（3）油漆刷、油漆桶等。

3. 考核时间

标准时间为 20 min，每超过 2 min 从本题总分中扣除 2 分，操作过程超过 10 min 本题为零分。

4. 评分项目及标准

评分项目	评分要点	配分	评分标准及扣分
1. 防腐涂料的种类和用途	金属管道防腐涂料分为底漆和面漆两种，主要有：防锈漆、调和漆、银粉漆等； 常用的防锈漆有红丹防锈漆和铁红防锈漆，多作为底漆； 调和漆有油性调和漆和磁性调和漆，一般用作面漆； 银粉漆通常代替调和漆做面漆，多在采暖管道及散热器作为面漆使用	5	口述或笔答酌情扣分，最多扣5分
2. 正确选择涂料、涂刷工具和涂刷方法	直接涂在金属表面打底用，可选择各种防锈漆； 面漆一般选择油性调和漆或磁性调和漆； 采暖管道宜选用银粉漆，管道的使用条件，不同的管材，施工条件，经济效益等也是选用时需要考虑的因素； 要根据管内不同介质，选择漆的颜色； 涂刷工具：硬毛刷、软毛刷，刷银粉漆一般采用软毛刷； 涂刷方法：手工涂刷、机械喷涂，量小、不宜使用机械喷涂的地方，均采用手工涂刷	5	每一项选择不正确，扣3分，最多扣5分
3. 管道手工涂漆操作（速干银粉漆）	检查银粉浆、清漆、稀料必须有合格证书，并保证在有效使用期内，然后调漆； 根据涂刷面积确定清漆的量，再放银粉及少许稀料，若想亮点儿，可多放银粉，银粉浆:清漆:稀料＝1:1:3，投入容器，充分搅拌，搅拌时不应同方向反复搅拌；管子表面经检查后，即可进行刷漆，刷漆时，每次要少蘸油，蘸次要多，涂刷均匀，第一次涂刷后进行适当处理，第二次涂刷操作同第一次，刷立管，上下垂直拉动，水平管左右移动，同一根管子一次涂刷防止出现色差	10	操作不规范酌情扣分，扣完为止；涂刷材料或管子表面未检查，扣5分
4. 质量检验	漆膜附着牢固，颜色一致，无剥落、皱纹、流挂、气泡、针孔等； 管道的防腐层光洁，厚度均匀，没有漏涂	5	考件交活后，呆干后检查，根据缺陷情况以及涂刷是否合理酌情扣分，扣完为止

续表

评分项目	评分要点	配分	评分标准及扣分
5. 安全文明施工	工作完成后清理现场，环境整洁，无安全事故；工具使用合理，涂刷后管道摆放合理，油漆、毛刷妥善收存	5	不文明操作酌情扣分，扣完为止；重大安全事故零分
合计		30	

【题目 12】燃气管路泄漏检测（刷肥皂水）

1. 考核要求

（1）熟悉燃气室内工程施工严密性试验范围和相关技术参数。

（2）能正确安装和使用 U 形管压力计。

（3）能用刷肥皂水的方法对运行的燃气管道进行泄漏检查。

2. 准备工作

（1）U 形管压力计、连接用乳胶管、压缩空气源。

（2）肥皂水、毛刷。

（3）活扳手、旋具等。

（4）已安装完毕的燃气管路系统，已开始运行的燃气管道系统。

3. 考核时间

标准时间为 20 min，每超过 2 min 从本题总分中扣除 2 分，操作过程超过 10 min 本题为零分。

4. 评分项目及标准

评分项目	评分要点	配分	评分标准及扣分
1. 严密性试验范围及相关参数	室内燃气系统的严密性试验应在强度试验之后进行，严密性试验范围应为引入管阀门至燃具前阀门之间的管道； 通气之前还应对燃具前阀门至燃具之间的管道进行检查； 低压管道：试验压力不低于 5 kPa，稳压时间：居民用户不少于 15 min，商业用户不少于 30 min； 用发泡剂或压力计检漏，应无渗漏或无压力降； 中压以上燃气管道试验压不低于 0.1 MPa，稳压时间不小于 2 h	5	口述回答不正确酌情扣分，最多扣 5 分

续表

评分项目	评分要点	配分	评分标准及扣分
2. U形管压力计的安装和使用	（1）在便于观察的地方安装U形管压力计（0～1 000 Pa），要保证垂直，将引压管的一端接在被测管路的阀门上，向U形管中注水至0位； （2）接压缩空气，向系统充气压力不小于5 kPa，关闭压缩空气进口阀门，打开压力计前阀门，记住U形管压力计液面所对应的刻度值； （3）稳压时间不少于15 min，观察液面，应无压力降，若有压力降，用刷肥皂水的方法检漏，查出漏点	5	不能正确安装U形管压力计，不能对零，水溢出，读数不准，不能判断有无压降酌情扣分，最多扣5分
3. 运行燃气管路泄漏检查（刷肥皂水）	在最大工作压力下，在燃气管道的各连接部位刷肥皂水（靠墙一面勿漏刷），边刷边观察，看有无气泡出现，在有气泡出现处，划记号，运行燃气管道严禁用明火检漏	5	检漏不认真，不仔细酌情扣分，扣完为止；漏刷或找不出漏点，扣5分
4. 安全文明施工	工作完成后清理现场，环境整洁，无安全事故	5	不文明操作酌情扣分，扣完为止；重大安全事故零分
合计		20	

【题目13】取下防尘片（或防护盖）操作

1. 考核要求

（1）熟悉防尘片（或防护盖）的作用及忘记取出的危害。

（2）能进行外观检查和工具准备。

（3）能取出防尘片。

（4）能清扫加油。

2. 准备工作

（1）合格阀门若干。

（2）工作台、尖嘴钳、一字旋具、毛刷。

（3）润滑油、布、棉纱、煤油等。

3. 考核时间

标准时间为10 min，每超过1 min从本题总分中扣除2分，操作过程超过5 min本题为零分。

4．评分项目及标准

评分项目	评分要点	配分	评分标准及扣分
1．防尘片（或防护盖）的作用	防尘片一般为纸质或塑料，防止灰尘或脏物进入阀内，保护内螺纹； 防护盖用来保护外螺纹； 防尘片或防护盖若忘记去掉，会给安装带来麻烦，安装好的管路会不通畅，使设备不能运行	5	口述回答不完全或错误酌情扣分，扣完为止
2．工具准备及外观检查	工具准备：尖嘴钳、一字旋具、毛刷、煤油、棉纱等； 外观检查：目测查看阀门内外表面，应无砂眼、毛刺、缩孔、裂纹等缺陷	5	工具准备不齐全、外观检查不仔细酌情扣分，扣完为止
3．取防尘片（或防护盖）	首先看阀门有无防尘片（或防护盖），徒手或使用工具取防尘片（防尘盖），在取出过程中，阀门要轻拿轻放，不准磕碰，使用工具不得损坏螺纹和密封面，防尘片取出后，避免脏物进入阀内，应尽快安装	5	操作不规范或损坏螺纹、密封面，扣 5 分
4．清扫加油	在取出过程中，会产生一些碎屑，若阀内已有油污或脏污要及时清理，必要时对整个阀门进行清洗，手动阀门应反复转动手轮或手柄，活动部位要加油润滑	5	未清扫或未转动酌情扣分，扣完为止；未加油润滑，扣 3 分
5．安全文明施工	工作完成后清理现场，环境整洁，无安全事故	5	不文明操作酌情扣分，扣完为止；重大安全事故零分
合计		25	

【题目 14】丝扣阀门（球阀或截止阀）的安装

1．考核要求

（1）熟悉截止阀的安装和使用方法。

（2）能核对阀门型号规格，检查阀门外观。

（3）能正确安装丝扣截止阀。

2. 准备工作

（1）系统安装草图

（2）各种填料、清洗剂、已套好短螺纹的管段若干、管件、丝扣截止阀等。

（3）管子台虎钳、各种规格张开式管子钳。

3. 考核时间

标准时间为 10 min，每超过 1 min 从本题总分中扣除 2 分，操作过程超过 5 min 本题为零分。

4. 评分项目及标准

评分项目	评分要点	配分	评分标准及扣分
1. 丝扣截止阀的安装和使用方法	（1）安装方法：带手轮、手柄操作的截止阀，可安装在管道或设备的任何位置上；手轮、手柄或传动机构，不允许做起吊用；安装时，应使介质的流向与阀体上所示箭头方向的方向一致 （2）使用方法：截止阀只供全开、全关各种管道和设备的介质使用，不允许作节流用；带手轮、手柄的截止阀，操作时不得再增加辅助杠杆；手轮顺时针旋转为关闭，反之为开启	5	口述或笔答酌情扣分，最多扣 5 分
2. 核对型号规格，检查外观	安装前，应仔细核对所用阀门的型号、规格是否符合设计要求； 检查阀门外观，阀体应无裂纹、砂眼、氧化皮、毛刺、缩孔等缺陷，阀门的丝扣应端正，完整无缺	5	未核对或检查，扣 5 分
3. 确定安装方向，清扫、装夹、缠生料带	安装前，要确定阀门的安装方向，去掉阀门的防尘片，通口封盖、清除阀内油污、杂物及外螺纹管端的污物及管内的锈蚀、杂物等，将其中一管段带螺纹的管端固定在台虎钳上，使螺纹端离台虎钳 100 mm 左右，按顺时针方向从管头向里缠绕生料带，要求缠绕量适当，在螺纹根部应留有外露螺纹	5	未清理油污、杂物等，扣 3 分；装夹和缠生料带不规范、安装方向错误，扣 5 分

续表

评分项目	评分要点	配分	评分标准及扣分
4. 阀门安装	缠好生料带后，用手将阀门拧入管端螺纹中 2~3 牙（带扣），再用管子钳夹住靠管端螺纹的阀门端部，按顺时针方向拧紧阀门； 在另一管段的带螺纹端缠好填充材料，并拧入已连接好的阀门中 2~3 牙（带扣），用管子钳夹住已拧紧的阀门的一端，用另一管子钳按顺时针方向拧紧管段，此时，两个管子钳开口方向应相反，不允许因拧过头而采取倒拧的方法找正，填料在连接中只能使用一次； 大型阀门需借助工具对正入扣，必要时需两人操作	10	操作不规范酌情扣分，扣完为止；倒拧找正，扣 5 分；填料缠绕方向错误，扣 5 分；填料缠绕不当或没有外露螺纹，扣 5 分；手轮位置错误、不正，扣 5 分
5. 质量检验	用目测检验连接的管子、管件、或阀门应平直，安装应方向正确； 填料的缠绕方向正确，连接紧密； 工具使用正确	5	安装步骤、方法不正确酌情扣分，扣完为止；违规使用和损坏工具，扣 5 分；连接歪扭，不紧密，扣 5 分
6. 安全文明施工	工作完成后清理现场，环境整洁，无安全事故	5	不文明操作酌情扣分，扣完为止；重大安全事故零分
合计		35	

第2章　安装前检查

考核要点

操作技能考核范围	考核要点	重要程度
适用性检查	1. 产品型号、规格确认	★★★
	2. 产品气质、燃气压力与现场相匹配的确认	★★★
	3. 产品电源与现场电源一致的确认	★★★
完整性检查	1. 清点箱内设备、附件等	★★★
	2. 外观检查	★★★
	3. 检查各种技术在资料是否完整	★★

注："重要程度"中，"★"为级别最低，"★★★"为级别最高。

辅导练习题

【题目1】产品型号、规格确认

1. 考核要求

（1）熟悉燃气具产品型号、规格的含义。

（2）能仔细查看数据表，确认产品的型号、规格等。

2. 准备工作

（1）设计图纸。

（2）用户提货单、送货单或发票等。

（3）燃具包装箱。

3. 考核时间

标准时间为5 min，每超过0.5 min从本题总分中扣除2分，操作过程超过2.5 min本题为零分。

4. 评分项目及标准

评分项目	评分要点	配分	评分标准及扣分
1. 燃气具的型号规格	产品型号、规格印在产品包装箱上的表格里，通过查看型号、规格，就可以知道此产品是哪一种产品，功率是多少，安装尺寸及产品的质量（kg）是多少等	5	口述或笔答，不能准确说出产品型号、规格的含义及其他参数酌情扣分，扣完为止
2. 确认产品的型号、规格	对于小批量或零星购买的产品，可对照提货单或送货单确认，对于大批量规模安装的，要对照安装施工图进行核查，当包装箱印刷不清，无法获得型号、规格等信息时，要开箱确认	5	不能确认或确认错误，扣5分
3. 安全文明施工	工作完成后清理现场，环境整洁，无安全事故	5	不文明操作酌情扣分，扣完为止；重大安全事故零分
合计		15	

【题目2】产品气质、燃气压力与现场相匹配的确认

1. 考核要求

（1）熟悉燃气具适用性及燃气压力的基本知识。

（2）能用U形管压力计检测现场燃气压力（静压和动压）。

（3）能确认现场气源气质、燃气压力与产品相匹配。

2. 准备工作

（1）已获得产品燃气气质和燃气压力的相关信息。

（2）U形管压力计、乳胶管、连接管及管件。

（3）管子钳、活扳手、旋具等。

3. 考核时间

标准时间为10 min，每超过1 min从本题总分中扣除2分，操作过程超过5 min本题为零分。

4. 评分项目及标准

评分项目	评分要点	配分	评分标准及扣分
1. 燃气具的适用性及燃气压力	燃气具与燃气相匹配才能使用，由于不同气质的燃气具其喷嘴和燃烧器的结构有所不同，因此不同气质的燃气具不能相互代替；	5	口述或笔答，对燃气具适用性及燃气压力知识不了解酌情扣分，扣完为止；各气种燃气额定供气压力值回答错误，扣5分

续表

评分项目	评分要点	配分	评分标准及扣分
1. 燃气具的适用性及燃气压力	燃气压力一般指燃气具前的压力，燃气具前的压力分为静压和动压两种，燃具运行时测得的压力为动压，未运行时测得的压力为静压，燃气具额定压力一定要测动压； 燃气具前额定燃气供气压力：人工燃气、4T、6T天然气如1 000 Pa，10T、12T、13T天然气如2 000 Pa，液化石油气如2 800 Pa	5	口述或笔答，对燃气具适用性及燃气压力知识不了解酌情扣分，扣完为止；各气种燃气额定供气压力值回答错误，扣5分
2. 用U形管压力计检测现场燃气压力	用连接管、管件、乳胶管等将U形管压力计安装在燃具之前的燃气阀后，并试漏； 打开燃气阀，观察U形管液面，此时测得的压力为静压，点燃燃气具，待燃烧稳定后，观察液面，此时测得的压力为动压，也就是额定供气压力	5	不能正确安装、使用U形管压力计，测燃气静压或动压酌情扣分，扣完为止
3. 确认燃气额定压力和气质与现场相符	测得的动压与规定的供气压力对比，相符时即可确认； 现场气源的气质报告与产品铭牌的气质对比，相符时即可确认	5	不能确认或确认错误，扣5分
4. 安全文明施工	工作完成后清理现场，环境整洁，无安全事故	5	不文明操作酌情扣分，扣完为止；重大安全事故零分
合计		20	

【题目3】产品电源与现场电源一致的确认

1. 考核要求

（1）熟悉常用电源的种类。

（2）掌握用万用表测电压的方法。

（3）能正确使用单相三孔插座安全检测器。

（4）能确认现场电源与产品规定电源一致。

2. 准备工作

（1）已获得产品电源的相关信息。

（2）产品使用说明书。

（3）万用表、单相三孔插座安全检测器等。

3. 考核时间

标准时间为 5 min，每超过 0. 5 min 从本题总分中扣除 2 分，操作过程超过 0. 5 min 本题为零分。

4. 评分项目及标准

评分项目	评分要点	配分	评分标准及扣分
1. 常用电源的种类	（1）直流电源：直流电路中的电源称为直流电源，早期的家用燃气具常用电池作为电源，家用燃气灶具使用的电源多为直流电源 （2）交流电源：交流电路中的电源称为交流电源，家用燃气热水器、燃气采暖热水炉等常用市电作为电源，我国家用燃气具所用交流电源的电压为 220 V/50 Hz，个别进口燃气具使用的交流电源也有 110 V/60 Hz 的，使用时要加以注意	5	口述或笔答，对燃气具适用性及燃气压力知识不了解酌情扣分，扣完为止；各气种燃气额定供气压力值回答错误，扣 5 分
2. 万用表测电压的方法，三孔插座安全检测器使用方法	测量电压时，表笔与被测电路并联连接； 当被测电压未知时，选用最大电压量程挡粗侧，然后变换量程测量，测电压时，要防止手接触表笔金属部分； 单相三孔插座安全检测器能检查插座相、零、地线接线正确与否，能检查漏电保护器是否失效，还可以检查电源有无可靠接地等，使用时，将检测器插入插座内，通过指示灯点亮的不同组合，即可判别接线情况	5	不能正确使用万用表测电压或不会使用三孔插座安全检测器酌情扣分，扣完为止
3. 确认产品电源与现场电源一致	测电压读数时，要等到表针不动时再读； 家用燃气具使用的交流电压范围为 187 ~ 242 V，当测出的电压未超出此范围时，即可确认； 将三孔插座安全检测器插入被检插座内，如果显示的是缺地线情况，绝对不可安装燃气具	5	不能确认或确认错误，扣 5 分
4. 安全文明施工	工作完成后清理场地，环境整洁，无安全事故	5	不文明操作酌情扣分，扣完为止；重大安全事故零分
合计		20	

【题目 4】清点箱内设备、附件等

1. 考核要求

（1）熟悉燃气具包装箱内常见附件的名称和用途。

（2）能对照装箱单仔细清点各种附件等。

2. 准备工作

（1）未开箱的某种燃具。

（2）割刀、剪刀。

3. 考核时间

标准时间为5 min，每超过0.5 min从本题总分中扣除2分，操作过程超过2.5 min本题为零分。

4. 评分项目及标准

评分项目	评分要点	配分	评分标准及扣分
1. 燃气具附件的名称和用途	能说出常见燃气具附件的名称和用途以及其安装使用方法	5	口述或笔答，不能准确说出常见附件的名称、用途以及安装、使用方法酌情扣分，扣完为止
2. 清点箱内设备及各种附件	清点时，首先用剪刀剪断包扎带，并用割刀划开包装箱的密封胶带，打开包装箱。取出整机，找出装箱单，一一找出箱内各种附件，并摆放整齐； 对照装箱单核对附件数量和规格； 开箱时，不得划伤产品表面，发现缺失或损坏时，应及时处理	7	划伤产品、不能检出缺失或损伤产品、规格和数量清点有误每项扣5分，扣完为止
3. 安全文明施工	工作完成后清理现场，环境整洁，无安全事故	3	不文明操作酌情扣分，扣完为止；重大安全事故零分
合计		15	

【题目5】外观检查

1. 考核要求

（1）熟悉燃气具外观检查的主要内容。

（2）了解CJJ 94—2009　6.1一般规定及外观质量相关标准。

（3）能对外观进行检查

2. 准备工作

待检查的燃气具。

3. 考核时间

标准时间为5 min，每超过0.5 min从本题总分中扣除2分，操作过程超过2.5 min本题为零分。

4. 评分项目及标准

评分项目	评分要点	配分	评分标准及扣分
1. 外观检查的内容、要求及外观质量标准	（1）外观检查的内容：标牌（铭牌）、标识、出厂日期等 （2）CJJ 94—2009　6.1 一般规定 6.1.1　2 产品外观的显见位置应有产品的铭牌，并有出厂日期 （3）外观质量标准： GB 6932—2001　5.1.1.6　热水器外壳平整匀称，经表面处理后喷涂不均、皱纹、裂痕、脱漆、掉瓷及其他明显的外观缺陷； GB 16410—2007　5.5.1　外形应美观大方，色调匀称，不应有损害外观的缺陷	5	口述或笔答，不能说出外观检查的主要内容、要求及质量标准酌情扣分，扣完为止
2. 外观检查	查看标牌和标识时，首先要查看产品参数铭牌、出厂日期、警示标牌等，并了解其内容、要求，并进一步确认气质、气压； 产品标识主要看有无生产许可和能效标识等； 外观检查应符合相关标准，达到用户满意	7	划伤产品、不能检出缺失或损伤产品、规格和数量清点有误，扣 5 分
3. 安全文明施工	工作完成后清理现场，环境整洁，无安全事故	3	不文明操作酌情扣分，扣完为止；重大安全事故为零分
合计		15	

【题目 6】检查技术资料的完整性

1. 考核要求

（1）熟悉产品技术资料的种类和用途。

（2）熟悉产品技术资料包括的内容。

（3）能进行产品技术资料完整性检查。

2. 准备工作

从包装箱内收集到的所有技术资料。

3. 考核时间

标准时间为 5 min，每超过 0.5 min 从本题总分中扣除 2 分，操作过程超过 2.5 min 本题为零分。

4. 评分项目及标准

评分项目	评分要点	配分	评分标准及扣分
1. 产品技术资料的种类和用途	产品技术资料一般包括：产品合格证、产品安装使用说明书、质量保证书（或保修单）及装箱单等 （1）产品合格证：它是产品检验合格的证明，证明该产品符合国家相关标准的要求 （2）产品安装使用说明书：它是指导产品安装使用的技术指导资料，要仔细阅读，按要求进行安装使用，产品安装完后，说明书应交用户妥善保管以备将来查阅、参考 （3）质量保证书（或保修单）：它是厂家保证产品质量及维修质量的承诺和重要凭证 （4）装箱单：它列出了设备及附件的数量和用途等	5	口述或笔答，不能说出外观检查的主要内容、要求及质量标准酌情扣分，扣完为止
2. 查看各种技术资料	安装调试人员在安装前，首先要检查产品技术资料的完整性，然后阅读产品使用说明书和安装说明书，以便掌握设备的安装、调试和使用方法，并教会用户如何使用设备，安装完毕，要将说明书、保修单等交用户妥善保管	7	资料收集不全、对设备的使用、安装、调试不了解、未将说明书、保修单等交用户，每项扣5分，最多扣7分
3. 安全文明施工	工作完成后清理现场，环境整洁，无安全事故	3	不文明操作酌情扣分，扣完为止；重大安全事故为零分
合计		15	

第3章　燃气灶具安装

考 核 要 点

操作技能考核范围	考核要点	重要程度
灶具组装及设备管线连接	1. 灶具组装	★★★
	2. 用软、硬管将灶具与燃气管道相连	★★★
	3. 单瓶供应灶具与钢瓶的连接	★★★
调试	1. 调风板的调整	★★★
	2. 火力大小调整	★★★

注：“重要程度”中，“★”为级别最低，“★★★”为级别最高。

辅导练习题

【题目1】灶具组装

1. 考核要求

（1）熟悉燃气灶具的分类、型号、规格。

（2）能对散装灶具进行组装。

2. 准备工作

（1）灶具安装使用说明书。

（2）克丝钳、旋具等。

3. 考核时间

标准时间为15 min，每超过1.5 min从本题总分中扣除2分，操作过程超过7.5 min本题为零分。

4. 评分项目及标准

评分项目	评分要点	配分	评分标准及扣分
1. 燃气灶具的分类、型号和规格	分类方法：按燃气类别分，按灶眼数分，按结构形式分，按功能分，按加热方式分； 型号：由灶具的类型代号、燃气类别代号和企业自编号组成； 规格：两眼和两眼以上的燃气灶及气电两用灶应有一个主火，其实测折算热负荷（普通型灶≥3.5 kW，红外线灶≥3.0 kW）	5	口述或笔答，不能准确说出产品的分类、型号和规格酌情扣分，扣完为止
2. 灶具组装	有些散装灶具要拿到现场进行组装，首先要将捆绑零部件的铁丝剪断，然后组装燃烧器组件并安装，要注意燃烧器的定位要准确，喷嘴与引射器的中心线要保持一致，装大小火盖要放正，要保证打火电极、热电偶要对准火孔，且位置准确； 装盛液盘，然后放锅支架、装旋钮，组装好的灶具放在台上时必须平稳	5	不能按要求正确组装灶具，扣5分
3. 安全文明施工	工作完成后清理现场，环境整洁，无安全事故	5	不文明操作酌情扣分，扣完为止；重大安全事故零分
合计		15	

【题目2】用软管将灶具与燃气管道相连

1. 考核要求

（1）熟悉家用燃气具的安装规范。

（2）掌握燃气灶具的软、硬管连接方法。

（3）能进行燃气灶具的软管连接。

2. 准备工作

（1）各种填料。

（2）连接用软管、卡箍等。

（3）连接用配件：管件、阀门等

（4）连接用工具：旋具、管钳、活扳手等。

（5）肥皂水、毛刷。

3. 考核时间

标准时间为 10 min，每超过 1 min 从本题总分中扣除 2 分，操作过程超过 5 min 本题为零分。

4. 评分项目及标准

评分项目	评分要点	配分	评分标准及扣分
1. 家用燃气具安装规范	家用燃气具安装不仅要考虑防火要求，而且要给使用、检修留有必要的空间； 住宅内的地下室、卧室、浴室等处严禁安装燃气具； 有化学试剂、汽油等易燃物的地方严禁安装燃气具； 燃气具安装后不应对燃气表、燃气管路或电器设备产生影响； 安装燃具处，必须通风良好，燃具安装于橱柜中时，要有符合通风要求的通风孔； 燃气灶具的管道连接应符合 GB 16410—2007　5.3.1.10 e）f）相关规定：当使用废金属软管连接时，燃气导管不得因装拆软管而松动漏气，软管和软管接头应设在易于观察和检修的位置； 软管和软管接头的连接用采用安全紧固措施	5	口述或笔答酌情扣分，最多扣 5 分
2. 灶具软管连接	连接前，要对灶具进行适用性和完整性检查，根据施工图纸和规范的要求，准确将灶具置于灶台的适当位置，并调整平稳；然后在支管上安装燃气专用球阀，并拧入格林接头，在耐油塑料软管套合适的卡箍（两个），分别于球阀格林接头与灶具格林接头相连，拧紧卡箍，打开表前阀和灶前阀，用刷肥皂水的方法，对灶前各连接处进行泄漏检查	15	未对灶具进行适用性和完整性检查，扣 3 分；安装的位置、间距等不符合规范，扣 5 分；未使用卡箍紧固，扣 5 分；未进行泄漏检查，扣 5 分
3. 质量检验	连接紧密，不漏气； 工具使用正确； 连接应符合规范要求，连接步骤和方法正确	5	连接步骤、方法不正确酌情扣分，扣完为止；违规使用和损坏工具，扣 5 分；连接不符合规范要求，扣 5 分；漏气，扣 5 分
4. 安全文明施工	工作完成后清理现场，环境整洁，无安全事故	5	不文明操作酌情扣分，扣完为止；重大安全事故零分
合计		30	

【题目3】用硬管将灶具与燃气管道相连

1. 考核要求

（1）熟悉家用燃气具的安装规范。

（2）掌握燃气灶具的软、硬管连接方法。

（3）能进行燃气灶具的硬管连接。

2. 准备工作

（1）各种填料。

（2）连接用硬管、管件、阀门等。

（3）连接用工具：旋具、管钳、活扳手等。

（4）肥皂水、毛刷。

3. 考核时间

标准时间为15 min，每超过1.5 min从本题总分中扣除2分，操作过程超过7.5 min本题为零分。

4. 评分项目及标准

评分项目	评分要点	配分	评分标准及扣分
1. 家用燃气具安装规范	家用燃气具安装不仅要考虑防火要求，而且要给使用、检修留有必要的空间； 住宅内的地下室、卧室、浴室等处严禁安装燃气具； 有化学试剂、汽油等易燃物的地方严禁安装燃气具； 燃气具安装后不应对燃气表、燃气管路或电器设备产生影响； 安装燃具处，必须通风良好，燃具安装于橱柜中时，要有符合通风要求的通风孔； 燃气灶具的管道连接应符合GB 16410—2007 5.3.1.10 d) e) 相关规定：灶具的硬管连接接头应使用管螺纹，管道燃气宜使用硬管连接，硬管连接应使用活接头	5	口述或笔答酌情扣分，最多扣5分
2. 灶具硬管连接	连接前，要对灶具进行适用性和完整性检查，根据施工图纸和规范的要求，准确将灶具置于灶台的适当位置；	15	未对灶具进行适用性和完整性检查，扣3分；安装的位置、间距等不符合规范，扣5分；活接头的安装位置和方向不正确，扣5分；未进行泄漏检查，扣5分

续表

评分项目	评分要点	配分	评分标准及扣分
2. 灶具硬管连接	首先将装有活接头公口的下垂管段连接灶具，根据灶具位置将装有阀门和活接头母口的管段接燃气支管，安放灶具，调整活接头的公口与母口对正，放密封垫，用手旋转套母入扣，并用大扳手拧紧，将灶具调整平稳，用钩钉将燃气阀和管道固定； 打开表前阀和灶前阀，用刷肥皂水的方法，对灶前各连接处进行泄漏检查	15	未对灶具进行适用性和完整性检查，扣3分；安装的位置、间距等不符合规范，扣5分；活接头的安装位置和方向不正确，扣5分；未进行泄漏检查，扣5分
3. 质量检验	连接紧密，不漏气； 工具使用正确； 连接应符合规范要求，连接步骤和方法正确	5	连接步骤、方法不正确酌情扣分，扣完为止；违规使用和损坏工具，扣5分；连接不符合规范要求，扣5分；漏气，扣5分
4. 安全文明施工	工作完成后清理现场，环境整洁，无安全事故	5	不文明操作酌情扣分，扣完为止；重大安全事故零分
合计		30	

【题目4】单瓶供应灶具与钢瓶的连接

1. 考核要求

(1) 熟悉气瓶供应系统设置的环境要求。

(2) 掌握燃气灶具与液化石油气钢瓶的连接方法。

(3) 能进行燃气灶具与单个液化石油气钢瓶的连接。

2. 准备工作

(1) 15 kg 液化石油气钢瓶一只。

(2) 2 m 长燃气专用内有塑料管、卡箍等。

(3) 肥皂水、毛刷等。

(4) 0.6 m^3 用户调压器一只。

3. 考核时间

标准时间为10 min，每超过1 min从本题总分中扣除2分，操作过程超过5 min本题为零分。

4. 评分项目及标准

评分项目	评分要点	配分	评分标准及扣分
1. 气瓶供应系统设置的环境要求，钢瓶与灶具的连接方式	气瓶供应系统设置的环境要求 (1) 燃气灶一般置于厨房内，钢瓶可放在厨房内，也可置于紧邻厨房的阳台或室外，但气瓶供应系统不允许设置在地下室、卧室以及没有通风设备的走廊等处 (2) 燃气耐油胶管长度不宜大于 2 m。钢瓶应与灶具等保持 1 m 以上的距离，室外钢瓶最好置于不可燃材料制作的柜（箱）内，液化石油气钢瓶与灶具的连接方法 (3) 单瓶液化石油气供应系统一般采用软管连接方式，而双瓶供应则采用金属管道连接的方式	5	口述或笔答酌情扣分，最多扣 5 分
2. 灶具与钢瓶的软管连接	连接前，要对灶具进行适用性和完整性检查，根据施工图纸和规范的要求，准确将灶具置于灶台的适当位置，并调整平稳；然后在耐油塑料软管套合适的卡箍（两个），分别与调压器格林接头与灶具格林接头相连，拧紧卡箍，钢瓶与灶具要保持 1 m 以上的距离； 打开钢瓶角阀，用刷肥皂水的方法，对灶前各连接处进行泄漏检查	15	未对灶具进行适用性和完整性检查，扣 3 分；安装的位置、间距等不符合规范，扣 5 分；未使用卡箍紧固，扣 5 分；未进行泄漏检查，扣 5 分
3. 质量检验	连接紧密，不漏气； 工具使用正确； 连接应符合规范要求，连接步骤和方法正确	5	连接步骤、方法不正确酌情扣分，扣完为止；违规使用和损坏工具，扣 5 分；连接不符合规范要求，扣 5 分；漏气，扣 5 分
4. 安全文明施工	工作完成后清理现场，环境整洁，无安全事故	5	不文明操作酌情扣分，扣完为止；重大安全事故零分
合计		30	

【题目 5】调风板的调整

1. 考核要求

(1) 熟悉理想火焰和不稳定火焰的燃烧状况。

(2) 掌握调风板的调试方法

（3）能操作调风板使火焰正常稳定燃烧。

2. 准备工作

（1）阅读使用说明书。

（2）接通气源（12T 天然气）和电源。

3. 考核时间

标准时间为 5 min，每超过 0.5 min 从本题总分中扣除 2 分，操作过程超过 2.5 min 本题为零分。

4. 评分项目及标准

评分项目	评分要点	配分	评分标准及扣分
1. 理想火焰和不稳定火焰	（1）理想火焰：部分预混火焰由内焰和外焰两部分组成，理想的部分预混火焰的内焰焰面应该是轮廓鲜明，呈浅蓝色，具有稳定的，燃烧完全的火焰结构 （2）不稳定火焰：当空气过大时，火焰变短，火焰颤动厉害，这种火焰称为“硬火焰”；当空气不足时，火焰拉长，内焰焰面厚度变薄，亮度减弱，火焰摇晃，内焰顶部变得模糊，这种火焰称为“软火焰”；不正常的部分预混火焰会产生离焰、回火、黄焰和不完全燃烧等现象	5	口述或笔答，不能准确说出一次空气不足或一次空气过大造成的不稳定燃烧及大气式理想火焰的火焰结构酌情扣分，扣完为止
2. 用调风板调节火焰燃烧状况	点燃燃气灶，观察火焰，看是否出现黄焰、离焰和脱火现象，根据不同情况，调节风门，做到边调节边观察，直至火焰燃烧稳定，内外焰轮廓清晰，内锥呈浅蓝色为止	5	不能迅速和准确地调节，扣 3 分；调节后火焰仍不稳定，扣 5 分
3. 安全文明施工	工作完成后清理现场，环境整洁，无安全事故	5	不文明操作酌情扣分，扣完为止；重大安全事故零分
合计		15	

【题目 6】火力大小调整

1. 考核要求

（1）熟悉灶具旋钮或按键的主要功能。

（2）掌握火力大小的调节方法

（3）能进行火力大小的调节。

2. 准备工作

（1）阅读使用说明书。

（2）接通气源（12T 天然气）和电源。

3. 考核时间

标准时间为 5 min，每超过 0.5 min 从本题总分中扣除 2 分，操作过程超过 2.5 min 本题为零分。

4. 评分项目及标准

评分项目	评分要点	配分	评分标准及扣分
1. 旋钮或按键的主要功能及火力大小的调节方法	（1）点火通气：燃气灶的旋钮或按键在旋转或按下时，首先是先点火，而后通气（火等气） （2）调节火力：转动旋钮至不同位置，可获得大、中、小不同的火力，分别按下大、中、小火按键，也可调节火力 （3）灶具火力大小的调节方法：灶具火力大小的调节是为了保证烹饪时所需的火力 灶具点燃后，旋钮逆时针旋转 90°可获得最大火力； 需要往小火调时，反方向慢慢转动旋钮，边观察，边调节，直到满意为止； 旋钮逆时针旋转超过 90°，直至转不动时，只有内圈小火	5	口述或笔答，不能准确说出一次空气不足或一次空气过大造成的不稳定燃烧及大气式理想火焰的火焰结构，酌情扣分，扣完为止
2. 灶具的使用和火力调节	打开灶前阀，用力向里推旋钮，多按一会儿再旋转； 对于按键则按下后松开，即可进行灶具的开和关； 灶具点燃后，旋钮逆时针旋转 90°可获得最大火力； 需要往小里调时，反方向慢慢转动旋钮，边观察，边调节，直到满意为止； 旋钮逆时针旋转超过 90°，直至转不动时，只有内圈小火	5	不会调节火力大小，扣 5 分；不能正确使用旋钮或按键开、关灶具，扣 5 分
3. 安全文明施工	工作完成后清理现场，环境整洁，无安全事故	5	不文明操作酌情扣分，扣完为止；重大安全事故为零分
合计		15	

第4章 燃气热水器安装

考核要点

操作技能考核范围	考核要点	重要程度
挂机	1. 按施工图纸确定设备安装位置	★★★
	2. 打安装孔并安装膨胀螺栓或塑料胀塞及挂架	★★★
	3. 挂机并固定	★★★
燃气管道连接	1. 燃气管道与燃气热水器的软管连接	★★★
	2. 燃气管道与燃气热水器的硬管连接	★★★
	3. 燃气热水器燃气进口与钢瓶的软管连接	★★★
水管道连接与试漏	1. 设备与冷、热水（或供、回水）管道的软管连接	★★★
	2. 设备与冷、热水（或供、回水）管道的硬管连接	★★★
	3. 水路系统的泄漏检测	★★★
电源连接	1. 电源插座可靠接地的确认	★★★
	2. 设备电源插头与电源插座的连接	★★★
	3. 为使用直流电源的燃气热水器安装电池	★★★
给排气管的安装	1. 给排气管安装的定位打孔	★★★
	2. 给排气管的连接、固定和密封	★★★
调试	1. 燃气热水器的试通水及水流量调节	★★★
	2. 用热水器的前后截门控制热水器的开和关	★★★
	3. 用调温钮或按键设置洗浴水温度	★★★
	4. 检查各功能旋钮和按键是否工作正常	★★
	5. 向用户介绍安全保护装置和控制装置的使用方法	★★

注："重要程度"中，"★"为级别最低，"★★★"为级别最高。

辅导练习题

【题目1】按施工图纸确定设备安装位置

1. 考核要求

（1）熟悉家用燃气热水器的分类、型号、规格。

（2）熟悉室内燃气管道、设备安装图。

（3）能确定燃气热水器的安装位置。

2. 准备工作

（1）安装图、安装纸样、安装说明书等。

（2）画笔、卷尺、水平尺、锤子、样冲等。

3. 考核时间

标准时间为10 min，每超过1.0 min从本题总分中扣除2分，操作过程超过5 min本题为零分。

4. 评分项目及标准

评分项目	评分要点	配分	评分标准及扣分
1. 燃气热水器的分类、型号和规格	分类方法：按燃气类别分，按安装位置分，按给排气方式分，按用途分； 型号：由燃气热水器的类型代号、安装位置或排气方式、主参数、特征序号四部分组成； 规格：热水器的规格是用热水器的热负荷的大小来衡量的，家用燃气快速热水器的规格不大于70 kW	5	口述或笔答，不能准确说出产品的分类、型号和规格酌情扣分，扣完为止
2. 确定安装孔位置	安装孔是用来放置膨胀螺栓或塑料胀塞的，最终是为了把热水器固定在墙面上； 安装孔的位置是根据安装图和产品安装说明书及有关规范的要求确定的，安装孔确定后就要根据要求的坡度确定烟管的引出孔位置； 首先测量尺寸，在安装热水器的墙壁上画第一条水平线，它决定了热水器的安装高度，要保证热水器上下空间符合规范要求，确定第一个安装孔中心线，他确定了热水器两侧的空间情况，再确定第二个中心孔的位置，要保证两孔中心距准确，用尖锐工具在中心线位置轻轻凿个小坑	5	不能按要求正确确定安装孔的位置，扣5分

续表

评分项目	评分要点	配分	评分标准及扣分
3. 安全文明施工	工作完成后清理现场，环境整洁，无安全事故	5	不文明操作酌情扣分，扣完为止；重大安全事故零分
合计		15	

【题目 2】打安装孔并安装膨胀螺栓及挂架

1. 考核要求

（1）熟悉常见安装用紧固件的规格和用途。

（2）掌握冲击钻（或电锤）的使用方法。

（3）能打安装孔并安装膨胀螺栓及挂架。

2. 准备工作

（1）膨胀螺栓、挂架、塑料胀塞等。

（2）打孔工具、钻头、小毛刷。

3. 考核时间

标准时间为 15 min，每超过 1. 5 min 从本题总分中扣除 2 分，操作过程超过 7. 5 min 本题为零分。

4. 评分项目及标准

评分项目	评分要点	配分	评分标准及扣分
1. 常见安装用紧固件的规格和用途	（1）膨胀螺栓：膨胀螺栓规格有 M8、M10、M12 三种；它用于热水器和支架在支撑体上的固定，膨胀螺栓有不带钻和带钻两种，不带钻膨胀螺栓由尾部带锥度的螺栓、尾部开口的套管和螺母组成 （2）塑料胀塞：塑料胀塞的规格有 6 mm、8 mm、10 mm、12 mm 等几种规格，塑料胀塞是由 ABS 或尼龙等材料制成的，它用于热水器和各种挂架的固定	5	口述或笔答，不能准确说出膨胀螺栓和塑料胀塞的规格和用途，酌情扣分，扣完为止
2. 打安装孔并安装膨胀螺栓及挂架	（1）用膨胀螺栓或塑料胀塞固定热水器和挂架须在支撑体上打孔，钻孔一般都是用冲击钻来进行； 打孔前，首先要安装钻头，钻头的直径应和膨胀螺栓套管的外径和塑料胀管的外径相等，孔的深度为套管或塑料胀管长度加 15 mm，操作时要用力均匀，钻头必须与支撑体垂直	10	不能正确使用冲击钻，扣 5 分；不能按要求正确打安装孔并安装膨胀螺栓及挂架，扣 5 分

续表

评分项目	评分要点	配分	评分标准及扣分
2. 打安装孔并安装膨胀螺栓及挂架	（2）孔钻好后，孔内的灰渣、碎屑用毛刷清除干净，然后将套管及膨胀螺栓（或塑料胀管）施力放入孔中 （3）将挂架对准膨胀螺栓并贴至墙面，用扳手拧紧螺母，直至挂架稳固为止	10	不能正确使用冲击钻，扣5分；不能按要求正确打安装孔并安装膨胀螺栓及挂架，扣5分
3. 安全文明施工	工作完成后清理现场，环境整洁，无安全事故	5	不文明操作酌情扣分，扣完为止；重大安全事故零分
合计		20	

【题目3】燃气热水器的挂机和固定

1. 考核要求

（1）熟悉 CJJ 94—2009　6.2.3 相关规定及燃气热水器安装的位置要求。

（2）能够挂机和固定。

2. 准备工作

（1）膨胀螺栓、挂架、塑料胀塞等。

（2）打孔工具、钻头、小毛刷。

3. 考核时间

标准时间为 5 min，每超过 0.5 min 从本题总分中扣除 2 分，操作过程超过 2.5 min 本题为零分。

4. 评分项目及标准

评分项目	评分要点	配分	评分标准及扣分
1. CJJ 94—2009 6.2.3 相关规定及燃气热水器安装的位置要求	（1）CJJ 94—2009　6.2.3 的相关规定 6.2.3　燃气热水器和采暖炉的安装应符合下列要求： 1　应按照产品说明书的要求进行安装，并应符合设计文件的要求； 2　热水器和采暖炉应安装牢固，无倾斜； 3　支架的接触应均匀平稳，便于操作； 4　与室内燃气管道和冷热水管道连接必须正确，并应连接牢固、不易脱落；燃气管道的阀门、冷热水管道阀门应便于操作和检修	5	口述或笔答，不能准确说出燃气热水器安装要求和位置要求酌情扣分，扣完为止

续表

评分项目	评分要点	配分	评分标准及扣分
1. CJJ 94—2009 6.2.3 相关规定及燃气热水器安装的位置要求	（2）燃气热水器安装的位置要求： 1）非密闭式燃气热水器严禁安装在没有给排气条件的房间内； 2）设置了吸油烟机等机械换气设备的房间及其相连通的房间内，不宜设置半密闭自然排气式燃气热水器； 3）安装处的选择，下列房间和部位不得安装燃气热水器：卧室、地下室、客厅，浴室内，楼梯和安全出口附近（5 m 以外不受限制），橱柜内； 4）燃气热水器安装处不能存放易燃易爆及产生腐蚀气体的物品； 5）燃气热水器上方不允许有电力明线、电器设备，燃气热水器与电器设备的水平距离应大于 400 mm； 6）燃气热水器下方不得设置燃气烤炉、燃气灶等燃气具； 7）燃气热水器安装部位应是不可燃材料建造，若安装部位是可燃材料或难燃材料时，应采用防热板隔热，防热板与墙的距离应大于 10 mm，安装燃气热水器的支撑物应坚实，能承受悬挂热水器所需要的受力要求； 8）不得将燃气热水器安装在距可燃物太近的地方，排烟口附近不允许有可燃物； 9）不要将燃气热水器安装在强风能吹到的地方； 10）不要将燃气热水器安装在物品容易掉下的危险棚架下，同时不要安装在窗帘和易燃物品旁边	5	口述或笔答，不能准确说出燃气热水器安装要求和位置要求酌情扣分，扣完为止
2. 挂机并固定	挂机前，应对热水器的适用性、完整性进行检查； 将设备的挂孔对准膨胀螺栓（或挂架的挂钩），向里推（或向上），将热水器挂好； 热水器挂上后，调整一下设备，使机体横平竖直，然后带好螺母，用扳手将热水器固定好	5	设备偏斜、松动，扣 5 分；不能完成挂机和固定，扣 5 分
3. 安全文明施工	工作完成后清理现场，环境整洁，无安全事故	5	不文明操作酌情扣分，扣完为止；重大安全事故零分
合计		15	

【题目4】燃气管道与燃气热水器的软管连接

1. 考核要求

（1）熟悉燃气软管连接的相关标准和规范。

（2）掌握燃气软管连接的操作方法。

（3）能进行燃气管道与热水器的卡套（箍）式连接。

2. 准备工作

（1）阀门、专用燃气铝塑复合管、管件、填料、密封件等。

（2）活扳手、旋具、扩圆器、专用管剪等。

3. 考核时间

标准时间为15 min，每超过1.5 min从本题总分中扣除2分，操作过程超过7.5 min本题为零分。

4. 评分项目及标准

评分项目	评分要点	配分	评分标准及扣分
1. 燃气软管连接的相关标准和规范	燃气软管连接的相关标准和规范： （1）CJJ 12—99　5.0.10　各项规定 （2）CJJ 94—2009 第6.2.5条的规定： 6.2.5　当燃具与室内燃气管道采用软管连接时，软管应无接头；软管与燃具的连接接头应选用专用接头，并应安装牢固，便于操作； （3）CECS215：2006　6.3的各项规定 1和3各项规定请参阅《教程》相关内容	5	口述或笔答，不能准确说出燃气软管连接的相关规定，酌情扣分，扣完为止
2. 燃气管道与热水器的卡套（箍）式连接	（1）检查管件和阀门等 （2）将球阀与供气管道相连 （3）将管件本体分别与阀门端和设备燃气接口端相连 （4）按所需长度将铝塑复合管截断，并用扩圆器将铝塑复合管切口扩圆 （5）将螺母和C形套环先后套入管子端头 （6）将管件本体内芯旋插入管内 （7）拉回C形套环和螺母，用扳手拧紧螺母 （8）用刷肥皂水的方法对所有接口进行漏气检查	10	不能正确使用专用管剪、扩圆器等工具，扣5分；卡套式连接操作失误，扣5分；未进行燃气泄漏检查，扣3分

续表

评分项目	评分要点	配分	评分标准及扣分
3. 安全文明施工	工作完成后清理现场，环境整洁，无安全事故	5	不文明操作酌情扣分，扣完为止；重大安全事故零分
合计		20	

【题目 5】燃气管道与燃气热水器的硬管连接

1. 考核要求

(1) 熟悉燃气硬管连接的相关标准和规范。

(2) 掌握燃气硬管连接的操作方法。

(3) 能进行燃气管道与热水器的硬管连接。

2. 准备工作

(1) 管段、阀门、管件、填料、密封件等。

(2) 活扳手、旋具、管钳、锉刀等。

3. 考核时间

标准时间为 15 min，每超过 1.5 min 从本题总分中扣除 2 分，操作过程超过 7.5 min 本题为零分。

4. 评分项目及标准

评分项目	评分要点	配分	评分标准及扣分
1. 燃气硬管连接的相关标准和规范	燃气硬管连接的相关标准和规范： 1. GB 50028 10.2.3 10.2.4 各项规定 2. GB 6932—2001 5.1.2.3 规定 5.1.2.3 燃气入口接头应采取管螺纹连接，管螺纹应符合 GB/T 7306.1、GB/T 7306.2、GB/T 7307 规定 3. CJJ 94—2009 6.2.4 6.2.6 的规定 1 和 3 各项规定请参阅《教程》相关内容	5	口述或笔答，不能准确说出燃气硬管连接的相关规定酌情扣分，扣完为止
2. 燃气管道与热水器的硬管连接	燃气管道与燃气热水器的硬管连接主要指燃气表后至燃气热水器前这一段的连接，从操作上来讲，主要是短丝连接和活接头连接； (1) 按系统安装草图，进行管段的加工预制，核对好尺寸，按安装顺序进行编号； (2) 对所用管件、阀门等进行检验；	10	不能正确使用管钳拧紧管件或管子（包括倒回），扣 5 分；用管接头强行对口，扣 5 分，螺纹装紧后，绝丝

续表

评分项目	评分要点	配分	评分标准及扣分
2. 燃气管道与热水器的硬管连接	(3) 可按顺序单件连接，也可将阀门、管件等组合成若干管段进行组合连接； (4) 无论是单件连接，还是组合连接，都必须一把管钳咬住已经拧紧的管子（或管件），一把管钳拧管件（或管子），拧到松紧适度为止，丝扣外露2~3扣； (5) 最后一定要对连接部位试漏	10	<2或>3扣，扣5分；未进行燃气泄漏检查，扣3分
3. 安全文明施工	工作完成后清理现场，环境整洁，无安全事故	5	不文明操作酌情扣分，扣完为止；重大安全事故零分
合计		20	

【题目6】单瓶供应燃气热水器与钢瓶的连接

1. 考核要求

(1) 熟悉气瓶供应系统设置的环境要求及管道连接的相关规定。

(2) 掌握燃气热水器与液化石油气钢瓶的连接方法。

(3) 能进行燃气热水器与单个液化石油气钢瓶的连接。

2. 准备工作

(1) 15 kg液化石油气钢瓶一只。

(2) 2 m长燃气专用内有塑料管、卡箍等。

(3) 肥皂水、毛刷等。

(4) 0.6 m^3 用户调压器一只。

3. 考核时间

标准时间为10 min，每超过1 min从本题总分中扣除2分，操作过程超过5 min本题为零分。

4. 评分项目及标准

评分项目	评分要点	配分	评分标准及扣分
1. 气瓶供应系统设置的环境要求，管道连接的相关规定	气瓶供应系统设置的环境要求将管道连接规定： 1. GB 50028—2006 8.7的规定 8.7 用户	5	口述或笔答酌情扣分，最多扣5分

续表

评分项目	评分要点	配分	评分标准及扣分
1. 气瓶供应系统设置的环境要求，管道连接的相关规定	8.7.1　居民用户使用的液化石油气气瓶应设置在符合本规范第 10.4 节规定的非居住房间内，且室温不应高于 45℃ 8.7.2　居民用户室内液化石油气气瓶的布置应符合下列要求： 1　气瓶不得设置在地下室、半地下室或通风不良的场所； 2　气瓶与燃具的净距不应小于 0.5 m； 3　气瓶与散热器的净距不应小于 1 m，当散热器设置隔热板时，可减少到 0.5 m 8.7.3　单户居民用户使用的气瓶设置在室外时，宜设置在贴邻建筑物外墙的专用小室内 8.7.4　商业用户使用的气瓶组严禁与燃气燃烧器具布置在同一房间内。瓶组间的设置应符合本规范第 8.5 节的有关规定	5	口述或笔答酌情扣分，最多扣 5 分
2. 燃气热水器与钢瓶的软管连接	连接前，要对热水器进行适用性和完整性检查，根据施工图纸和规范的要求，将热水器安装在规定位置，并在设备燃气进口安装格林接头； 然后在耐油塑料软管套合适的卡箍（两个），分别与调压器格林接头与热水器上的格林接头相连，拧紧卡箍，钢瓶与热水器要保持 1 m 以上的距离； 打开钢瓶角阀，用刷肥皂水的方法，对热水器前各连接处进行泄漏检查	15	未对热水器进行适用性和完整性检查，扣 3 分；安装的位置、间距等不符合规范，扣 5 分；未使用卡箍紧固，扣 5 分；未进行泄漏检查，扣 5 分
3. 质量检验	连接紧密，不漏气； 工具使用正确； 连接应符合规范要求，连接步骤和方法正确	5	连接步骤、方法不正确酌情扣分，扣完为止；违规使用和损坏工具，扣 5 分；连接不符合规范要求，扣 5 分；漏气，扣 5 分
4. 安全文明施工	工作完成后清理现场，环境整洁，无安全事故	5	不文明操作酌情扣分，扣完为止；重大安全事故零分
合计		30	

【题目7】设备与冷、热水（或供、回水）管道的软管连接

1. 考核要求

（1）熟悉燃气热水器水路连接的标准和规范。

（2）掌握燃气热水器水路软管连接的方法。

（3）能进行燃气热水器与冷、热水（或供、回水）管道的软管连接。

2. 准备工作

（1）热水器和冷、热水支管已安装完毕。

（2）活扳手、呆扳手。

（3）金属软管、密封垫、阀门等。

3. 考核时间

标准时间为5 min，每超过0.5 min从本题总分中扣除2分，操作过程超过2.5 min本题为零分。

4. 评分项目及标准

评分项目	评分要点	配分	评分标准及扣分
1. 燃气热水器水路连接的标准和规范	燃气热水器水路连接的标准和规范： 1. CJJ 12—99 6.0.5的规定 6.0.5 打开自来水阀和燃具冷水进口阀，关闭燃具热水出口阀，目测检查自来水系统不应有渗漏现象； 2. 附录C 给水安装的规定 C.0.1 给水管和热水管应是经过检验的管材，后制式热水器的给水管，从热水阀到给水连接管，应采用耐压、耐温的水管，用金属挠性管直接与给水管连接时，长度应小于1 m，给水管的直径不应影响燃具供热水性能； C.0.2 给水压力应满足燃具额定水压要求。使用压力不超过0.1 MPa的容积式热水器用管道直接供水或用水箱间接供水时，其供水压力均应小于0.1 MPa； 直接与热水器连接的给水管道上应设置阀门；容积式热水器的给水管道上还应设置减压阀和止回阀，出水管道上应设置安全阀；热水循环使用的容积式热水器（包括有热水箱的）宜使用水箱给水； C.0.3 热水管的直径不应影响燃具供热水性能；使用热水混合阀时，不应使冷水压力影响热水，而且不应使热水倒流；	5	口述或笔答不能回答出水路系统试漏方法及水路系统的连接标准和规范，酌情扣分，最多扣5分

续表

评分项目	评分要点	配分	评分标准及扣分
1. 燃气热水器水路连接的标准和规范	C.0.4　容积式热水器设有热水箱时，热水箱的水温应小于100℃；应设有恒温装置和公称直径大于25 mm的泄压溢流管；容积式热水器供热水管的安装应保证不产生水、气夹带（气堵管路）现象。 C.0.5　寒冷地区的给水管、热水管应安装放水门和进气塞，并符合下列要求： 1　放水门应装在给水管或热水管底部易操作的地方； 2　进气塞应装在给水管上方	5	口述或笔答不能回答出水路系统试漏方法及水路系统的连接标准和规范，酌情扣分，最多扣5分
2. 设备与冷、热水（或供、回水）管道的软管连接	热水器冷、热水进、出口接头规格均为G1/2管螺纹； 进、出水管最好用金属软管连接，或用刚性水管直接连接； 用金属软管连接前，首先应对配件进行检查，清洗水管，然后看冷水进口是否安装了过滤网，连接时，应避免用大力扳动锁母，以免损坏连接管； 连接完成后，应进行通水试验，然后松开冷水进口锁母，取出过滤网，清除脏物； 再将冷水进口锁母拧紧	5	连接步骤和方法不正确，扣5分；冷热水管装反，扣5分
3. 安全文明施工	工作完成后清理现场，环境整洁，无安全事故	5	不文明操作酌情扣分，扣完为止；重大安全事故零分
合计		15	

【题目8】设备与冷、热水（或供、回水）管道的硬管连接

1. 考核要求

（1）熟悉“CJJ 12—99 附录 C”给水安装的规定及给水镀锌钢管的规格及质量标准。

（2）掌握燃气热水器水路硬管连接的方法。

（3）能进行燃气热水器与冷、热水（或供、回水）管道的硬管连接。

2. 准备工作

（1）热水器和冷、热水支管已安装完毕。

（2）活扳手、呆扳手、管钳。

（3）镀锌钢管管段、活接头、管件、生料带、密封垫、阀门等。

3. 考核时间

标准时间为 5 min，每超过 0.5 min 从本题总分中扣除 2 分，操作过程超过 2.5 min 本题为零分。

4. 评分项目及标准

评分项目	评分要点	配分	评分标准及扣分
1. 燃气热水器水路连接的标准和规范、给水镀锌钢管的规格及质量标准	燃气热水器水路连接的标准和规范： 1. CJJ 12—99　6.0.5 的规定 6.0.5　打开自来水阀和燃具冷水进口阀，关闭燃具热水出口阀，目测检查自来水系统不应有渗漏现象； 2. 附录 C　给水安装的规定 C.0.1　给水管和热水管应是经过检验的管材。后制式热水器的给水管，从热水阀到给水连接管，应采用耐压、耐温的水管。用金属挠性管直接与给水管连接时，长度应小于 1 m。给水管的直径不应影响燃具供热水性能； C.0.2　给水压力应满足燃具额定水压要求，使用压力不超过 0.1 MPa 的容积式热水器用管道直接供水或用水箱间接供水时，其供水压力均应小于 0.1 MPa； 直接与热水器连接的给水管道上应设置阀门；容积式热水器的给水管道上还应设置减压阀和止回阀，出水管道上应设置安全阀。热水循环使用的容积式热水器（包括有热水箱的）宜使用水箱给水； C.0.3　热水管的直径不应影响燃具供热水性能。使用热水混合阀时，不应使冷水压力影响热水，而且不应使热水倒流； C.0.4　容积式热水器设有热水箱时，热水箱的水温应小于 100℃；应设有恒温装置和公称直径大于 25 mm 的泄压溢流管。容积式热水器供热水管的安装应保证不产生水、气夹带（气堵管路）现象； C.0.5　寒冷地区的给水管、热水管应安装放水门和进气塞，并应符合下列要求：	5	口述或笔答不能回答出水路系统的连接标准和规范及给水镀锌钢管的规格及质量标准，酌情扣分，最多扣 5 分

续表

评分项目	评分要点	配分	评分标准及扣分
1. 燃气热水器水路连接的标准和规范、给水镀锌钢管的规格及质量标准	1　放水门应装在给水管或热水管底部易操作的地方。 2　进气塞应装在给水管上方。 给水镀锌钢管的规格及质量标准：给水镀锌钢管的规格及水压试验压力见《教程》相关内容	5	口述或笔答不能回答出水路系统的连接标准和规范及给水镀锌钢管的规格及质量标准，酌情扣分，最多扣 5 分
2. 设备与冷、热水（或供、回水）管道的硬管（镀锌管）连接	（1）查看配件并清扫 （2）在冷、热水管道上装进、出水阀门 （3）分别组装活接头公口和母口段管段 （4）分别在阀门出口端和设备端装公口端管段和母口端管段（冷、热水） （5）在公口侧放密封垫，然后对正，套母入扣，用大号扳手或管钳拧紧套母	5	连接步骤和方法不正确，扣 5 分；冷热水管装反，扣 5 分
3. 安全文明施工	工作完成后清理现场，环境整洁，无安全事故	5	不文明操作酌情扣分，扣完为止；重大安全事故零分
合计		15	

【题目 9】水管道连接与试漏

1. 考核要求

（1）熟悉 GB 6932—2001　5. 1. 4. 1、CJJ 12—99　6. 0. 5 的规定。

（2）掌握燃气热水器水路连接后的试漏方法。

（3）能进行燃气热水器水管道连接后的泄漏检测。

2. 准备工作

（1）热水器和冷、热水支管已安装完毕。

（2）活扳手、呆扳手。

（3）餐巾纸。

3. 考核时间

标准时间为 5 min，每超过 0. 5 min 从本题总分中扣除 2 分，操作过程超过 2. 5 min 本题为零分。

4. 评分项目及标准

评分项目	评分要点	配分	评分标准及扣分
1. 燃气热水器水路连接的标准和规范	燃气热水器水路密封性能： （1）GB 6932—2001 5.1.4.1 的规定： 5.1.4.1 水路系统的管道、阀门、配件及连接部位应不漏水，其密封性能应符合表 7 的规定； 表 7 相关规定：进水口至出热水口的耐压性能：在使用水压上限值的 1.25 倍，且不低于 1.0 MPa 的水压下，持续 1 min 应无渗漏和变形现象 （2）CJJ 12—99 6.0.5 的规定 6.0.5 打开自来水阀和燃具冷水进口阀，关闭燃具热水出口阀，目测检查自来水系统不应有渗漏现象	5	口述或笔答不能回答出水路系统密封性能要求及水路系统试漏方法酌情扣分，最多扣 5 分
2. 燃气热水器水管路连接后的泄漏检测	打开自来水阀和冷水进口阀门，向管道系统注水，当有水流出时，关闭热水器的热水出口阀门，进行“憋压”，目测观察水管道各连接点，热水器的进水管、水阀、热交换器及各连接部位是否有漏水现象，在检出的漏点上画圆圈或箭头	5	未进行水管路“憋压”，扣 5 分；未检出泄漏点或检查方法不对，扣 5 分；未观察或未用手触摸，扣 5 分
3. 安全文明施工	工作完成后清理现场，环境整洁，无安全事故	5	不文明操作酌情扣分，扣完为止；重大安全事故零分
合计		15	

【题目 10】电源插座可靠接地的确认

1. 考核要求

（1）熟悉 CECS215：2006 6.5、GB 6932—2001 9.1.2c）、GB 25034—2010 9.2.1c）、CJJ 12—99 3.1.13 的相关规定。

（2）掌握电源插座可靠接地的检测方法。

（3）能确认电源插座具有可靠接地。

2. 准备工作

安装现场电源已接通。

3. 考核时间

标准时间为 5 min，每超过 0.5 min 从本题总分中扣除 2 分，操作过程超过 2.5 min 本题为零分。

4. 评分项目及标准

评分项目	评分要点	配分	评分标准及扣分
1. CECS215：2006 6.5、GB 6932—2001 9.1.2c)、GB 25034—2010 9.2.1c)、CJJ 12—99 3.1.13 的相关规定	（1）CECS215：2006 6.5.2 6.5.3 的规定 6.5.2 采暖热水炉的所有连接管道均不得用作电器的地线； 6.5.3 防触电保护等级采用Ⅰ类的采暖热水炉应有可靠接地，其接地措施应符合国家现行有关标准的规定，并应检查Ⅰ类器具的接地线是否可靠和有效 （2）GB 6932—2001 9.1.2 c）条规定 9.1.2 c）直接使用交流电源的热水器应有接地要求； （3）GB 25034—2010 9.2.1 c）条规定 9.2.1 c）使用交流电的器具应安全接地； （4）CJJ 12—1999 3.1.13 的规定 3.1.13 不同防触电保护类别的燃具安装时，应使用符合规定的电源插座、开关和导线，电源插座、开关和导线应是经过安全认证的产品	5	口述或笔答不能回答出可靠接地相关标准和规范的酌情扣分，最多扣 5 分
2. 电源插座可靠接地的确认	（1）检查电源插座应设置在离设备较近的地方，检查电源插座是否经过安全认证 （2）用单相三孔插座安全检测器检测是否有可靠接地 （3）观察指示灯的排列组合，得出是否有可靠接地的结论 （4）测量时，小心触电，若插座未接地，不得使用	5	未对插座的设置和安全认证进行检查，扣 5 分；不会使用安全检测器或得不出结论，扣 5 分；操作失误，扣 5 分
3. 安全文明施工	工作完成后清理现场，环境整洁，无安全事故	5	不文明操作酌情扣分，扣完为止；重大安全事故零分
合计		15	

【题目 11】设备电源线与电源插座的连接

1. 考核要求

（1）熟悉 CECS215：2006 6.5.4 及 6.5.5 的相关规定。

（2）掌握正确连接电源线的方法。

（3）能正确进行设备电源线与电源插座的连接。

2. 准备工作

经安全认证和具有可靠接地的电源插座。

3. 考核时间

标准时间为 5 min，每超过 0.5 min 从本题总分中扣除 2 分，操作过程超过 2.5 min 本题为零分。

4. 评分项目及标准

评分项目	评分要点	配分	评分标准及扣分
1. CECS215：2006 6.5.4 及 6.5.5 的相关规定	CECS215：2006 6.5.4 6.5.5 的相关规定 6.5.4 电源线的截面积应满足采暖热水炉电气最大功率的需要，且截面不应小于 $3 \times 0.75\ mm^2$，可按说明书规定的电源线规格尺寸进行检查； 6.5.5 连接电源线时必须注意电源线的极性，相线（L）—褐色线，零线（N）—蓝色线，地线（E）—黄绿线；Ⅰ类器具必须采用单相三孔插座，面对插座的右孔与相线连接、左孔与零线连接、地线接在上孔，应为“左零、右相和上地”的方式安装	5	口述或笔答不能回答出可靠接地相关标准和规范的酌情扣分，最多扣 5 分
2. 连接电源插头	对于套装电源线，要检查插头的 L、N、E 标志是否与相应的导线连接正确；对于散装电源线与插头的连接，须做到面对插头时应为右零、左相和上地	5	未检查极性或极性连接错误，扣 5 分
3. 设备电源线与电源插座的连接	（1）用单相三孔插座安全检测器检测检查电源插座的极性和是否可靠接地，检查电源线的规格看是否符合最大功率的要求 （2）用干燥的手将设备电源插头插入三孔插座 （3）用力按压插头绝缘部分，要插牢插实 （4）测量时，小心触电，若插座未接地，不得使用	5	未对插座和插头的极性进行检查，扣 5 分；插头虚接或极性不对，扣 5 分
4. 安全文明施工	工作完成后清理现场，环境整洁，无安全事故	5	不文明操作酌情扣分，扣完为止；重大安全事故零分
合计		20	

【题目 12】为燃气热水器安装电池

1. 考核要求

（1）熟悉电池的种类、规格及电压等参数。

（2）掌握电池的安装方法。

（3）能为燃气热水器安装电池。

2. 准备工作

各号电池若干。

3. 考核时间

标准时间为 5 min，每超过 0.5 min 从本题总分中扣除 2 分，操作过程超过 2.5 min 本题为零分。

4. 评分项目及标准

评分项目	评分要点	配分	评分标准及扣分
1. 电池的种类、规格和电压	（1）电池的种类：碳性电池、碱性电池、充电电池等； 碳性电池（也称为普通电池和酸性电池），碳性电池所用的导电介质（电解质）是氯化锌、显酸性（电解质 pH <7）、所以经常把它称为酸性电池； 碱性电池所用的导电介质（电解质）是氢氧化钾、显碱性（电解质 pH >7）、所以经常称其为碱性电池； 充电电池指可以充电的电池，包括镍镉电池（Ni－Cd）、镍氢电池（Ni－Mh）、锂离子电池（Li－lon）、锂聚合物电池（Li－polymer）以及铅酸电池（Sealed）等 （2）电池的规格：1 号、2 号、5 号、7 号电池，另外还有纽扣电池等 （3）电池的电压：1.2 V、1.5 V、3.6 V、9 V 等	5	口述或笔答不能回答出电池的种类、规格和电压酌情扣分，最多扣 5 分
2. 为燃气热水器安装电池	（1）在燃气热水器的参数标牌上查看电源参数 （2）选择电池：一般选择碱性电池，电压和电池的号数应与电池和相匹配 （3）根据盒盖上的打开标志，打开盒盖 （4）按盒底的“+”“-”极性标志，依次安装电池到位，关好盒盖	5	未查看电源参数，扣 5 分；电池极性装错，扣 5 分；电池号数不对，扣 5 分
3. 安全文明施工	工作完成后清理现场，环境整洁，无安全事故	5	不文明操作酌情扣分，扣完为止；重大安全事故零分
合计		15	

【题目13】给排气管安装的定位打孔

1. 考核要求

（1）熟悉 CJJ 12—99　3. 1、GB 6932—2001　A5. 1c　A5. 2c　A5. 3a　A5. 4a、CECS215：2006　6. 7. 3 的相关规定。

（2）掌握给排气管定位打孔的操作方法。

（3）能进行给排气管的定位打孔。

2. 准备工作

（1）安装图、安装纸样、金属样板、安装说明书。

（2）画笔、卷尺、水平尺。

（3）专用打孔工具、专用玻璃打孔工具、专用钻孔刀具（水钻）。

（4）各种在支撑体（墙、玻璃等）。

3. 考核时间

标准时间为 25 min，每超过 2. 5 min 从本题总分中扣除 2 分，操作过程超过 12. 5 min 本题为零分。

4. 评分项目及标准

评分项目	评分要点	配分	评分标准及扣分
1. CJJ 12—99　3. 1 GB 6932—2001　A5. 1c A5. 2c　A5. 3a　A5. 4a CECS215：2006　6. 7. 3 的相关规定	（1）CJJ 12—1999　3. 1 一般规定 3. 1. 4　自然排气的烟道上严禁安装强制排气式燃具和机械换气设备； 3. 1. 5　排气筒（排气管）、风帽、给排气筒（给排气管）等应是独立产品，其性能应符合相应标准的规定； 3. 1. 6　排气筒、给排气筒上严禁安装挡板； 3. 1. 7　每台半密闭式燃具宜采用单独烟道； 3. 1. 8　复合烟道上最多可接 2 台半密闭自然排气式燃具，2 台燃具在复合烟道上接口的垂直间距不得小于 0. 5 m；当确有困难，接口必须安装在同一高度上时，烟道上应设 0. 5 ~ 0. 7 m 高的分烟器； 3. 1. 9　公用烟道上可安装多台自然排气式燃具，但应保证排烟时互不影响； 3. 1. 10　公用给排气烟道上应安装密闭自然给排气式燃具；	5	口述或笔答不能回答出给排气管安装的相关要求酌情扣分，最多扣 5 分

续表

评分项目	评分要点	配分	评分标准及扣分
1. CJJ 12—99　3. 1 GB 6932—2001　A5. 1c A5. 2c　A5. 3a　A5. 4a CECS215：2006　6. 7. 3 的相关规定	3. 1. 11　楼房的换气风道上严禁安装燃具排气筒； 3. 1. 12　安装有风扇排气筒的直排式燃具和半密闭自然排气式热水器严禁共用一个排气筒 （2）GB 6932—2001　A5. 1c　A5. 2c　A5. 3a　A5. 4a 的规定 A5. 1　自然排气式热水器的安装 A5. 1c）　自然排气式热水器宜每台采用单独烟道，而且排气管不得安装在楼房的换气风道上； A5. 2　强制排气式热水器的安装 A5. 2c）　排气管不得安装在楼房的换气风道及公共烟道上； A5. 3　自然给排气式热水器的安装 A5. 3a）　给排气管应安装在直通大气的墙上；并应符合 CJJ 12—1999 中 3. 3. 4 条的规定； A5. 4　强制给排气式热水器的安装 A5. 4a）　给排气管应安装在直通大气的墙上；并符合 CJJ 12—1999 中 3. 3. 5 的规定； （3）CECS215：2006　6. 7. 3 的规定 6. 7. 3　给排气管的吸气/排烟口可设置在墙壁、屋顶或烟道上，严禁将烟管插入非采暖热水炉专用的共用烟道中	5	口述或笔答不能回答出给排气管安装的相关要求酌情扣分，最多扣 5 分
2. 给排气管的定位打孔	（1）按安装图尺寸进行测量、画线，画线时，要根据烟管的长度和坡向室外不小于 1% 的坡度经简单计算，确定支撑体烟管引出孔中心线位置 （2）准备打孔工具和钻孔刀具，一般钻孔刀具要比烟管外径大 10 mm 以上 （3）安装钻孔刀具，道具安装应端正牢固 （4）按线打孔，用水钻打孔时，用力要均匀，一边打孔一边浇水冷却，快要打通时，进刀要慢	10	引出孔中心位置偏差大，扣 5 分；工具和刀具选择错误，扣 5 分；水钻使用方法不对，扣 5 分
3. 安全文明施工	工作完成后清理现场，环境整洁，无安全事故	5	不文明操作酌情扣分，扣完为止；重大安全事故零分
合计		20	

【题目14】给排气管（铝合金喷涂标准烟管）的连接、固定和密封

1. 考核要求

（1）熟悉 CJJ 12—99　3. 3、CECS215：2006 6. 7 的相关规定。

（2）掌握给排气管连接、固定、密封的操作方法。

（3）能进行给排气管的连接、固定和密封。

2. 准备工作

（1）外墙防风套、内外烟管、内墙护套、密封胶套、密封套卡子、螺钉、耐高温密封圈、法兰密封垫、法兰盘弯头等。

（2）旋具等。

（3）设备已挂好，烟道孔已打好。

3. 考核时间

标准时间为 15 min，每超过 1. 5 min 从本题总分中扣除 2 分，操作过程超过 7. 5 min 本题为零分。

4. 评分项目及标准

评分项目	评分要点	配分	评分标准及扣分
1. CJJ 12—99　3. 3 CECS215：2006　6. 7 的相关规定	（1）CJJ 12—1999　3. 3 部分相关条文 3. 3　密闭式燃具 3. 3. 5　强制给排气式燃具给排气管、给排气风帽的安装应符合下列要求： 8. 给排气管安装应向室外稍倾斜，雨水不得进入燃具； 9. 给排气管连接处不应漏烟气，应有防脱、防漏措施； 10. 给排气管的穿墙部位应密封，烟气不得流入室内 （2）CECS215：2006　6. 7 给排气管连接的规定 6. 7　给排气管连接 6. 7. 1　给排气管的连接和安装应符合本规程第 4 章及产品说明书和国家相关标准的规定；给排气管和附件应使用原厂的配件，同轴管、分体管（双头管）及其接头等应适用于设备的安装； 6. 7. 2　阻烟片的设置应符合下列规定：	5	口述或笔答不能回答出给排气管安装的相关规定酌情扣分，最多扣 5 分

续表

评分项目	评分要点	配分	评分标准及扣分
1. CJJ 12—99　3.3 CECS215：2006　6.7 的相关规定	1. 阻烟片应根据给排气管的类型和最大长度，按说明书的规定设置； 2. 阻烟片的规格、尺寸和设置位置应正确； 6.7.3　给排气管的吸气/排烟口可设置在墙壁、屋顶或烟道上，严禁将烟管插入非采暖热水炉专用的共用烟道中； 6.7.4　给排气管的长度或阻力系数不得大于说明书中规定的下列任一数值： 1. 实际长度（适用于同轴管）； 2. 当量长度（适用于分体管）； 3. 阻力系数（适用于同轴管和分体管） 6.7.5　当选定的给排气管长度超过允许的最大长度时，应将某些管段改为较大直径的给排气管，并应保证管道阻力不超过设计规定的最大值； 6.7.6　同轴管水平安装在外墙时，应向下倾斜不小于 3 mm/m，其外部管段的有效长度不应少于 50 mm； 6.7.8　采暖热水炉与给排气管连接时应保证良好的气密性，搭接长度不应小于 20 mm	5	口述或笔答不能回答出给排气管安装的相关规定酌情扣分，最多扣 5 分
2. 给排气管（铝合金喷涂标准烟管）的连接、固定和密封	（1）在法兰弯头上贴法兰密封垫，并安装耐高温密封圈（两个），注意密封圈锥孔大端朝外 （2）将外烟管插入烟道孔中，再将内烟管有三角支撑的一端插入外烟管中 （3）套内墙护套，再将密封胶套套在外烟管上，将内烟管插入弯头内烟管中，弯头的另一端插入密封胶套中 （4）用卡箍卡紧密封胶套，将弯头有法兰盘一端用螺钉固定在设备上 （5）套外墙防风套	10	密封圈方向安装错误，扣 5 分；安装步骤错误，扣 5 分；安装不牢，密封不严，扣 5 分；同轴烟管伸出管端的有效长度少于 50 mm，扣 5 分
3. 安全文明施工	工作完成后清理现场，环境整洁，无安全事故	5	不文明操作酌情扣分，扣完为止；重大安全事故零分
合计		20	

【题目15】燃气热水器的试通水及水流量调节

1. 考核要求

（1）熟悉 CECS215：2006 7.1.2 7.1.6 的规定。

（2）掌握燃气热水器的试通水和水流量调节方法。

（3）能进行燃气热水器的试通水及水流量调节。

2. 准备工作

（1）确认燃气热水器安装完毕且电源、气源、水路及给排气系统连接正确可靠。

（2）活扳手、旋具等。

3. 考核时间

标准时间为 5 min，每超过 0.5 min 从本题总分中扣除 2 分，操作过程超过 2.5 min 本题为零分。

4. 评分项目及标准

评分项目	评分要点	配分	评分标准及扣分
1. CECS215：2006 7.1.2、7.1.6 的规定	CECS215：2006 7.1.2 7.1.6 条文规定 7.1.2 水管连接主要应检查下列各项： 1 供水水压不高于铭牌规定的最高压力； 2 采暖系统水密性应符合铭牌规定的最高压力； 3 安全阀（包括储水罐安全阀）应与排水管地漏连接 7.1.6 系统的注水、排水和排空应按下列规定执行： 1 生活热水系统注水： 1）打开热水龙头，向设备的生活热水系统注水，直至水从热水出口流出； 2）配有热水储存罐时，注水方法同上 2 采暖系统注水： 1）打开炉体上的自动排气阀和采暖装置上的排气阀； 2）向系统中不断充水，直至将系统中的空气全部排出，且达到系统工作的额定压力； 3）关闭采暖装置上的手动排气阀，自动排气阀处于打开状态（注意螺母不得松脱）； 4）注完水后应立即关闭注水阀	5	口述或笔答不能回答水管连接的检查项目和要求以及水路系统注水方法酌情扣分，最多扣5分

续表

评分项目	评分要点	配分	评分标准及扣分
2. 燃气热水器的试通水及水流量调节	（1）将热水龙头开至最大 （2）打开冷水阀门，向生活热水系统注水 （3）观察热水出口水流情况，看水流中是否有脏物并用手感觉水的压力 （4）若水流不畅，看是否过滤网或水路被堵，若水流正常，用热水器上的水流量调节阀进行大、小水流量的调节 （5）关闭热水出口的水龙头，憋压看水路连接部位是否有渗漏现象 （6）关闭冷水阀门，打开热水龙头和泄水阀，待余水排空后，关闭热水龙头和泄水阀	5	试通水及水流量调节方法和步骤不正确，扣 5 分；未检漏，扣 5 分；未排空，扣 5 分
3. 安全文明施工	工作完成后清理现场，环境整洁，无安全事故	5	不文明操作酌情扣分，扣完为止；重大安全事故零分
合计		15	

【题目 16】用热水器前后截门控制热水器（后制式）的开和关

1. 考核要求

（1）熟悉燃气热水器前后制的概念。

（2）了解检查前后制的目的和意义。

（3）能用热水器前后截门控制热水器（后制式）的开和关。

2. 准备工作

（1）燃气热水器安装完毕且已经过各项检查和试通水。

（2）气源、电源和自来水已接通。

3. 考核时间

标准时间为 5 min，每超过 0.5 min 从本题总分中扣除 2 分，操作过程超过 2.5 min 本题为零分。

4. 评分项目及标准

评分项目	评分要点	配分	评分标准及扣分
1. 燃气热水器前后制概念及检查前后制的目的和意义	（1）燃气热水器前后制的概念：燃气热水器按控制方式分类可分为前制式和后制式热水器 前制式热水器，运行是用装在进水口处的阀门进行控制的，出水口不设置阀门；后制式热水器，运行时可以用装在进水口处的阀门控制，也可用装在出水口处的阀门进行控制 （2）检查前后制的目的和意义：作为专业人员利用热水器前后截门进行热水器的开和关，一方面是检查热水器是否能正常运行，另一方面是检查前后制的可靠性，即开阀火焰应缓慢点燃，闭阀火焰应立即熄灭，不能延缓熄灭或干烧，以保证用户使用安全	5	口述或笔答不能回答热水器前后制概念以及检查前后制的目的和意义，酌情扣分，最多扣5分
2. 用热水器前后截门控制热水器（后制式）的开和关	（1）用前截门控制：在前截门关闭的情况下，先打开后截门，然后打开前截门，热水器运行；再关闭前截门，热水器停止运行 （2）用后截门控制：在后截门关闭的情况下，先打开前截门，然后打开后截门，热水器运行；再关闭后截门，热水器停止运行	5	不能正确进行前后制检查，扣5分；检查失误，扣5分
3. 安全文明施工	工作完成后清理现场，环境整洁，无安全事故	5	不文明操作酌情扣分，扣完为止；重大安全事故零分
合计		15	

【题目17】用调温钮或按键设置洗浴水温度

1. 考核要求

（1）熟悉GB 6932—2001表7热水性能相关规定。

（2）掌握燃气热水器调温装置的使用方法。

（3）能用调温钮等设置洗浴水温度。

2. 准备工作

燃气热水器已能正常启动。

3. 考核时间

标准时间为5 min，每超过0.5 min从本题总分中扣除2分，操作过程超过2.5 min本题为零分。

4. 评分项目及标准

评分项目	评分要点	配分	评分标准及扣分
1. GB 6932—2001 表 7 热水性能相关规定：燃气热水器调温装置的种类及功能	（1）GB 6932—2001 表 7 热水性能相关规定参看《教程》相关内容 （2）燃气热水器调温装置的种类及功能：燃气热水器调温装置的种类按调节钮不同有旋钮调节和按钮调节两种，按调节方式不同有手动调节和比例调节两种，按调节的介质不同有调节燃气流量的、有调节水流量的、还有既调节燃气流量又调节水流量的等 （3）调温装置的主要功能是设置热水温度，有的调温钮还有关闭电源的作用，用户通过对调温钮的调节就可获得适合的水温和使水温保持相对恒定	5	口述或笔答不能回答热水性能相关规定及调温装置的种类酌情扣分，最多扣 5 分
2. 用调温钮或按键设置洗浴水温度	燃气热水器调温最常用的有旋钮和按钮（键）这两种方式，以手动调节为主： （1）旋钮调节：火力调节钮是用来调节燃气流量的，向左旋转，燃气量增大，火力也增大，反之火力减小，旋钮旁有火力大小标示的，可按标示进行调节； 水流量调节钮（水温调节钮）是用来调节水流量的，向左旋转，水流量增大，反之水流量减小，水流量增大，水温降低，反之水温增高； 当水流量旋钮调至最小，同时火力旋钮调至最大时，出水温度最高；当水流量旋钮调至最大，同时火力旋钮调至最小时，出水温度最低 （2）按钮（键）调节：水温靠两个按钮进行调节，控制面板的左下角有两个按钮，左边的为升温钮，右边的为降温钮； 需要升温时，按升温钮，每按一次上升 1℃，最高设定温度为 60℃；需要降温时，按降温钮，每按一次下降 1℃，最低设定温度为 37℃。调温时，要一边调一边看显示屏，以便选择最适合的水温	5	不能进行温度调节，扣 5 分；操作不熟练，扣 3 分
3. 安全文明施工	工作完成后清理现场，环境整洁，无安全事故	5	不文明操作酌情扣分，扣完为止；重大安全事故零分
合计		15	

【题目 18】检查各功能旋钮和按键是否工作正常

1. 考核要求

（1）熟悉 GB 6932—2001　5.1.1.1 相关规定及燃气热水器各旋钮或按键的名称、功能。

（2）掌握燃气热水器的使用方法。

（3）能检查各功能旋钮和按键是否工作正常。

2. 准备工作

（1）燃气热水器已能正常启动。

（2）产品使用说明书。

3. 考核时间

标准时间为 5 min，每超过 0.5 min 从本题总分中扣除 2 分，操作过程超过 2.5 min 本题为零分。

4. 评分项目及标准

评分项目	评分要点	配分	评分标准及扣分
1. GB 6932—2001　5.1.1.1 相关规定和燃气热水器各旋钮、按键的名称及功能	（1）GB 6932—2001　5.1.1.1 条文 5.1.1.1　热水器及其部件在设计制作时应考虑到安全、坚固和经久耐用，整体结构稳定可靠，在正常操作时不应有损坏或影响使用的功能失效。 （2）燃气热水器各功能旋钮或按键的名称及功能： 1）电源开关钮（键）：用来接通电源或关闭电源； 2）复位键：故障情况及保护情况下停机，经处理需要开机时，按下复位键“RESET”然后放开即可； 3）功能转换键（钮）：用于两用型热水器冬、夏季使用时的转换，当按键按下时低位为冬季状态，高位为夏季状态，旋钮通过转动指向冬夏标志进行转换； 4）采暖水温度调节钮：用来调节或设定采暖水水温，顺时针方向旋转温度升高，反之温度降低； 5）卫生热水温度调节钮：用来调节或设定卫生热水水温，顺时针方向旋转温度升高，反之温度降低； 6）洗浴热水器冬、夏季转换钮（柄、键）；用于洗浴热水器冬、夏季使用时的转换，根据旋钮旁边的标示进行操作	5	口述或笔答不能回答燃气热水器各旋钮、按键的名称及功能酌情扣分，最多扣 5 分

续表

评分项目	评分要点	配分	评分标准及扣分
2. 强排式燃气热水器的使用及各功能旋钮和按键的检查	（1）开机前的准备 1）仔细阅读使用说明书，掌握使用方法和注意事项； 2）仔细检查燃气管路、水路及排烟管是否连接牢固、正确、无泄漏； 3）打开厨房窗户，关好厨房门； 4）连接电源，打开燃气阀 （2）开启热水器 1）打开热水阀门，风机启动，电极打火，燃气被点燃，热水即可流出，若点火后，主火不着，应再次启动热水器，直至点燃； 2）关闭热水器，火应立即熄灭，设备处于待机状态，风机继续运转，需要热水时，只要再次打开热水阀，热水器再次被点燃 （3）调温 1）旋转水温调节旋钮（或按动按键），可调节生活热水的水温，水量小则水温高，水量大则水温低； 2）旋转火力调节钮（或拨动燃气阀调节杆），可改变火力的大小，火力大则水温高，火力小则水温低； 3）在调温的同时，要刻意检查各旋钮是否旋转灵活自由，按键操作力度是否适中，电源开关和复位键应能正常使用 （4）防冻排水：在环境温度 0℃以下使用热水器时，用后必须排水；打开热水阀门，旋下泄水阀，将热水器内的余水全部排出	10	不会使用燃气热水器，扣 5 分；不会调温或未对旋钮、按键进行检查，扣 5 分
3. 安全文明施工	工作完成后清理现场，环境整洁，无安全事故	5	不文明操作酌情扣分，扣完为止；重大安全事故零分
合计		20	

【题目 19】向用户介绍安全保护装置和控制装置的使用方法

1. 考核要求

（1）熟悉燃气热水器的主要安全保护装置和控制装置。

（2）掌握安全保护装置和控制装置的使用方法。

（3）能向用户介绍安全保护装置和控制装置的使用方法。

2. 准备工作

（1）燃气热水器已调试完毕且能正常运行。

（2）产品使用说明书。

3. 考核时间

标准时间为 5 min，每超过 0.5 min 从本题总分中扣除 2 分，操作过程超过 2.5 min 本题为零分。

4. 评分项目及标准

评分项目	评分要点	配分	评分标准及扣分
1. 燃气热水器的主要安全保护装置和控制装置	（1）燃气热水器的主要安全保护装置 1）熄火保护装置或再点火装置 2）防止过热安全装置 3）强排热水器的烟道堵塞安全装置和风压过大安全装置 4）水路系统的泄压安全装置 5）自动防冻安全装置 6）掉电自停安全装置 （2）燃气热水器的主要控制装置 1）水温控制装置 2）火力控制装置 3）时间控制装置 4）启动控制装置 5）燃气/空气比例控制装置	5	口述或笔答不能回答出燃气热水器的主要安全保护装置或控制装置酌情扣分，最多扣 5 分
2. 向用户介绍安全保护装置和控制装置的使用方法	（1）熟悉燃气热水器的主要安全保护装置和控制装置的使用方法 （2）在设备前向用户介绍安全装置的功能及各种控制装置的使用方法，包括控制面板上的指示灯和各种显示图标表示的意义以及故障代码情况，各种旋钮、按键的功能、名称及用法 （3）接通气源、电源和自来水，开启热水器 （4）对各旋钮、按键在热水器运行状态下进行讲解，教用户如何开、关热水器，如何调温，如何通过显示屏了解热水器的运行情况以及水温的调节变化情况等	10	不能回答出用户提出的热水器、旋钮、按键使用问题，扣 5 分；对安全保护装置和控制装置的使用方法不熟悉或忘记介绍，扣 5 分
3. 安全文明施工	工作完成后清理现场，环境整洁，无安全事故	5	不文明操作酌情扣分，扣完为止；重大安全事故零分
合计		20	

第5章　燃气计量表安装

考 核 要 点

操作技能考核范围	考核要点	重要程度
检查	1. 对燃气表有效期和外观进行检查	★★★
	2. 检查燃气表上的检定标志或查看检定机构出具的检定记录	★★★
连接固定	1. 用表支托对燃气表进行固定	★★★
	2. 选择专用表连接件	★★★
	3. 连接燃气表	★★★
移位	1. 燃气表新安装位置的确定	★★★
	2. 拆卸燃气表	★★★

注："重要程度"中，"★"为级别最低，"★★★"为级别最高。

辅导练习题

【题目1】对燃气表有效期和外观进行检查

1. 考核要求

（1）熟悉 CJJ 94—2009　5.1　一般规定。

（2）能对燃气表有效期和外观进行检查。

2. 准备工作

（1）待检燃气表。

（2）检定合格证、出厂合格证。

3. 考核时间

标准时间为5 min，每超过0.5 min从本题总分中扣除2分，操作过程超过2.5 min本题为零分。

4. 评分项目及标准

评分项目	评分要点	配分	评分标准及扣分
1. CJJ 94—2009 5.1 一般规定	CJJ 94—2009 5.1 一般规定 5.1.1 燃气计量表在安装前应按本规范第 3.2.1、3.2.2 条的规定进行检验，并符合下列规定： 1 燃气计量表应有出厂合格证、质量保证书；标牌上应有 CMC 标志、最大流量、生产日期、编号和制造单位； 2 燃气计量表应有法定计量检定机构出具的检定合格证书，并在有效期内； 3 超过检定有效期及倒放、侧放的燃气计量表应全部进行复检； 4 燃气计量表的性能、规格、适用压力应符合设计文件的要求。 5.1.2 燃气计量表应按设计文件和产品说明书进行安装 5.1.3 燃气计量表的安装位置应满足正常使用、抄表和检修的要求	5	口述或笔答，不能准确说出燃气计量表安装前的规定酌情扣分，扣完为止
2. 对燃气表有效期和外观进行检查	（1）查看技术资料：查看包装箱内的产品使用说明书、装箱单及质量保证书 （2）查看燃气表上的相关标志：检定机构的检定合格证、厂家的产品合格证、CMC 标志、注意事项标志及出厂编号等 （3）目测外观：目测燃气计量表的外表面应无明显的损伤，若燃气计量表有明显损伤，说明已受振动，会影响计量的准确性，燃气表外表面的油漆膜应完好	5	检查项目不完，全扣 5 分；未检查有效期，扣 5 分
3. 安全文明施工	工作完成后清理现场，环境整洁，无安全事故	5	不文明操作酌情扣分，扣完为止；重大安全事故零分
合计		15	

【题目 2】检查燃气表上的检定标志或查看检定机构出具的检定记录

1. 考核要求

（1）熟悉 CJJ 94—2009 5.1.1　2 的规定及检定标志和检定记录的主要内容。

（2）能检查燃气表上的检定标志或查看检定机构出具的检定记录。

2. 准备工作

(1) 待检燃气表。

(2) 检定标志、检定记录。

3. 考核时间

标准时间为 5 min，每超过 0. 5 min 从本题总分中扣除 2 分，操作过程超过 2. 5 min 本题为零分。

4. 评分项目及标准

评分项目	评分要点	配分	评分标准及扣分
1. CJJ 94—2009 5.1.1 2 的规定及检定标志、检定记录的主要内容	(1) CJJ 94—2009 5.1.1 2 规定 5.1.1 燃气计量表在安装前应按本规范第 3.2.1、3.2.2 条的规定进行检验，并符合下列规定： 2 燃气计量表应有法定计量检定机构出具的检定合格证书，并在有效期内； (2) 检定标志内容：检定机构的名称和代号、检定合格证明、检定日期及使用有效期等信息 (3) 检定记录内容：检定原始记录是整个计量检定过程和检定结果信息的真实记录，是被检计量器具的测量值的真实反映，是对检定结果提供客观依据的文件，作为检定过程及检定结果的原始凭证，也是编制证书或报告的基础并在必要时再现检定的重要依据，计量检定原始记录要保证原始记录的规范和数据处理的准确性	5	口述或笔答，不能准确说出燃气计量表检定标志和检定记录的主要内容酌情扣分，扣完为止
2. 检查燃气表上的检定标志或查看检定机构出具的检定记录	(1) 查看燃气表上的检定标志：主要查看是否有鉴定单位名称、代号、合格证明、检定日期及使用有效期等 (2) 查看检定记录：对照计量法对燃气表检定的相关标准，查看本批次燃气表的检定记录，核对检定数据和判定结果与标准的符合程度，检定日期应在有效期内	5	检查项目不完全，扣 5 分；未检查有效期，扣 5 分
3. 安全文明施工	工作完成后清理现场，环境整洁，无安全事故	5	不文明操作酌情扣分，扣完为止；重大安全事故零分
合计		15	

【题目 3】用表支托对对燃气表进行固定

1. 考核要求

（1）熟悉表支托的安装方法及施工要求。

（2）能用表支托对燃气表进行固定。

2. 准备工作

（1）专用打孔工具、锤子。

（2）表支托、木楔、木螺钉等。

（3）安装图、画线工具。

（4）燃气表已安装完毕。

3. 考核时间

标准时间为 10 min，每超过 1 min 从本题总分中扣除 2 分，操作过程超过 5 min 本题为零分。

4. 评分项目及标准

评分项目	评分要点	配分	评分标准及扣分
1. 安装表支托的方法及施工要求	（1）燃气表安装分高表位和低表位安装两种； 燃气表应安装表前阀，要选用专用连接件连接，用表支托对表进行固定；用表支托对燃气表进行固定，会使燃气表不悬空，连接稳固； 燃气表支托形式可根据安装现场实际情况选定。流量为 25 m^3/h、40 m^3/h 的燃气表可安装在墙面上，表下面用型钢支托固定； 流量≥57 m^3/h 的燃气表应安装在地面的砖台上 （2）在支撑物上安装表支托的方法与安装管道支架的方法基本上相同； 在支撑物上安装表支托常用埋入支撑体法和螺栓连接在支撑体上法等； 大型燃气表用筑砌砖台作为支托 （3）安装表支托的施工要求 1）固定支托架安装后，应使燃气表平稳地放在支托架上，没有悬空现象； 2）支托架上部应水平，不允许上翘、下垂或歪扭； 3）埋入墙内支托架应凝固、可靠、不活动后方可负荷	5	口述或笔答，不能回答出表支托安装方法和施工要求酌情扣分，扣完为止

续表

评分项目	评分要点	配分	评分标准及扣分
2. 用表支托对对燃气表进行固定	(1) 画线，打孔 (2) 打入木楔，用木螺钉将支托固定在墙上 (3) 调整支托位置使之托住燃气表底部，燃气表固定后应横平竖直，不悬空	5	安装步骤和方法不正确，扣 5 分；安装不平稳，有悬空现象，扣 5 分
3. 安全文明施工	工作完成后清理现场，环境整洁，无安全事故	5	不文明操作酌情扣分，扣完为止；重大安全事故零分
合计		15	

【题目 4】选择专用表连接件

1. 考核要求

(1) 熟悉 CJJ—2009　5. 3. 1　2 的规定及燃气表专用连接件的种类和用途。

(2) 能选择专用表连接件。

2. 准备工作

(1) 待装燃气表、管件及专用表连接件。

(2) 管钳、活扳手等。

3. 考核时间

标准时间为 5 min，每超过 0. 5 min 从本题总分中扣除 2 分，操作过程超过 2. 5 min 本题为零分。

4. 评分项目及标准

评分项目	评分要点	配分	评分标准及扣分
1. CJJ—2009 5. 3. 1　2 的规定及燃气表专用连接件的种类和用途	(1) CJJ 94—2009　5. 3. 1　2 的规定 5. 3. 1　家用燃气计量表的安装应符合下列规定： 2　燃气计量表的安装应使用专用的表连接件 (2) 燃气表专用连接件的种类和用途 1) 表接管：直接与燃气表的进、出气口连接，起活接头作用； 2) 表弯头：与表接管相连，改变接管的走向； 3) 燃气表专用不锈钢波纹管：燃气表前后宜采用燃气表专用不锈钢波纹管，可随意改变连接走向，连接更方便； 4) 燃气表专用三通机械套筒、三通分路器、四通分路器：进行燃气表后单路、双路、多路系统连接	5	口述或笔答，不能回答出表专用连接件的种类和用途酌情扣分，扣完为止

续表

评分项目	评分要点	配分	评分标准及扣分
2. 选择专用表连接件	（1）查看燃气表接口及安装位置 （2）选择表接管：选择表接管就是让燃气表接口外螺纹与表接管的锁母内螺纹公称直径一致 （3）选择表弯头：管道连接时，多次改变方向，可选择表弯头 （4）燃气表前后宜采用燃气表专用不锈钢波纹管，可随意改变连接走向，连接更方便	5	选择方法不正确，扣5分
3. 安全文明施工	工作完成后清理现场，环境整洁，无安全事故	5	不文明操作酌情扣分，扣完为止；重大安全事故零分
合计		15	

【题目5】连接燃气表

1. 考核要求

（1）熟悉CJJ—2009　5.3.1及GB 50028—2006　10.3.2相关规定，燃气表的安装质量要求。

（2）能连接燃气表。

2. 准备工作

（1）待装燃气表、合格的专用表连接件、密封垫。

（2）管钳、活扳手等。

（3）检漏仪、肥皂水、毛刷等。

（4）已安装表前阀，水平管已固定。

3. 考核时间

标准时间为10 min，每超过1 min从本题总分中扣除2分，操作过程超过5 min本题为零分。

4. 评分项目及标准

评分项目	评分要点	配分	评分标准及扣分
1. CJJ—2009 5.3.1的规定及燃气表的安装质量要求	（1）5.3.1　家用燃气计量表的安装应符合下列规定： 1　燃气计量表安装后应横平竖直，不得倾斜； 2　燃气计量表的安装应使用专用的表连接件； 3　安装在橱柜内燃气计量表应满足抄表、检修及更换的要求，并应具有自然通风的功能；		

续表

评分项目	评分要点	配分	评分标准及扣分
1. CJJ—2009　5.3.1 的规定及燃气表的安装质量要求	4　燃气计量表与低压电气设备之间的间距应符合本规范表 5.2.3 的要求； 5　燃气计量表应加有效的固定支架 （2）燃气表的安装质量要求 1）高位安装时，表底距地面不宜小于 1.4 m； 2）低位安装时，表底距地面不宜小于 0.1 m； 3）高位安装时，燃气计量表与燃气灶的水平净距不得小于 300 mm，表后与墙面净距不得小于 10 mm； 4）燃气计量表安装后应横平竖直，不得倾斜； 5）采用高位安装，多块表挂在同一墙面上时，表之间净距不宜小于 150 mm	5	口述或笔答，不能回答出燃气表的安装要求和质量要求酌情扣分，扣完为止
2. 连接燃气表	（1）看图样，找出燃气表的安装位置及表底部的标高 （2）用选好的表连接件与装有表前阀的水平支管相连，水平支管应坡向立管 （3）手托燃气表底部，让放有密封垫的表的燃气进口接近表连接件锁母，对正带扣并拧紧 （4）用同样的方法连接表的出口侧 （5）将出口侧表连接件与通往燃具的支管相连，支管应坡向燃具 （6）用刷肥皂水的方法试漏	10	连接方法和步骤不正确，扣 5 分；未试漏，扣 5 分；燃气表的进、出气方向连接错误，扣 10 分
3. 安全文明施工	工作完成后清理现场，环境整洁，无安全事故	5	不文明操作酌情扣分，扣完为止；重大安全事故零分
合计		20	

【题目 6】燃气表新安装位置的确定

1. 考核要求

（1）熟悉燃气表安装位置的相关规定。

（2）能确定燃气表新的安装位置。

2. 准备工作

（1）燃气表使用说明书或燃气表安装规范。

（2）卷尺、笔、纸等。

3. 考核时间

标准时间为 5 min，每超过 0.5 min 从本题总分中扣除 2 分，操作过程超过 2.5 min 本题为零分。

4. 评分项目及标准

<table>
<tr><th>评分项目</th><th>评分要点</th><th>配分</th><th>评分标准及扣分</th></tr>
<tr><td>1. 燃气表安装位置的相关规定</td><td>燃气表宜安装在非燃结构的室内通风良好处，便于查表检修；
除 CJJ 94—2009 第 5 部分的规定外，燃气表与各种燃具和设备的净距不应小于下表的规定，不能满足表中要求时应加隔热板
燃气表与温度较高设备之间的水平净距离见下表
<table><tr><th>序号</th><th>项目</th><th>净距（m）</th></tr><tr><td>1</td><td>砖烟道</td><td>0.8</td></tr><tr><td>2</td><td>金属烟道</td><td>1.0</td></tr><tr><td>3</td><td>灶具边</td><td>0.8</td></tr><tr><td>4</td><td>开水炉、热水器边</td><td>1.5</td></tr></table></td><td>5</td><td>口述或笔答，不能回答出燃气表安装位置的相关规定酌情扣分，扣完为止</td></tr>
<tr><td>2. 燃气表新安装位置的确定</td><td>（1）熟悉燃气表安装位置的相关规定，燃气表移位同样遵守相关规定
（2）查看现场并测量尺寸，找出新的合适安装的位置
（3）估算新增或需更换管段、管件的数量和种类
（4）确定燃气表新的安装位置</td><td>5</td><td>新的安装位置不合适，扣 5 分；测量不准确，扣 5 分</td></tr>
<tr><td>3. 安全文明施工</td><td>工作完成后清理现场，环境整洁，无安全事故</td><td>5</td><td>不文明操作酌情扣分，扣完为止；重大安全事故零分</td></tr>
<tr><td colspan="2">合计</td><td>15</td><td></td></tr>
</table>

【题目 7】拆卸燃气表

1. 考核要求

（1）熟悉燃气表拆卸操作方法。

（2）能正确拆卸燃气表。

2. 准备工作

管钳、活扳手、密封垫。

3. 考核时间

标准时间为 5 min，每超过 0.5 min 从本题总分中扣除 2 分，操作过程超过 2.5 min 本题为零分。

4. 评分项目及标准

评分项目	评分要点	配分	评分标准及扣分
1. 燃气表拆卸操作方法	（1）首先了解燃气表连接情况，确定需要拆卸的管件和管段 （2）拆卸燃气表一定要首先关断气源 （3）拆卸时，用管钳咬住不需拆卸的管段或管件等，再用另一管钳拆卸 （4）拆卸时不能用力过猛，更不能敲打燃气表 （5）若只拆卸燃气表时，松开两个表接管即可拆下燃气表	5	口述或笔答，不能回答出燃气表拆卸方法和注意事项酌情扣分，扣完为止
2. 拆卸燃气表	（1）查看燃气表连接状况，确定拆卸哪些管件和管段 （2）关断气源 （3）用手托住燃气表底部，依次拆卸表进出气口的两个表连接管 （4）拆卸时不能用力过猛，不得敲打损坏燃气表	5	拆卸方法不正确，扣 5 分；敲打燃气表，扣 5 分；未关断气源，扣 3 分
3. 安全文明施工	工作完成后清理现场，环境整洁，无安全事故	5	不文明操作酌情扣分，扣完为止；重大安全事故零分
合计		15	

第6章　燃气具日常维护

考核要点

操作技能考核范围	考核要点	重要程度
灶具维护	1. 燃气灶具的密封、润滑和清扫	★★★
	2. 燃气灶燃烧工况的调试	★★★
热水器维护	1. 热水器的密封、润滑	★★★
	2. 燃气热水器外表的清洗擦拭	★★★
	3. 热交换器的除垢	★★★
	4. 清理热交换器、燃烧器	★★★

注："重要程度"中"★"为级别最低，"★★★"为级别最高。

辅导练习题

【题目1】燃气灶具的密封、润滑和清扫

1. 考核要求

（1）熟悉家用燃气灶具日常维护作业的主要内容。

（2）能进行燃气灶具的密封、润滑和清扫。

2. 准备工作

（1）检漏仪、U形压力计、试压三通、肥皂水、毛刷、钢丝刷。

（2）密封脂、润滑油、填料等。

（3）活扳手、呆扳手、管钳、旋具等。

（4）专用橡胶（或塑料）软管、卡箍、密封垫等。

3. 考核时间

标准时间为20 min，每超过2 min从本题总分中扣除2分，操作过程超过10 min本题为零分。

4. 评分项目及标准

评分项目	评分要点	配分	评分标准及扣分
1. 家用燃气灶具日常维护作业的主要内容	家用燃气灶具日常维护作业的主要内容： （1）密封： 1）灶具与供气管的连接采用的是橡胶或塑料软管，由于软管老化会产生龟裂，容易漏气；卡箍松动，连接处易漏气； 维护作业：更换燃气软管，拧紧松动的卡箍 2）灶具各连接部位密封垫或零件损坏、漏气；拆卸管路，更换损坏的密封垫和零部件，更换填料 （2）润滑：灶具燃气旋塞阀年久失修，密封脂干涸耗尽，造成阀心与阀体之间干涩，摩擦阻力增大，甚至“抱死”，造成转动不灵活； 拆下旋塞阀清洗加油（密封脂）一方面润滑，另一方面还起密封作用 （3）清扫：对燃烧器、灶体、喷嘴、管路进行清扫	5	口述或笔答，不能准确说出燃气灶日常维护作业的主要内容酌情扣分，扣完为止
2. 密封	（1）打开灶前阀，将燃气引至灶具燃气阀前 （2）用刷肥皂水的方法查漏，检查软管（或硬管）及其接口是否漏气，同时还应检查以下几项： 1）所用管材是否符合规范要求； 2）是否私接三通和未安装卡箍； 3）软管是否超长（>2 m），是否穿过墙或门窗； 4）软管是否在热辐射区或已老化。 （3）关灶前阀，拆开连接部位，更换过期或损坏的软管，硬管连接，拆卸或更换损坏的零部件，换填料并拧紧 （4）开灶前阀，用刷肥皂水的方法试漏，开启燃气灶，观察火焰状况，并对灶内燃气管路试漏	5	查漏方法不正确，扣 5 分；检查项目遗漏，扣 5 分
3. 润滑	（1）关闭电、气源，拔下旋钮 （2）拆卸燃气阀，在关的位置，卸下压簧，取出阀芯	5	操作步骤错误，扣 5 分；润滑使用黄油，扣 5 分；安装后阀芯转不动，扣 5 分

续表

评分项目	评分要点	配分	评分标准及扣分
3. 润滑	（3）清洗擦干阀芯，在锥面上涂密封脂，一般沿轴向涂三条，不要过多 （4）阀芯对准阀体锥孔，将阀芯放入阀体中，要一边向里推，一边转动 （5）将阀芯调至关的位置，装压簧、打火装置后拧紧 （6）在配气管上安装燃气阀，装旋钮 （7）开灶前阀，试漏，确认密封没问题后，方可试火 （8）用同样的方法，对另一个燃气阀加油，润滑		
4. 清扫	（1）关闭电、气源，清扫燃烧器，主要是清扫燃烧器的火盖和引射器喉部 （2）用清洗剂清扫灶体的面板和灶面 （3）喷嘴内的灰尘、油污一般用细钢丝捅一捅的方法来清除 （4）清扫燃气管路	5	清扫不干净，扣5分；清扫有遗漏，扣5分
5. 安全文明施工	工作完成后清理现场，环境整洁，无安全事故	5	不文明操作酌情扣分，扣完为止；重大安全事故零分
合计		25	

【题目2】燃气灶具燃烧工况的调试

1. 考核要求

（1）熟悉GB 16410—2007　5.2.3的规定。

（2）能进行燃气灶具燃烧工况的调试。

2. 准备工作

活扳手、呆扳手、旋具。

3. 考核时间

标准时间为10 min，每超过1 min从本题总分中扣除2分，操作过程超过5 min本题为零分。

4. 评分项目及标准

<table>
<tr><th>评分项目</th><th>评分要点</th><th>配分</th><th>评分标准及扣分</th></tr>
<tr><td>1. GB 16410—2007 5.2.3 的规定</td><td>灶具燃烧工况应满足下表要求。
<table>
<tr><th>项目</th><th>要求</th></tr>
<tr><td>火焰传递</td><td>4 s 着火，无爆燃</td></tr>
<tr><td>离焰</td><td>无离焰</td></tr>
<tr><td>熄火</td><td>无熄火</td></tr>
<tr><td>火焰均匀性</td><td>火焰均匀</td></tr>
<tr><td>回火</td><td>无回火</td></tr>
<tr><td>燃烧噪声</td><td>≤65 dB（A）</td></tr>
<tr><td>熄火噪声</td><td>≤85 dB（A）</td></tr>
<tr><td>干烟气中 CO 浓度（$\alpha=1$）</td><td>≤0.05（0－2 气）</td></tr>
<tr><td>黑烟</td><td>无黑烟</td></tr>
<tr><td>接触黄焰</td><td>电极不应经常接触黄焰</td></tr>
<tr><td>小火燃烧器燃烧稳定性</td><td>无熄火、无回火</td></tr>
<tr><td>使用超大型锅时，燃烧</td><td>无熄火、无回火</td></tr>
<tr><td>烤箱们开闭式
—主燃烧器燃烧稳定性
—小火燃烧器燃烧稳定性</td><td>
无熄火、无回火
无熄火、无回火</td></tr>
<tr><td>烤箱控温器工作时：
—燃烧稳定性
—火焰传递</td><td>
无熄火、无回火
易于点燃、无爆燃</td></tr>
<tr><td colspan="2">灶具燃烧烟气中的氮氧化物含量分级及试验方法参见附录 AA</td></tr>
</table>
</td><td>5</td><td>口述或笔答，不能准确说出燃烧工况要求酌情扣分，扣完为止</td></tr>
<tr><td>2. 燃烧工况调试</td><td>（1）打开灶前阀，点燃燃气灶，4 s 内应传遍所有火孔
（2）观察燃烧状况，火焰应清晰、均匀、无黑烟，看火焰是否有不稳定燃烧状况
（3）不稳定火焰的调试：火焰调大风门，离焰或脱火调小风门
（4）关火、看熄火噪声大否
（5）改变喷嘴的长短来改变喷嘴与燃烧器喉部的距离，更换合适的燃烧器，调整锅支架的高低，都可以调整燃烧工况
（6）试火</td><td>5</td><td>不能调整燃烧工况，扣 5 分；不能彻底解决燃烧不稳定问题，扣 5 分</td></tr>
</table>

续表

评分项目	评分要点	配分	评分标准及扣分
3. 安全文明施工	工作完成后清理现场，环境整洁，无安全事故	5	不文明操作酌情扣分，扣完为止；重大安全事故零分
合计		15	

【题目3】热水器的密封、润滑

1. 考核要求

（1）熟悉燃气热水器日常维护作业的主要内容。

（2）能进行燃气热水器的密封、润滑。

2. 准备工作

（1）检漏仪、肥皂水、毛刷。

（2）密封脂、润滑油、填料、密封垫等。

（3）活扳手、呆扳手、旋具等。

3. 考核时间

标准时间为20 min，每超过2 min从本题总分中扣除2分，操作过程超过10 min本题为零分。

4. 评分项目及标准

评分项目	评分要点	配分	评分标准及扣分
1. 燃气热水器日常维护作业的主要内容	（1）水路系统的密封密封和润滑：燃气热水器水路系统的密封点主要集中在水气联动阀中，其他需要密封的地方还有水的进出口连接部位等；润滑点主要集中在顶杆的轴向运动，阀杆的旋转运动的O形密封圈等处；连接松动，皮膜、密封垫磨损、破裂、老化、润滑油干涸都会造成漏水和机件动作不灵活 （2）燃气系统的密封密封和润滑：燃气热水器燃气系统的密封点主要集中在水气联动阀中，其他需要密封的地方还有燃气系统的各连接部位等；润滑点主要集中在顶杆的轴向运动，阀杆的旋转运动的O形密封圈等处；连接松动，密封垫磨损、破裂、老化、润滑油干涸都会造成漏气和机件动作不灵活 （3）给排气管的密封：给排气管的密封点主要在烟道的插口及烟道与设备的连接部位	5	口述或笔答，不能准确说出燃气热水器日常维护作业的主要内容酌情扣分，扣完为止

续表

评分项目	评分要点	配分	评分标准及扣分
2. 密封	（1）燃气系统密封： 1）打开热水器前阀，将燃气引至热水器燃气阀前； 2）用刷肥皂水的方法查漏，检查热水器燃气阀门阀口前连接部位及管道，在泄漏点做记号； 3）点燃热水器，燃气到达火口并燃烧，用刷肥皂水的方法检查阀口后的燃气阀阀体、配气管等连接部位是否漏气，并在泄漏点做记号； 4）关水、关电、关燃气截门，拆开漏气点，更换损坏的管路和密封件，漏气点松动的要拧紧锁母或螺钉； 5）打开水、电和燃气截门，试火、试漏，若正常，关闭热水器，关水、关电、关燃气截门 （2）水路系统密封： 1）关闭热水截门，打开冷水截门（憋压），目测或手摸查漏，发现漏点，用粉笔做记号； 2）关闭冷水截门，拆开漏点，更换损坏的管路和密封件，漏水点松动的要拧紧锁母或螺钉； 3）接好电和燃气，打开冷水截门，再次憋压试漏，检查密封良好，试火，热水器能正常工作，关水、关电、关燃气截门	10	查漏方法不正确，扣 5 分；检查项目遗漏，扣 5 分；燃气或水路检漏时，未憋压，扣 5 分
3. 润滑	（1）关闭电、水、气源 （2）拆卸燃气阀，清洗擦干阀芯，在 O 形密封圈和推杆、阀杆配合处加润滑油 （3）拆卸水气联动装置，在水阀阀芯和水气联动顶杆等处加润滑油 （4）组装燃气阀和水气联动装置，装好后，用手推动或转动推杆和阀杆，看是否灵活 （5）连接气路和水路，对气路和水路进行密封性检查 （6）水路、气路密封性良好，打开水、电和燃气截门，试火，一切正常，关闭电、水、气源	5	操作步骤错误，扣 5 分；润滑点错误，扣 5 分；润滑后动作不灵活，扣 5 分

续表

评分项目	评分要点	配分	评分标准及扣分
4. 给排气管的密封	（1）目测烟管是否有脱落、位置移动等情况 （2）将脱落的外烟管拿开，检查内烟管也已脱落 （3）重新安装脱落的内外烟管，安装时要注意密封圈的方向，要放正、放好，若烟管为插入式连接，一定要安装到位，搭接长度不应小于 20 mm （4）紧固密封卡箍或粘贴密封条（铝箔）	5	插接不到位，扣 5 分；未上紧固卡箍或未粘贴密封条，扣 5 分
5. 安全文明施工	工作完成后清理现场，环境整洁，无安全事故	5	不文明操作酌情扣分，扣完为止；重大安全事故零分
合计		30	

【题目 4】燃气热水器外表的清洗擦拭

1. 考核要求

（1）熟悉清洁剂的选择。

（2）能进行燃气热水器的外表的清洗擦拭。

2. 准备工作

（1）清洗剂、抹布等。

（2）旋具、活扳手等

3. 考核时间

标准时间为 10 min，每超过 1 min 从本题总分中扣除 2 分，操作过程超过 5 min 本题为零分。

4. 评分项目及标准

评分项目	评分要点	配分	评分标准及扣分
1. 清洁剂的选择	燃气热水器的工作环境一般为厨房，故长时间运行后，其外表会有油污，灰尘等，影响外观，应及时清洗擦拭，清洁剂应选择去污能力强，中性的清洁剂	5	口述或笔答，不能准确说出清洁剂的选择原则酌情扣分，扣完为止
2. 燃气热水器外表的清洗擦拭	（1）用水稀释清洁剂，并搅拌均匀 （2）切断水、电、气源，拆下前壳，用干净的抹布蘸清洗剂，均匀地涂在前后壳内外表面，等待一段时间	5	清洗擦拭方法不正确，扣 5 分；清洗擦拭不干净，扣 5 分；清洗剂选择不正确，扣 5 分

续表

评分项目	评分要点	配分	评分标准及扣分
2. 燃气热水器外表的清洗擦拭	(3) 用抹布擦拭前后壳，较脏的地方用力反复擦拭 (4) 用清水清洗用过的抹布并拧干，擦拭前后壳，不留清洗剂痕迹 (5) 擦干或晾干后，安装前后壳		
3. 安全文明施工	工作完成后清理现场，环境整洁，无安全事故	5	不文明操作酌情扣分，扣完为止；重大安全事故零分
合计		15	

【题目 5】热交换器的除垢

1. 考核要求

(1) 熟悉除垢剂的种类和用途，了解水垢产生的原因。

(2) 能进行热交换器的除垢。

2. 准备工作

(1) 除垢剂等。

(2) 旋具、活扳手等

3. 考核时间

标准时间为 20 min，每超过 2 min 从本题总分中扣除 2 分，操作过程超过 10 min 本题为零分。

4. 评分项目及标准

评分项目	评分要点	配分	评分标准及扣分
1. 除垢剂的种类和用途及水垢产生的原因	(1) 除垢剂的种类和用途：除垢剂的种类很多，有暖气除垢剂、锅炉除垢剂、水壶除垢剂等，它们的主要作用就是清除管道内、加热容器内、热交换器内的水垢，使管路畅通，提高加热器，热交换器的热效率，节约能源，除垢剂一般呈酸性 (2) 热交换器水垢产生的原因：“水垢”也就是“水碱”，就是在水的状态发生变化时（特别是加热时），水中溶解的钙离子（Ca^{2+}）和镁离子（Mg^{2+}），与某些酸根离子形成的不溶于水的化合物或混合物，其主要成分是碳酸钙，水垢的导热性极差，只有金属的 1/200，水垢往往以晶体形式存在，质地坚硬，一旦形成，很难去除	5	口述或笔答，不能准确说出除垢剂的在种类和用途及水垢产生的原因酌情扣分，扣完为止

续表

评分项目	评分要点	配分	评分标准及扣分
1. 除垢剂的种类和用途及水垢产生的原因	由于日常生活所用的自来水，都是溶解着大量的钙离子（Ca^{2+}）和镁离子（Mg^{2+}），这样的水在热交换器中加热时，钙离子和镁离子的碳酸盐（碳酸钙和碳酸镁）在水中的溶解度会大幅度降低，其中大部分不能溶解的（碳酸钙和碳酸镁）就会从水中析出而形成沉淀，也就在热交换水管内壁形成了水垢		
2. 热交换器的除垢	（1）切断水、气、电源 （2）拆卸热交换器，将拆下的热交换器与自来水相连，打开自来水龙头，冲洗水管道 （3）将热交换器倒置，通过漏斗向里灌入稀释过的除垢剂，浸泡 10 min（实际为 30 min） （4）浸泡时，可不定时地摇晃，浸泡到时，一边摇晃，一边向外倒出除垢剂 （5）热交换器一端接自来水，打开水截门，反复冲洗 （6）安装热交换器，打开水、气、电源，水路、气路试漏，试火 （7）盖前壳	5	除垢方法不正确，扣 5 分；除垢剂选择不正确，扣 5 分
3. 安全文明施工	工作完成后清理现场，环境整洁，无安全事故	5	不文明操作酌情扣分，扣完为止；重大安全事故零分
合计		15	

【题目 6】清理热交换器、燃烧器

1. 考核要求

（1）熟悉热交换器、燃烧器堵塞的原因。

（2）能清理热交换器、燃烧器。

2. 准备工作

（1）毛刷、窄薄铁片等。

（2）旋具、活扳手等

3. 考核时间

标准时间为 10 min，每超过 1 min 从本题总分中扣除 2 分，操作过程超过 5 min 本题为零分。

4. 评分项目及标准

评分项目	评分要点	配分	评分标准及扣分
1. 热交换器、燃烧器堵塞的原因	燃气发生不完全燃烧，会产生一氧化碳，另外烟气中还有二氧化硫、二氧化碳等与燃烧时产生的水（蒸汽），形成硫酸和碳酸，再与热交换器接触就会腐蚀翅片产生碳酸铜和硫酸铜（白绿色物质）； 这些白绿色物质吸附在热交换器翅片缝隙间堵塞了热交换器，掉落在火口上，又堵塞了火口；积碳也是堵塞热交换器和火口的原因之一，而积碳是因为不完全燃烧，回火、黄焰等造成的	5	口述或笔答，不能准确说出热交换器、燃烧器堵塞的原因酌情扣分，扣完为止
2. 清理热交换器、燃烧器	（1）切断水、电、气源，拆下前壳 （2）拆卸热交换器（或燃烧器） （3）用铁片和毛刷清理热交换器（或燃烧器） （4）在有下水的地方，用自来水冲刷热交换器翅片（或燃烧器火孔）处 （5）控干水后，安装热交换器（或燃烧器） （6）打开水、气阀门，插好电源 （7）试漏、试火，盖前壳	5	清理方法不正确，扣 5 分；清理不干净，扣 5 分
3. 安全文明施工	工作完成后清理现场，环境整洁，无安全事故	5	不文明操作酌情扣分，扣完为止；重大安全事故零分
合计		15	

第3部分　模 拟 试 卷

初级燃气具安装维修工理论知识考试模拟试卷

一、单项选择题（下列每题有4个选项，其中只有1个是正确的，请将其代号填写在横线空白处，每题1分，共计56分）

1．管道高度采用标高符号标注，标高值应以________为单位。

A．mm　　B．m

C．dm　　D．cm

2．看建筑施工图的步骤是________。

A．剖面图→立面图→平面图

B．立面图→平面图→剖面图

C．平面图→立面图→剖面图

D．平面图→立面图→轴侧图

3．管道施工图单张图样的识读顺序是________。

A．图样→文字说明→标题栏→数据

B．标题栏→文字说明→图样→数据

C．数据→文字说明→图样→标题栏

D．文字说明→标题栏→图样→数据

4．不锈钢波纹软管和燃气用铝塑复合管应使用________切割。

A．电动机械切管机　　B．专用管剪

C．砂轮切割机　　D．割管器

5．游标卡尺不能用来测量________。

A．长度　　B．深度

C．倾斜度　　D．管子内外径

6．公称直径的数值是________。

A. 管子的长度　　B. 与管子内径相接近的整数
C. 管子的内径　　D. 管子的外径

7. 尺寸代号为 1/2 的 B 级右旋圆柱外螺纹的标记为________。
A. G1/2　　B. G1/2″
C. G1/2″B　　D. G1/2B

8. 公称直径 15 ~ 40 mm 的管螺纹应套________。
A. 一遍　　B. 两遍
C. 三遍　　D. 四遍

9. 管件拧紧后，外露螺纹宜为________牙。
A. 0 ~ 1　　B. 0 ~ 2
C. 0 ~ 3　　D. 1 ~ 3

10. 铝塑复合管水平转弯处应在每侧不大于________ m 范围内设置固定托架或管卡座。
A. 1.0　　B. 0.8
C. 0.5　　D. 0.3

11. 下列选项中不属于国家规定实行许可证制度的是________。
A. 生产许可证　　B. 计量器具许可证
C. 经销许可证　　D. 特殊认证

12. 下列选项中燃气灶具类型代号表示错误的是________。
A. JZ 表示燃气灶　　B. JH 表示烘烤器
C. JF 表示饭锅　　D. JHZ 表示烤箱灶

13. ________不是家用燃气热水器型号的组成部分。
A. 燃气类别代号　　B. 安装位置
C. 给排气方式　　D. 主参数

14. 普通型燃气灶主火实测折算热负荷应________ kW。
A. ≥4.2　　B. ≥3.5
C. ≤4.2　　D. ≤3.5

15. 人工燃气，4T、6T 天然气燃具前额定燃气供气压力是________ Pa。
A. 3 000　　B. 2 800
C. 2 000　　D. 1 000

16. 下列选项中用万用表测电压方法错误的是________。
A. 测量电压时，指针应指在标度尺满度的 1/3 处左右
B. 测量电压时，表笔应与被测电路并联连接

C. 在测量直流电压时，应分清被测电压的极性，即红色表笔接正极，黑色表笔接负极

D. 应根据被测电压值选择合适的电压量程挡位，当被测电压未知时，应选用最大电压量程挡粗测，然后变换量程测量

17. 单相三孔插座安全检测器的主要功能是________。

A. 测量电压　　B. 测量电流

C. 测量电阻　　D. 判断三孔插座的接线正确与否

18. 下列选项中燃具和用气设备安装前不检查的书、证是________。

A. 产品合格证　　B. 产品安装使用说明书

C. 品牌产品推荐书　　D. 质量保证书

19. ________不属于产品标识。

A. 产品广告　　B. 产品名称

C. 产品合格证　　D. 生产厂家名称

20. 产品技术资料不包括________。

A. 产品合格证　　B. 产品型式检验报告

C. 质量保证书　　D. 装箱单

21. 家用燃气灶具按燃气类别可分为：________、天然气灶具、液化石油气灶具。

A. 人工燃气灶具　　B. 沼气灶具

C. 气电两用灶　　D. 混合燃气灶具

22. 家用燃气灶具的型号由灶具的类型代号、________和企业自编号组成。

A. 主参数　　B. 生产许可证号

C. 燃气类别代号　　D. 特征序号

23. 组装灶具一定要保证灶具喷嘴中心线与________同轴。

A. 燃烧器头部　　B. 火孔中心线

C. 引射器中心线　　D. 火盖中心线

24. 只能将燃气灶安放在________。

A. 地下室　　B. 厨房

C. 卧室　　D. 浴室

25. 安装燃气灶具的灶台高度不宜大于________cm。

A. 80　　B. 90

C. 95　　D. 100

26. 嵌入式燃气灶具与灶台连接处应做好防水密封，灶台下面的橱柜应根据气源性质在

适当的位置开总面积不小于________ cm^2的与大气相通的通气孔。

A. 70　　B. 80

C. 90　　D. 100

27. 燃气表后的燃气室内管与灶具下部的进气接头之间可以用金属波纹管或燃气专用的橡胶软管连接，长度不宜超过________ m。

A. 0.5　　B. 1.0

C. 1.5　　D. 2.0

28. 单瓶液化石油气供应系统一般采用________连接方式。

A. 镀锌钢管　　B. 软管

C. 铸铁管　　D. 不锈钢管

29. 当空气过大时，火焰变短，火焰颤动厉害，这种火焰称为________。

A. 正常火焰　　B. 稳定火焰

C. 软火焰　　D. 硬火焰

30. 天然气燃烧，若发现有________现象时，应调小风门。

A. 回火　　B. 脱火

C. 黄焰　　D. 火焰拉长、摇晃

31. 家用燃气热水器是提供________的燃气用具。

A. 蒸馏水　　B. 洗用水

C. 纯净水　　D. 饮用开水

32. 施工图中对管道、设备、器具或部件只示意出位置，而具体图形和详细尺寸只能在________中才能找到。

A. 平面图　　B. 剖面图

C. 安装图　　D. 立面图

33. 冲击电钻不可在________上钻孔。

A. 玻璃　　B. 金属

C. 砖墙　　D. 混凝土

34. 自然排气式燃气热水器和采暖炉的排烟装置应与室外相通，烟道应有________坡向燃具的坡度，并应有防倒风装置。

A. 1%　　B. 5%

C. 8%　　D. 10%

35. 当供气压力大于________，应在燃气表前设置单独的调压器。

A. 5 kPa　　B. 5 MPa

C. 50 kPa　　D. 10 kPa

36. 商业用户使用的气瓶组严禁与________布置在同一房间内。

A. 燃气燃烧器具　　B. 燃气调压器

C. 燃气报警器　　D. 散热器

37. 软管与格林连接处必须用________夹紧。

A. 铁丝　　B. 夹子

C. 专用卡箍　　D. 螺母

38. 打开自来水阀和燃具冷水进口阀，关闭燃具热水出口阀，是________的检漏方法。

A. 燃气管道　　B. 燃气采暖热水炉采暖水路系统

C. 燃气阀体　　D. 水管道

39. 热水供应系统安装完毕，管道________应进行水压试验。

A. 保温之前　　B. 保温之后

C. 清扫之前　　D. 清扫之后

40. 燃气热水器安全注意事项中明确规定直接使用________的热水器应有接地要求。

A. 直流电源　　B. 交流电源

C. 移动电源　　D. 模块电源

41. 燃气计量表应有出厂合格证、质量保证书，标牌上应有________标志、最大流量、生产日期、编号和制造单位。

A. QS　　B. CMC

C. CTV　　D. CMA

42. 超过检定________及倒放、侧放的燃气计量表应全部进行复检。

A. 有效期　　B. 延长期

C. 报废期　　D. 观察期

43. 燃气计量表的安装位置应满足正常使用、抄表和________的要求。

A. 擦拭　　B. 防火

C. 防冻　　D. 检修

44. 住宅内高位安装燃气表时，表底距地面不宜小于________m。

A. 1　　B. 1.4

C. 2　　D. 2.5

45. 表接管直接与燃气表的进气口________连接，起活接头的作用。

A. 出气口　　B. 表前阀

C. 表后阀　　D. 燃气接管

46. 燃气表上应有检定标志和出厂合格证；标牌上应有 CMC 标志、出厂日期和表编号；燃气表的外表面应无明显的损伤；距出厂检验日期未超过________方可安装。

A. 6 个月　　B. 3 个月

C. 1 个月　　D. 1 年

47. 燃气表与炒菜灶、大锅灶、蒸箱和烤炉等灶具边的净距不应小于________cm。

A. 30　　B. 60

C. 80　　D. 100

48. 拆卸燃气表一定要首先________气源。

A. 打开　　B. 拆卸

C. 关小　　D. 关断

49. 燃气灶具的日常维护主要包括密封、润滑、清扫及对燃烧工况的________。

A. 观察　　B. 调试

C. 分析　　D. 检查

50. 为燃气灶具阀芯加油（密封脂）一是为了润滑，二是为了________。

A. 密封　　B. 防干

C. 防腐　　D. 防锈

51. 燃气灶软管连接时，其长度不应超过________m，且软管应无接头。

A. 1　　B. 1.5

C. 2　　D. 3

52. 燃气灶具干烟气中一氧化碳浓度（$\alpha=1$），应________（0－2 气）。

A. ≥0.05　　B. ≤0.05

C. ≤0.03　　D. ≥0.03

53. 燃气灶具燃烧产生黄焰的最主要原因是________，应调大风门。

A. 燃气压力偏高　　B. 一次空气不足

C. 喷嘴孔径太小　　D. 二次空气不足

54. 清洗保养热水器应选择________较好。

A. 酒精　　B. 中性洗涤剂

C. 汽油　　D. 天那水

55. “水垢”也就是“水碱”，其主要成分是________。

A. 硫酸铜　　B. 氢氧化钙

C. 氯化钠　　D. 碳酸钙

56. 燃气热水器的热交换器、燃烧器被堵塞，会造成燃气热水器________恶化，必须及时清理。

A．燃烧工况　　B．空气供给

C．水流状况　　D．燃气供给

二、多项选择题（下列每题中的多个选项中，至少有2个是正确的，请将正确答案的代号填在横线空白处，多选、少选、错选均不得分，每题1分，共计24分）

1．下列选项中室内燃气管道固定卡子的安装位置错误的是________。

A．在主立管上每层加一个固定卡子，高度在离地面1.4~1.6 m处

B．带丝扣的阀门在阀门与活接头之间不用加固定卡子

C．带法兰的阀门在阀门前10~15 cm处加一个固定卡子

D．当阀门与主管距离大于25 cm时可以不加固定卡子

E．民用灶具的接灶立管应有两个卡子，在距灶前阀门净距5 cm处加一个卡子，在接灶格林接头弯头上方净距5 cm处加一个卡子，接灶水平管大于1.0 m时加一个卡子

2．非镀锌钢管及管道附件涂漆不符合要求的是________。

A．刷三道防锈底漆、一道面漆

B．刷一道防锈底漆、两道面漆

C．刷两道防锈底漆、两道面漆

D．刷一道防锈底漆、一道面漆

E．刷两道防锈底漆、一道面漆

3．严密性试验范围，正确的是________。

A．燃具前阀门至燃具之间的管道

B．引入管阀门至表前阀之间的管道

C．引入管阀门前的燃气管道

D．引入管阀门至燃具前阀门之间的管道

E．庭院地下燃气管道

4．刷肥皂水检漏方法可用于________。

A．管道连接后的管道清洗

B．管道连接后的漏气检查

C．管道连接后的强度试验

D．管道连接后的严密性试验

E．管道连接后的去污除尘

5．家用燃气灶具标准未规定________应有一个主火。

A．双眼灶　　B．多眼灶

C．单眼灶　　D．气电两用灶

E．烤箱

6．普通型燃气灶主火实测折算热负荷应________。

A．≥4.2 kW　　B．≥3.5 kW

C．≤4.2 kW　　D．≤3.5 kW

E．≥12.6 MJ/h

7．________T 天然气燃具前额定燃气供气压力是 2 000 Pa。

A．4　　B．6

C．10　　D．12

E．13

8．当单相三孔插座安全检测器在显示________状态下，不可随意用手指去按漏电保护测试按钮。

A．缺地线　　B．正确

C．缺相线　　D．缺零线

E．相零错

9．灶具组装包括________安装等。

A．燃烧器　　B．电池

C．盛液盘　　D．燃气管道

E．锅支架

10．组装灶具要保证________对准火孔，且位置准确。

A．喷嘴　　B．打火电极

C．调风板　　D．检火针

E．热电偶

11．燃具与可燃的墙壁、地板和家具之间应设耐火隔热层，隔热层与________之间间距宜大于 10 mm。

A．可燃墙壁　　B．钢筋混凝土墙壁

C．木地板　　D．水泥地

E．木质家具

12．燃气表后的燃气室内管与灶具下部的进气接头之间可以用________连接，长度不宜超过 1.5 m。

A．燃气专用橡胶软管　　B．普通塑料管

C. 乳胶管　　　　　　　　　　D. 不锈钢管

E. 金属波纹管

13. 连接电源线时必须注意电源线的极性，相线（N）—褐色线，零线（L）—蓝色线，地线（E）不是________。

A. 黄绿线　　　　　　　　　　B. 黄色线

C. 绿色线　　　　　　　　　　D. 红色线

E. 粉色线

14. 下列选项中关于面对电源插座其极性不正确的是：________。

A. 左相、右零和上地　　　　　B. 左零、右相和上地

C. 左地、右零和上相　　　　　D. 左相、右地和上零

E. 左零、右地和上相

15. 自然排气的烟道上严禁安装________，否则将破坏烟道的负压条件。

A. 强制排气式燃具　　　　　　B. 自然排气式燃具

C. 排油烟机　　　　　　　　　D. 排气扇

E. 强制给排气燃具

16. 作为专业人员用热水器前后截门进行热水器的开和关，主要是检查热水器________。

A. 能否正常运行　　　　　　　B. 熄火保护功能

C. 过热保护功能　　　　　　　D. 前后制

17. 国家规定实行________的产品，产品生产单位必须提供相关证明文件，施工单位必须在安装使用前查验相关的文件，不符合要求的产品不得安装使用。

A. 生产许可证　　　　　　　　B. 销售许可证

C. 计量器具许可证　　　　　　D. 安装许可证

E. 特殊认证

18. 检定记录是燃气计量表检定机构对计量表被测________等的判定结果。

A. 单位　　　　　　　　　　　B. 参数

C. 价格　　　　　　　　　　　D. 等级

E. 项目

19. 燃气计量表用________软连接时，必须要加表托固定。

A. 专用橡胶管　　　　　　　　B. 镀锌钢管

C. 专用不锈钢波纹软管　　　　D. 厚壁铜管

E. 铸铁管件

20. 燃气表的安装应________。

A. 紧贴墙面　　B. 横平竖直

C. 坡向燃具　　D. 不得倾斜

E. 稍向后仰

21. 用刷肥皂水的方法试漏。检查软管（或硬管）和接口是否漏气，同时还应检查以下几项：________。

A. 所用管材是否符合规范要求

B. 灶具燃气阀门是否内漏

C. 是否私接三通和未安装卡箍

D. 软管是否超长（>2 m），是否穿过墙或门窗

E. 软管是否在热辐射区或已老化

22. 严禁用________等易燃、易挥发的溶剂清洗前、后壳，以免发生火灾。

A. 机油　　B. 黄油

C. 食用油　　D. 煤油

E. 汽油

23. 清洗热水器管道、热交换器内水垢，宜使用________等。

A. 强酸　　B. 中性水垢清洗剂

C. 火碱　　D. 洗洁精

E. 有机酸水垢清洗剂

24. 除垢的一般方法有________。

A. 机械法　　B. 冲击法

C. 化学法　　D. 加热法

E. 物理法

三、判断题（下列判断正确的请在括号中打“√”，错误的请在括号中打“×”，每题 1 分，共 20 分）

1. 管道螺纹接头宜采用聚四氟乙烯胶带做密封材料，当输送湿燃气时，可采用油麻丝密封材料或螺纹密封胶。（　）

2. 经长期使用的管钳，钳口会磨钝而咬不牢工件，这类管钳经擦拭可以继续使用。（　）

3. 为防止介质倒流，可选用安全阀。（　）

4. 闸阀的手轮、手柄或传动机构，可以作起吊用。（　）

5. 燃具、用气设备和计量装置等必须选用生产企业检测机构检测合格的产品，不合格

者不得选用。（　　）

6. 家用燃气热水器的热负荷一般不应小于 70 kW。（　　）

7. 某种燃气的燃具可适用于该种燃气，也可适用于其他气种。（　　）

8. JZQ 表示嵌入式燃气灶。（　　）

9. 为节省安装费用，与燃气具连接的供气、供水支管上可不设置阀门。（　　）

10. 燃气灶一般置于厨房内，钢瓶必须置于室外。（　　）

11. 强排式热水器的排气管不得安装在公共烟道上，但可以安装在楼房的换气风道上。（　　）

12. 强制给排气燃气热水器给排气管安装应向室内稍倾斜。（　　）

13. 给排气管和附件应使用原厂的配件。（　　）

14. 插入式安装的搭接长度不得大于 20 mm。（　　）

15. 燃气计量表应有法定计量检定机构出具的检定合格证书，并应在有效期内。（　　）

16. 查看的检定记录必须是该燃气计量表的检定记录。（　　）

17. 用户燃气表严禁安装在环境温度低于 45℃的地方。（　　）

18. 燃气灶具用橡胶软管的使用年限一般不超过 2 年。（　　）

19. 在软管连接时可以使用三通，形成两个支管，分别与两个燃气具连接。（　　）

20. 燃气热水器电磁阀为保证密封，应在密封垫上多加润滑油。（　　）

初级燃气具安装维修工理论知识考试模拟试卷参考答案及说明

一、单项选择题

1. B。管道高度采用标高符号标注，标高值应以 m 为单位，在一般图样中宜标注到小数点后第三位。

2. C。看建筑施工图的步骤是：（1）建筑平面图；（2）建筑立面图；（3）建筑剖面图。

3. B。管道施工图单张图样的识读顺序是：标题栏→文字说明→图样→数据。

4. B。“CJJ 94—2009 4.3.4 4”不锈钢波纹软管和燃气用铝塑复合管应使用专用管剪切割。

5. C。游标卡尺用来测量管子内外径、管子长度及孔深。

6. B。公称直径的数值既不是管子的内径，也不是管子的外径，而是与管子内径相接近的整数。

7. D。尺寸代号为 1/2 的 B 级右旋圆柱外螺纹的标记为 G1/2B。

8. B。公称直径 15～40 mm 的管螺纹应套两遍，每次进刀量应为螺纹深度的 1/2。

9. D。“CJJ 94—2009 4.3.19 6”管件拧紧后，外露螺纹宜为 1～3 牙，钢制外露螺纹应进行防锈处理。

10. D。“CJJ 94—2009 4.3.27 6”铝塑复合管水平转弯处应在每侧不大于 0.3 m 范围内设置固定托架或管卡座。

11. C。不属于国家规定实行许可证制度的是经销许可证。

12. D。JHZ 表示烘烤灶，烤箱灶的代号为 JKZ。

13. A。家用燃气热水器的型号由家用燃气热水器的代号、安装位置及给排气方式、主参数和特征序号组成，不包括燃气类别代号。

14. B。普通型燃气灶主火实测折算热负荷应≥3.5 kW。

15. D。人工燃气，4T、6T 天然气燃具前额定燃气供气压力是 1 000 Pa。

16. A。用万用表测电压时，指针应指在标度尺满度的 2/3 处左右。

17. D。单相三孔插座安全检测器的主要功能是判断三孔插座的接线正确与否。

18. C。“CJJ 94—2009　6.1.1　1”应检查燃具和用气设备的合格证、产品安装使用说明书和质量保证书。

19. A。产品标识是载附于产品或产品包装上用于表示、揭示产品及其特征、特性的各种文字、符号、标志、标记、数字、图形等的统称，产品广告不属于此范围。

20. B。产品技术资料一般包括产品合格证、产品安装使用说明书、质量保证书（或保修单）、装箱单等，不包括产品型式检验报告。

21. A。家用燃气灶具按燃气类别可分为：人工燃气灶具、天然气灶具、液化石油气灶具。

22. C。家用燃气灶具的型号由灶具的类型代号、燃气类别代号和企业自编号组成。

23. C。组装灶具一定要保证灶具喷嘴中心线与引射器中心线同轴。

24. B。只能将燃气灶安放在厨房，不可安放在地下室、卧室、浴室等处。

25. A。安装燃气灶具的灶台高度不宜大于 80 cm。

26. B。嵌入式燃气灶具与灶台连接处应做好防水密封，灶台下面的橱柜应根据气源性质在适当的位置开总面积不小于 80 cm^2 的与大气相通的通气孔。

27. C。燃气表后的燃气室内管与灶具下部的进气接头之间可以用金属波纹管或燃气专用的橡胶软管连接，长度不宜超过 1.5 m。

28. B。单瓶液化石油气供应系统一般采用软管连接方式。

29. D。当空气过大时，火焰变短，火焰颤动厉害，这种火焰称为硬火焰。

30. B。天然气燃烧，若发现有脱火现象时，应调小风门。

31. B。家用燃气热水器是提供洗用水的燃气用具。

32. C。施工图中对管道、设备、器具或部件只示意出位置，而具体图形和详细尺寸只能在安装图中才能找到。

33. A。冲击电钻既可用麻花钻头在金属材料上钻孔，又可用冲击钻头在砖墙、混凝土等处钻孔，但不宜在玻璃上钻孔。

34. A。“CJJ94—2009　6.2.3　5”规定：自然排气式燃气热水器和采暖炉的排烟装置应与室外相通，烟道应有 1% 坡向燃具的坡度，并应有防倒风装置。

35. A。“CECS215：2006　6.3.4”当供气压力大于 5 kPa 时，应在燃气表前设置单独的调压器。

36. A。商业用户使用的气瓶组严禁与燃气燃烧器具布置在同一房间内。

37. C。软管与格林连接处必须用专用卡箍夹紧。

38. D。打开自来水阀和燃具冷水进口阀，关闭燃具热水出口阀，是水管道的检漏方法。

39．A。热水供应系统安装完毕，管道保温之前应进行水压试验。

40．B。燃气热水器安全注意事项中明确规定直接使用交流电源的热水器应有接地要求。

41．B。“CJJ 94—2009　5.1.1　1”规定：燃气计量表应有出厂合格证、质量保证书；标牌上应有CMC标志、最大流量、生产日期、编号和制造单位。

42．A。“CJJ 94—2009　5.1.1　3”规定：超过检定有效期及倒放、侧放的燃气计量表应全部进行复检。

43．D。“CJJ 94—2009　5.1.3”规定燃气计量表的安装位置应满足正常使用、抄表和检修的要求。

44．B。“GB 50028—2006　10.3.2　4”住宅内高位安装燃气表时，表底距地面不宜小于1.4 m。

45．A。表接管直接与燃气表的进气口、出气口连接，起活接头的作用。

46．A。燃气表上应有检定标志和出厂合格证；标牌上应有CMC标志、出厂日期和表编号；燃气表的外表面应无明显的损伤；距出厂检验日期未超过6个月方可安装。

47．C。燃气表与炒菜灶、大锅灶、蒸箱和烤炉等灶具边的净距不应小于80 cm。

48．D。拆卸燃气表一定要首先关断气源。

49．B。燃气灶具的日常维护主要包括密封、润滑、清扫及对燃烧工况的调试。

50．A。为燃气灶具阀芯加油（密封脂）一是为了润滑，二是为了密封。

51．C。燃气灶软管连接时，其长度不应超过2 m，且软管应无接头。

52．B。燃气灶具干烟气中一氧化碳浓度（$\alpha=1$），应≤0.05（0－2气）。

53．B。燃气灶具燃烧产生黄焰的最主要原因是一次空气不足，应调大风门。

54．B。清洗保养热水器应选择去油污能力强，中性的洗涤剂。

55．D。“水垢”也就是“水碱”，其主要成分是碳酸钙。

56．A。燃气热水器的热交换器、燃烧器被堵塞，会造成燃气热水器燃烧工况恶化，必须及时清理。

二、多项选择题

1．BD。有阀门时，带丝扣的阀门在阀门与活接头之间加一个固定卡子；一般情况下有阀门的地方都应有固定卡子，当阀门与主管距离小于25 cm时可以不加固定卡子。

2．ABDE。非镀锌钢管及管道附件涂漆的要求是：应刷两道防锈底漆、两道面漆。

3．ABD。“CJJ 94—2009　8.3.1”规定：严密性试验范围应为引入管阀门至燃具前阀门之间的管道，通气之前还应对燃具前阀门至燃具之间的管道进行检查。

4．BCD。刷肥皂水检漏方法一般用于管道连接后的漏气检查及强度试验、严密性试验等。

5. CE。家用燃气灶具标准规定两眼和两眼以上的燃气灶和气电两用灶应有一个主火。

6. BE。普通型燃气灶主火实测折算热负荷应≥3. 5 kW 或≥12. 6 MJ/h。

7. CDE。10T、12T、13T 天然气燃具前额定燃气供气压力是 2 000 Pa。

8. ACDE。用万用表测电压方法正确的是：测试笔连接要正确，手不得接触表笔金属部位；测量电压时，指针应指在标度尺满度的 2/3 处左右。

9. ACE。灶具组装包括燃烧器安装，盛液盘、锅支架安装等。

10. BDE。组装灶具要保证打火电极、检火针、热电偶对准火孔，且位置准确。

11. ACE。“CJJ 94—2009 6. 2. 9”燃具与可燃的墙壁、地板和家具之间应设耐火隔热层，隔热层与可燃的墙壁、地板和家具之间间距宜大于 10 mm。

12. AE。燃气表后的燃气室内管与灶具下部的进气接头之间可以用金属波纹管或燃气专用橡胶软管连接，长度不宜超过 1. 5 m。

13. BCDE。“CECS215：2006 6. 5. 5”连接电源线时必须注意电源线的极性，相线（L）一褐色线，零线（N）一蓝色线，地线（E）一黄绿线；I 类器具必须采用单相三孔插座，面对插座的右孔与相线连接、左孔与零线连接、地线接在上孔，应为“左零、右相和上地”的方式安装。

14. ACDE。面对电源插座其极性为：左零、右相和上地。

15. ACDE。自然排气的烟道上严禁安装强制排气式燃具、排油烟机、排气扇和强制给排气燃具，否则将破坏烟道的负压条件。

16. AD。作为专业人员用热水器前后截门进行热水器的开和关，主要是检查热水器能否正常运行和前后制。

17. ACE。“CJJ 94—2009 3. 2. 1”国家规定实行生产许可证、计量器具许可证或特殊认证的产品，产品生产单位必须提供相关证明文件，施工单位必须在安装使用前查验相关的文件，不符合要求的产品不得安装使用。

18. BE。检定记录是燃气计量表检定机构对计量表被测项目、参数等的判定结果。

19. AC。燃气计量表用专用橡胶管和专用不锈钢波纹软管软连接时，必须要加表托固定。

20. BD。燃气计量表安装后应横平竖直，不得倾斜。

21. ACDE。用刷肥皂水的方法试漏。检查软管（或硬管）和接口是否漏气，同时还应检查以下几项：（1）所用管材是否符合规范要求；（2）是否私接三通和未安装卡箍；（3）软管是否超长（>2 m），是否穿过墙或门窗；（4）软管是否在热辐射区或已老化。

22. DE。严禁用煤油、汽油等易燃、易挥发的溶剂清洗前、后壳，以免发生火灾。

23. BE。清洗热水器管道、热交换器内水垢，宜使用中性水垢清洗剂和有机酸水垢清洗剂等。

24. CE。除垢的方法一般有两种，包括：化学法和物理法。

三、判断题

1. √。管道螺纹接头宜采用聚四氟乙烯胶带做密封材料，当输送湿燃气时，可采用油麻丝密封材料或螺纹密封胶。

2. ×。经长期使用的管子，钳口会磨钝而咬不牢工件，既影响工作效率，也不安全，这类管钳子不宜继续使用。

3. ×。防止介质倒流，可选用止回阀。防止介质压力超过规定数值，以保证管道或设备安全运行才选用安全阀。

4. ×。闸阀的手轮、手柄或传动机构，不允许作起吊用。

5. ×。燃气室内工程所用的管道组成件、设备及有关材料的规格、性能等应符合国家现行有关标准及设计文件的规定，并应有出厂合格文件；燃具、用气设备和计量装置等必须选用经国家主管部门认可的检测机构检测合格的产品，不合格者不得选用。

6. ×。家用燃气热水器的热负荷一般不应大于 70 kW。

7. ×。任何燃具都是按一定的燃气成分在额定燃气压力下设计的，因此某种燃气的燃具只能适用于该种燃气，而不适用于其他气种。

8. ×。嵌入式燃气灶属于家用燃气灶的一种，其型号表示方法与燃气灶的表示方法一致。

9. ×。与燃气具连接的供气、供水支管上应设置阀门。

10. ×。燃气灶一般置于厨房内，钢瓶可放在厨房内，也可置于紧邻厨房的阳台或室外，但气瓶供应系统不允许设置在地下室、卧室以及没有通风设备的走廊等处。

11. ×。强排式热水器的排气管不得安装在楼房的换气风道及公共烟道上。

12. ×。强制给排气燃气热水器给排气管安装应向室外稍倾斜，雨水不得进入燃具。

13. √。燃气采暖热水炉给排气管应符合燃具烟道设计和安装的规定；给排气管和附件应随采暖热水炉一起供货，并保证管件和接头与采暖热水炉等设备匹配。

14. ×。插入式给排气管安装的搭接长度不得小于 20 mm。

15. √。燃气计量表应有法定计量检定机构出具的检定合格证书，并应在有效期内；国家明文规定燃气表必须实行定期检查，并在有效期内使用。

16. ×。查看的检定记录必须是本批次燃气计量表的检定记录。

17. ×。用户燃气表严禁安装在环境温度高于 45℃的地方。

18. √。燃气灶具用橡胶软管的使用年限一般不超过 2 年。

19. ×。在软管连接时不得使用三通，形成两个支管。

20. ×。燃气热水器电磁阀为保证密封，不可在密封垫上加润滑油，因为粘连会造成电磁阀打不开或开启困难。

初级燃气具安装维修工操作技能考核模拟试卷

职业技能鉴定国家题库统一试卷

初级燃气具安装维修工操作技能考核试卷

考生姓名_______准考证号_______工作单位_______

【题目1】按图制作镀锌管矩形闭合框

1. 考核要求

（1）正确视图，正确理解管件的相关尺寸要求。

（2）正确选择切割和套丝工具，按附图要求加工各管段。

（3）按图样要求正确组装矩形闭合框。

（4）安全文明施工。

2. 准备工作

（1）按图样要求领取管件、填料和镀锌管（一定长度）。

（2）检查工具是否齐全，允许使用自带的套丝工具。

（3）准备好夹具、量具、电源、切削液、毛刷等。

（4）根据管径正确选择和安装板牙。

3. 考核时间

标准时间为 30 min，每超过 3 min 从本题总分中扣除 2 分，操作过程超过 15 min 本题为零分。

4. 考核内容及配分

（1）管螺纹（配分：10 分）

1）管螺纹加工质量。

2）装配成型后，管螺纹外露扣数。

3）填料不外露。

（2）装配尺寸（配分：10 分）

1）各部尺寸应符合图样要求，长度尺寸允许误差 ±2 mm，矩形对角线允差 ±2 mm，平行度允差 2 mm。

2）成型后对边管道应平整，不得起翘，不平度允差 1 mm。

（3）合理用料（配分：5 分）

1）按给定的材料制作。

2）装配过程中损坏管件或管段有大的划伤、凹陷、弯曲变形等。

（4）安全文明施工（配分：5 分）

附：矩形管闭合框装配图

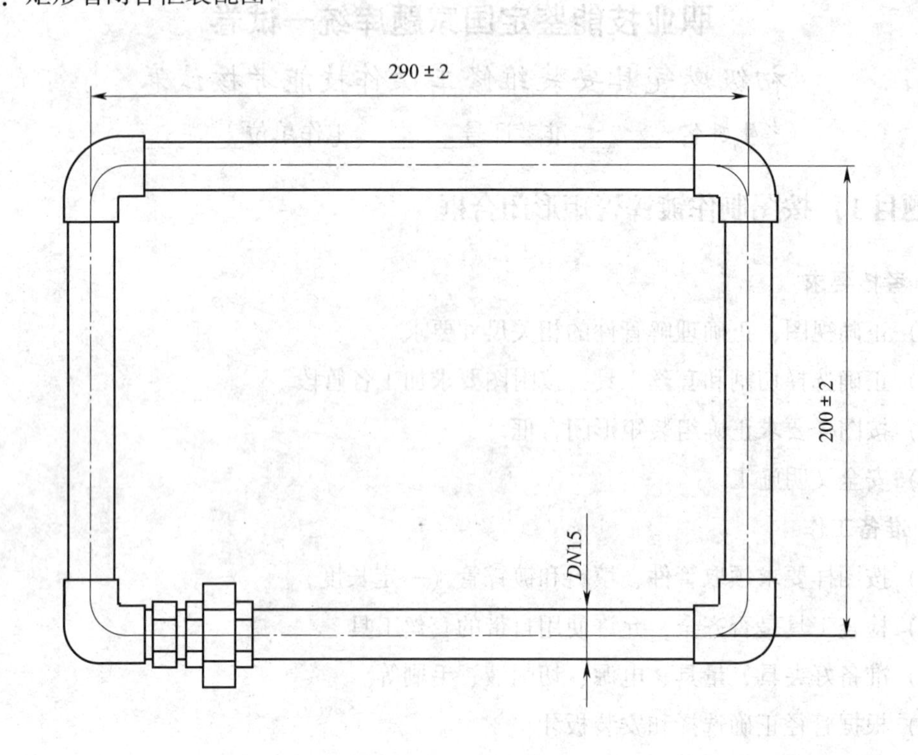

职业技能鉴定国家题库统一试卷

初级燃气具安装维修工操作技能考核评分记录表

考生姓名________准考证号________工作单位________

试题 1　按图制作镀锌管矩形闭合框

序号	考核项目	考核内容	配分	评分标准	记录	扣分	得分
1	管螺纹加工及连接质量	管螺纹加工质量	10	管螺纹出现断丝、乱丝、缺口长度超过螺纹长度的 10%，每一处扣 1 分			
		装配成型后，外露管螺纹		管件拧紧后，外露螺纹宜为 2～3 扣，每多露或少露 1 扣，扣 1 分，绝丝扣 2 分			
		填料不外露		麻、生料带等填料应清理干净，填料外露，每 1 处扣 1 分			
2	装配尺寸	长度尺寸及翘曲不平行度	10	（1）尺寸 200 mm、290 mm 和对角线允差 ±2 mm，每超差 1 mm 扣 1 分 （2）平行度允差 2 mm，翘曲及不平度允差 1 mm，每超差 1 mm 扣 1 分			
3	合理用料	给定材料及管件损坏	5	（1）超额使用材料，扣 2 分 （2）每损坏 1 个管件，扣 2 分			
4	安全文明施工	安全文操作，环境整洁，无安全事故	5	（1）正确使用工、夹、量具，使用方法错误，每发现 1 次扣 1 分 （2）工、夹、量具及零部件摆放规范。未按要求摆放，每 1 次扣 1 分 （3）操作过程中，零部件或工、夹、量具等，每落地 1 次扣 1 分 （4）操作中有撬、砸、摔等不文明行为，每发生 1 次扣 1 分 （5）未按要求穿戴劳动保护用品，扣 1 分 （6）配分扣完为止			
合计			30				

评分人：　　　　年　月　日　　　　核分人：　　　　年　月　日

职业技能鉴定国家题库统一试卷

初级燃气具安装维修工操作技能考核试卷

考生姓名________准考证号________工作单位________

【题目 2】12 T 天然气 20 kW 燃气热水器安装

1. 考核要求

（1）正确核对产品型号、规格及技术文件的完整性。

（2）用 U 形管压力计正确检测现场燃气额定供气压力。

（3）确认现场气源气质、燃气压力及电源与产品相匹配。

（4）识读系统图，写出安装备料规格尺寸。

2. 准备工作

（1）已获得产品燃气气质、燃气压力及电源的相关信息。

（2）U 形管压力计、乳胶管、连接管及管件等已连接好。

（3）万用表、插座安全检测器、剪刀、一字旋具、割刀等。

（4）未开封的待装燃气热水器一台。

3. 考核时间

标准时间为 20 min，每超过 2 min 从本题总分中扣除 2 分，操作过程超过 10 min 本题为零分。

4. 考核内容及配分

（1）开箱检查（配分：10 分）

1）检查确认产品型号、规格。

2）检查确认箱内设备、附件和技术资料完整齐全。

3）检查产品外观质量及标牌（参数标牌、安全使用警示标牌等）、标识（生产许可、能效标识等）。

4）将检查结果填写到检验记录表中。

（2）产品适用性检查（配分：10 分）

1）现场气源气质、燃气额定压力与产品是否匹配。

2）现场电源与产品使用电源是否一致，电源插座是否可靠接地。

（3）识读安装图（配分：15 分）

1）看懂给定系统安装图，将安装所需管段、管件、阀门的规格、尺寸、数量，燃气、冷水、热水接管（不锈钢金属软管）的数量（套），竖直管段、水平管段的位置（标高）填写到安装材料汇总表中；

2）安装开始位置：燃气表后阀门（不含此阀门）。

（4）安全文明施工（配分：5 分）

附：系统安装图

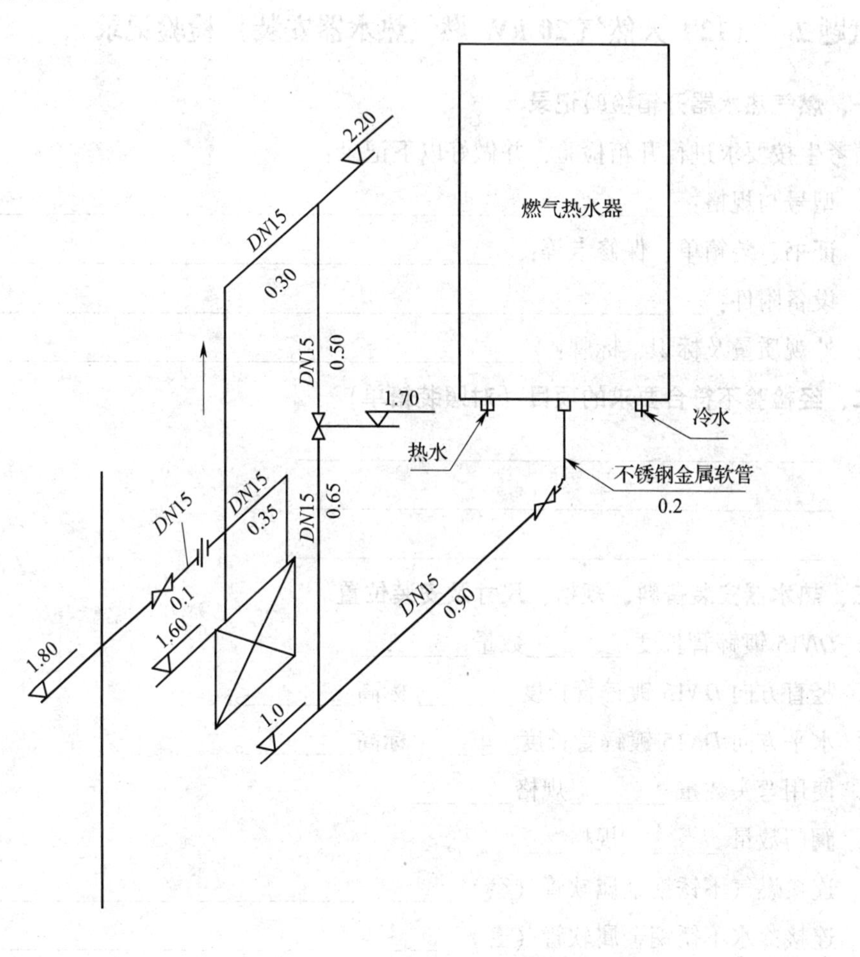

职业技能鉴定国家题库统一试卷

初级燃气具安装维修工操作技能考核考生记录表

考生姓名________准考证号________工作单位________

试题 2　（12T 天然气 20 kW 燃气热水器安装）检验记录

一、燃气热水器开箱检验记录

请考生按要求进行开箱检验，并做好以下记录：

1. 型号与规格：________________________________。
2. 证书、装箱单、保修卡等：________________________________。
3. 设备附件：________________________________。
4. 外观质量及标识、标牌：________________________________。

二、经检验不符合要求的项目（对照装箱单）

1. ________________________________。
2. ________________________________。
3. ________________________________。

三、热水器安装备料、规格、尺寸及安装位置

1. *DN*15 镀锌管长度________数量________。
2. 竖直方向 *DN*15 镀锌管长度________标高________。
3. 水平方向 *DN*15 镀锌管长度________标高________。
4. 使用弯头数量________规格________。
5. 阀门数量________规格________。
6. 连接燃气不锈钢金属软管（套）________________________________。
7. 连接冷水不锈钢金属软管（套）________________________________。
8. 连接热水不锈钢金属软管（套）________________________________。

职业技能鉴定国家题库统一试卷

初级燃气具安装维修工操作技能考核评分记录表

考生姓名________准考证号________工作单位________

试题 2　12 T 天然气 20 kW 燃气热水器安装

序号	考核项目	考核内容	配分	评分标准	记录	扣分	得分
1	开箱检验	核对产型号、规格	2	核对产品型号、规格。未核对或核对有误，扣 2 分			
		检查技术文件完整性	4	（1）检查生产许可证（或生产许可标识），未检查扣 2 分 （2）检查安装使用说明书，未检查扣 2 分 （3）检查质量保证书（或保修卡），未检查扣 2 分 （4）检查产品合格证，未检查扣 2 分 （5）检查装箱单，未检查扣 2 分			
		检查箱内设备及附件	4	（1）检查冷热水接管，未检查扣 2 分 （2）检查花洒及其接管，未检查扣 2 分 （3）检查排烟管直管段和弯头、密封卡箍、密封铝箔等，未检查扣 2 分 （4）检查其他安装附件，未检查扣 2 分			
2	适用性检查	确认现气质、压力，电源与产品匹配	10	（1）用 U 形管压力计正确检测现场燃气额定供气压力，未进行检查或检查方法不正确，扣 4 分 （2）用万用表或其他仪器检查现场电源电压和接地，未检查扣 4 分 （3）检验完成后，应对燃气管路系统检漏，未检漏扣 2 分			
3	识读安装图	安装备料规格尺寸和位置	15	（1）*DN*15 镀锌管 0.65 m 一段，0.90 m 一段，少报或错报扣 2 分 （2）*DN*15 镀锌管（0.65 m）竖直安装，标高为 1.70 m，未报扣 2 分			

续表

序号	考核项目	考核内容	配分	评分标准	记录	扣分	得分
3	识读安装图	安装备料规格尺寸和位置	15	（3）*DN*15 镀锌管（0.90 m）水平安装，标高为 1.0 m，未报扣 2 分 （4）*DN*15 弯头 1 个，未报扣 2 分 （5）*DN*15 阀门（燃气专用球阀或截止阀）1 个，未报扣 2 分 （6）不锈钢波纹软管一套（含橡胶密封垫），未报扣 2 分 （7）连接冷水不锈钢金属软管（一套），未报扣 2 分 （8）连接热水不锈钢金属软管（一套），未报扣 2 分			
4	安全文明施工	安全文操作，环境整洁，无安全事故	5	（1）操作中，不文明操作或违规操作，每次扣 2 分 （2）未按要求穿戴劳动保护用品，扣 2 分			
合计			40				

评分人：　　　　　年　月　日　　　核分人：　　　　　年　月　日

职业技能鉴定国家题库统一试卷

初级燃气具安装维修工操作技能考核试卷

考生姓名________准考证号________工作单位________

【题目 3】燃气灶具安装与调试

1. 考核要求

（1）安装前，核对产品型号、规格及适用性，检查工具、连接管、管件是否准备齐全。

（2）正确掌握燃气灶具安装规范和漏气检查方法。

（3）正确掌握燃气灶具调试方法。

2. 准备工作

（1）连接用软、硬管、卡箍等。

（2）肥皂水、毛刷。

（3）旋具、活扳手、克丝钳、管钳等。

（4）已开封的待装燃气灶具一台。

3. 考核时间

标准时间为 20 min，每超过 2 min 从本题总分中扣除 2 分，操作过程超过 10 min 本题为零分。

4. 考核内容及配分

（1）安装前检查（配分：4 分）

1）检查确认产品型号、规格。

2）检查确认燃气灶具适用性。

3）检查连接用软、硬管、卡箍等配件是否符合规范。

4）检查安装工具是否齐全。

（2）安装连接（配分：8 分）

1）灶具安放位置应符合规范。

2）灶具连接应符合规范。

3）检查软管是否使用卡箍紧固或卡箍是否拧紧。

4）灶具运行状态和非运行状态的漏气检查。

（3）灶具调试和自检（配分：14 分）

1）正确掌握灶具燃烧工况的调试方法。

2）确认燃烧工况良好。

（4）安全文明施工（配分：4 分）

职业技能鉴定国家题库统一试卷

初级燃气具安装维修工操作技能考核评分记录表

考生姓名________准考证号________工作单位________

试题 3 燃气灶具安装与调试

序号	考核项目	考核内容	配分	评分标准	记录	扣分	得分
1	检查	安装前的检查	4	（1）检查安装工具是否齐全，未检查扣 1 分 （2）检查连接管等配件，未检查扣 1 分 （3）检查燃气灶具的适用性，未检查扣 1 分			
2	安装连接	安装连接符合规范，掌握试漏方法	8	（1）灶具摆放正确，未按规范要求摆放灶具，扣 1 分 （2）连接不符合规范要求，扣 2 分 （3）喉箍未拧紧或未安装，扣 2 分 （4）安装完毕，检查管路连接可靠，未检查扣 1 分 （5）进行表后灶前管路漏气检查，未查或方法不正确扣 2 分 （6）未进行运行状态试漏或方法不正确，扣 2 分			
3	调试	正确掌握灶具燃烧工况的调试	12	（1）开启燃气灶，检查燃烧工况，未检查扣 2 分 （2）发现不良燃烧工况准确报告故障名称，未报或错报扣 2 分 （3）根据故障现象及时进行调整 1）调试方法不正确或调试不到位，扣 6 分 2）未进行调试，扣 12 分			
4	自检	验收	2	确认燃烧工况正常，未进行自检扣 2 分			
5	安全文明施工	安全文操作，环境整洁，无安全事故	4	（1）工具、零部件摆放不规范，1 次扣 1 分 （2）工具使用不正确，1 次扣 1 分 （3）操作过程中零部件或工具落地，1 次扣 1 分 （4）违章操作，1 次扣 2 分 （5）未按要求穿戴劳动保护用品，扣 2 分 （6）配分扣完为止			

续表

序号	考核项目	考核内容	配分	评分标准	记录	扣分	得分
6	否定项			操作过程中，由于违章操作出现人身伤害、设备损坏、火灾事故，此项考试应立即停止，考试不得分			
合计			30				

评分人：　　　　年　月　日　　　　核分人：　　　　年　月　日